Geografía en red y tecnología

Las herramientas

Gersón Beltrán y Jorge del Río

Serie: Geografía en red

Libro 1: Geografía en red y tecnología: las herramientas

Créditos

Primera edición en lengua castellana: marzo 2021

© Gersón Beltrán y Jorge del Rio, del texto, el diseño y la edición

© Jorge del Rio, de la maquetación y diseño

© Agustín Arambul, de la portada y logo de la portadilla

Autoedición de los autores

ISBN: 9798711973317

Sello: Publicación independiente

#geografíaenred

@gersonbeltran @orbemapa

Como citar

Beltrán, G. & Del Rio, J. (2021). *Geografía en red y tecnología: las herramientas.* Serie: Geografía en red de la reflexión la acción, libro I. (1ª ed). España: Publicación independiente. Recuperado de amazon.es

La geografía nos dice
que estamos
hechos de lugares

Trilogía

«GEOGRAFÍA EN RED»

La geografía es una ciencia que usa la variable espacial para hacerse preguntas y buscar respuestas. Debe ser capaz de conocer, analizar, interpretar, gestionar, dar a conocer y transformar el espacio, pero, en la Era de Internet, para conocerlo y analizarlo se requieren datos, la materia prima; para interpretarlo y gestionarlo se requieren herramientas tecnológicas y, para darlo a conocer y transformarlo, comunicación. Son tres aspectos interrelacionados e indisolubles que conforman un sistema abierto: la herramienta de la geografía en red es la tecnología, que consume datos (*inputs*) y produce comunicación (*outputs*).

SERIE GEOGRAFÍA EN RED

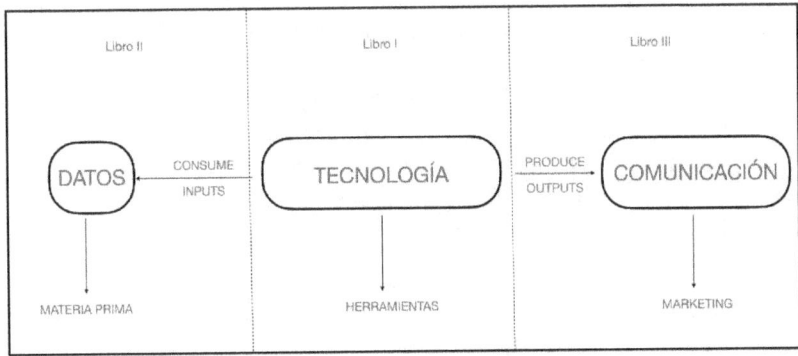

Ilustración 1 Trilogía "Geografía en red"

marzo 2021
GB y JDR

La serie «Geografía en red: de la reflexión a la acción», desarrolla estos tres grandes aspectos vinculados con las tecnologías de la información y la comunicación geográficas: la tecnología, los datos y la comunicación, conformando así una trilogía, un conjunto organizado de reflexiones conectadas y llevadas a la acción a través de buenas prácticas y ejemplos del desarrollo de la geografía en el siglo XXI.

1.- Geografía en red y tecnología: las herramientas. Internet como soporte, como base digital sobre la que se apoyan las nuevas herramientas de trabajo. Los Sistemas de Información Geográfica ya no son un elemento diferenciador, son la herramienta por antonomasia para analizar los territorios, se desdibujan en lo digital y se convierten en neoterritorios, los nuevos mapas son online y están en la nube, ayudan a la toma de decisiones a tiempo real. La tecnología geoespacial es una gran industria transversal que une los móviles que hay en la palma de nuestras manos con los satélites que sobrevuelan el espacio exterior.

2.- Geografía en red y datos: la materia prima. Un dato geolocalizado es un producto que se transforma en servicio digital tras un proceso de recogida, transformación y distribución en Internet. Es esencial conocer cómo es la incipiente industria del geodato, qué son y cómo se gestionan las fábricas de datos geográficos y qué valor económico tienen. Su tratamiento aporta información relevante, transformada en conocimiento y en inteligencia para predecir y prever los sucesos espaciales.

3.- Geografía en red y comunicación: el marketing. La nueva sociedad implica nuevos roles profesionales y es esencial que la geografía profesional sea consciente de la importancia de la geocomunicación y de la marca personal; siendo el marketing y de la comercialización herramientas de visibilización y relevancia de la geografía en Internet.

El contenido de esta trilogía lo conforman una serie de artículos y entrevistas en torno a la geografía en red y que los autores han publicado en los últimos diez años en sus respectivos blogs: www.gersonbeltran.com y www.orbemapa.com. La distribución de los capítulos no es cronológica en el tiempo, se pueden leer de forma organizada, solo por libros individuales o, directamente, por capítulos o artículos, todas las formas de acercarse a su lectura tienen sentido. Se trata de un contenido estructurado, lógico, coherente, pero lo suficientemente dinámico y flexible como para ser consumido como desee el lector.

Estos libros están dedicados a todos los amantes de la geografía. Pretende dar a conocer otros usos de esta hermosa ciencia e inspirar a los jóvenes a que piensen siempre de forma disruptiva. Bienvenidos al nuevo mundo surgido de Internet, bienvenidos al futuro de la geografía.

Gersón Beltrán es geógrafo y Doctor en Desarrollo Local y Territorio por la Universitat de València (2017) y trabaja como divulgador, formador y consultor en el ámbito de la tecnología geoespacial; Jorge del Río es Ingeniero de Montes y Doctor en Conservación y uso sostenible de sistemas forestales de la Universidad de Valladolid (2018) y trabaja como especialista en Sistemas de Información Geográfica (SIG) en la Junta de Castilla y León.

DE LA REFLEXIÓN A LA ACCIÓN

Internet ha revolucionado nuestras vidas, es uno de los grandes cambios de la historia de la humanidad que sólo podremos analizar con una escala mayor, dentro de cientos de años, pero, sin duda, estará a la altura del descubrimiento del fuego o de la rueda, e incluso al mismo nivel que la Revolución del Neolítico.

GB y JDR
marzo 2021

Es indudable los cambios que ha supuesto en las personas, pero también en las empresas y los las administraciones, en definitiva, en toda la sociedad global. A nivel profesional, en el siglo XXI, ha provocado un cambio paulatino alrededor de palabras clave como la conectividad, la comunicación, la resiliencia o la ubicuidad.

Quiénes somos los responsables

Los autores de estos libros tenemos algunas diferencias, pero también cosas en común, un enfoque muy similar que nos han hecho encontrarnos en las mismas coordenadas en el nuevo mapa sin fronteras que es Internet: a diferencia de Gersón, que es un geógrafo valenciano, emprendedor y docente universitario, Jorge es un ingeniero vallisoletano y trabajador en la administración pública. Pero ambos coinciden en su amor por la geografía y por la tecnología, ambos provienen del ámbito de los Sistemas de Información Geográfica (SIG) y ambos tienen un blog y han autopublicado diversos libros.

Lo más interesante es que nuestra colaboración profesional es, al mismo tiempo, causa y consecuencia de la existencia de la red. Hace diez años que nos encontramos en Internet sin conocernos, entre blogs y posts comenzamos a leernos, aprendiendo uno del otro y encontrando puntos en común. El año 2011 Jorge del Río autopublicó «Mapas invisibles» y en el año 2012 Gersón Beltrán «Geolocalización y redes sociales». No fue hasta muchos años después, el año 2017, en el que nos conocimos personalmente (lo que denominamos desvirtualizarse) en el I Encuentro de Geobloggers celebrado en València gracias a la Revista Mapping. Bastó una charla de pie, con un café en la mano y mil ideas en la cabeza, para confirmar nuestra sintonía, empatía y sinergias.

Hasta ese momento habíamos coincidido publicando diversos capítulos en obras comunes como «Neogeografía: algo más que cartografía accesible», de la revista *Polígonos* de la Universidad de León, en el año 2015, o artículos en la Revista Mapping (2017), pero, desde ese momento, comenzamos a publicar de forma conjunta: un artículo en común sobre «Comunicación de la industria geoespacial en Internet: los blogs de información geográfica» en el Congreso de Tecnologías de Información Geográfica (2018); el capítulo «Contributions from Informal Geography to Close the Gap in Geographic Information Communication in a Digital World» en el libro *Geospatial Technologies in Geography Education* (2019) y el capítulo «Territorios Inteligentes y Datos Espaciales» en el libro *Los territorios rurales inteligentes: administración e integración social* (2019).

Por qué lo hacemos

Hemos seguido hablando y colaborando, compartiendo ideas y sueños alrededor de la geografía en este nuevo mundo, al mismo tiempo que hemos mantenido nuestros blogs, de forma más o menos irregular, en un mundo líquido y etéreo en el que lo superficial se superpone a lo profundo, la forma al contenido, el yo al nosotros, el *selfie* al paisaje y la geolocalización personal al mapa

social, donde los blogs están siendo superados por las *stories* en cualquier de sus formas y nuevos canales, en los que la forma de narrar se suceden a ritmo vertiginoso. Pero, quizás por nuestra edad, seguimos pensando que la escritura es uno de los elementos que define a la raza humana y que, de alguna u otra forma, prevalecerá.

Por otra parte, vemos cómo muchas veces la enseñanza universitaria va muy lenta con respecto a la sociedad y el mercantilismo empresarial va demasiado avanzado: la una con su ritmo lento, pausado, de reflexión buscando un beneficio social, el otro con su ritmo acelerado, buscando un beneficio económico rápido sobre la empresa. La universidad produce mucho contenido y de buena calidad, pero no acaba de comunicarlo a la sociedad en los nuevos canales, ni en tiempo ni en forma; en cambio la empresa produce mucho contenido en ocasiones superficial y lo comunica muy bien. Aunque parezca lo contrario ambas visiones no son contrarias, sino complementarias, como el Yin y el Yang, una no puede vivir sin la otra y en el equilibrio está el camino recto.

Los autores se encuentran atrapados entre ambos mundos: quieren reflexionar sobre el mundo que les rodea y de forma aplicada, pero también ofrecer una reflexión rigurosa y científica en el mundo empresarial, con el riesgo de ser poco académicos en un lado y demasiado en el otro. Pero, al mismo tiempo disfrutan de la libertad de poder analizar la geografía sin ningún tipo de presión, no necesitamos (ni queremos) publicar en una firma que indexe en el mundo académico, pero tampoco monetizar para hacernos ricos.

Paradójicamente, el por qué lo hacemos tiene más que ver con el corazón que con la razón, lo hacemos porque lo sentimos y porque queremos aportar algo a este mundo, formar parte del futuro, aunque sea con el tamaño de dos átomos, aportar a la geografía parte de lo que nos ha dado.

Cómo lo planteamos

Tras varios años publicando reflexiones y desarrollando acciones sobre la geografía en red, hemos decidido que sería buena idea unirlo todo en un libro, en un doble formato físico y digital, para que quede constancia de dichas reflexiones más allá de la etérea blogosfera. En este proceso, nos dimos cuenta de que más que un libro de gran volumen tan disperso, dos autores, más de 5 años y muy diversas temáticas, sería interesante plantear una serie de libros mucho más accesibles e independientes, pero siempre en torno a la geografía en red y la tecnología como elementos en común, como las dos caras de una misma moneda, como dos aspectos inseparables y complementarios, en la que la geografía siempre es el fin y la tecnología el medio.

Para qué lo hacemos

Para que el lector se haga preguntas.

Decía Einstein que lo importante es no dejar de hacerse preguntas. El desarrollo profesional de los autores se ha basado en preguntarse cómo aplicar una visión de la geografía tradicional en otros entornos: los mapas invisibles de Jorge del Río hablaron de los mapas y su relevancia en Internet, mientras que la geolocalización online de Gersón Beltrán hablaba de cómo la geolocalización podía analizar las redes sociales.

Estos libros tratan de seguir esta misma metodología científica, que al fin y al cabo viene de los principios de los filósofos griegos de cuestionarse todo. En este caso, los autores se cuestionan cuál puede ser el futuro de la geografía, reflexionando sobre cómo la geografía en red puede aportar valor en ámbitos en los que no se piensa de entrada, porque la mejor forma de construir el futuro es imaginarlo.

No se trata de crear nada nuevo, sino de adaptar la geografía clásica a la geografía del futuro a través del análisis de la geografía en red y cómo lo está transformando todo. Además, esto permitirá a los futuros geógrafos conocer nuevos nichos de mercado y plantearse posibilidades de desarrollo profesional, siempre desde el pensamiento geográfico. A los no geógrafos, estos libros intentarán ayudarles a entender como gran parte de los datos y la información son geográficos se origina en algún lugar y sirven para para mostrar realidades no siempre visibles a simple vista.

Todo va muy deprisa, seguramente cuando se lean estas palabras habrá habido una tecnología que lo cambie todo, quizás sea la supremacía de la computación cuántica que acaba de anunciar *Google,* las cadenas de *blockchain,* la substitución de los móviles por lentillas con realidad aumentada, la construcción de ciudades con impresoras 3D el desarrollo de una carta de derechos y deberes de los robots, lo que soñaron Asimov, Arthur C. Clarke o Dirk ya es realidad, pero también nos acercamos a distopías como las de Orwell, Bradbury o Huxley. La buena noticia es que depende de nosotros, la tecnología no es buena ni mala en sí misma, depende del uso que se haga de ella, pero, sin duda alguna, la tecnología ha sido lo que ha hecho avanzar el mundo.

Qué hemos hecho: la trilogía

Así pues, hablamos de tres grandes aspectos vinculados con las tecnologías de la información y la comunicación geográficas: la tecnología geoespacial, los datos y la comunicación. De nuevo estos aspectos son inseparables: sin datos no hay nada que comunicar y sin tecnología no se pueden explotar esos datos, si no se comunica el resultado no existe y si no se visualiza la tecnología no se puede comunicar.

La estructura de la serie se configura como un sistema abierto en el que la herramienta de la geografía en red es la tecnología, que consume datos (*inputs*) y produce conocimiento (*outputs*). De este modo, se estructuran tres libros que conforma

una trilogía bajo el título «Geografía en red, de la reflexión a la acción», como un conjunto organizado de reflexiones conectadas.

1.- Geografía en red y tecnología: las herramientas

2.- Geografía en red y datos: la materia prima

3.- Geografía en red y comunicación: el marketing

Este libro nace de la voluntad y la necesidad de compartir artículos y entrevistas alrededor del mundo de la geografía en Internet. La distribución de los capítulos no es cronológica en el tiempo, por lo que entendemos que puede haber algún desfase, así como algún aspecto desactualizado en un mundo tan rápido y, por ello, hemos incorporado la fecha de los artículos publicados en nuestros blogs y reproducidos aquí.

Pedimos disculpas por adelantado al lector, pero consideramos que el material puede aportar el suficiente valor como para no modificar el original. En todo caso hemos realizado pequeñas modificaciones como algún comienzo o final.

En definitiva, este libro se puede leer de forma organizada o solo por libros o, directamente, por capítulos o artículos, en cualquier caso, todas las formas tienen sentido.

El lector podrá encontrar las iniciales GB (Gersón Beltrán) o JDR (Jorge del Río) junto a la fecha de cada artículo, de modo que le permita identificar al autor de cada uno.

De hecho, esa es la esencia de estas publicaciones: no se trata de ofrecer un contenido de forma unidireccional para que sea consumido por el lector como desearíamos los autores, sino un contenido estructurado, lógico, coherente, pero lo suficientemente dinámico y flexible como para ser consumido como desee el lector: seguido o alternado, por libros o por artículos.

Se trata de coherencia, defendemos que el contenido es la clave, pero la forma de consumirlo debe ser elegida por el lector de forma libre, porque los lectores son poliédricos y heterodoxos. Es un ejercicio de libertad.

No pretendemos sentar cátedra ni analizarlo todo desde la investigación y, en caso de hacerlo, hemos citado la bibliografía correspondiente. Simplemente pretendemos que todo lo que nos ha llevado tanto esfuerzo escribir, entendido como el resultado final de investigar, analizar, probar, implementar y, al final, desarrollar, quede plasmado de forma organizada y compartido con aquel a quien interese.

A Gersón Beltrán le preguntan qué hace un geógrafo profesional interesado en la geografía en red, mientras que a Jorge del Río le preguntan qué hace un ingeniero de montes interesado en la geografía en red. No se trata de lo que uno estudia, sino de lo que uno ama. Cuando uno hace mapas o trabaja con datos espaciales, acaba antes o después, dibujando espacios que dejan de ser desconocidos, pero comprender los territorios que hace visible esa cartografía novel requiere de la geografía. Una geografía en red y conectada que no deja de ser interpelada de manera recurrente e insistente por todo lo que está sucediendo a nuestro alrededor.

Parte de lo que hacemos está en este libro, esperamos que el lector lo disfrute tanto como nosotros escribiéndolo, bienvenidos al nuevo mundo surgido de Internet, bienvenidos a la geografía en red.

Contenidos del libro I

Geografía en red y tecnología:

las herramientas

Este primer libro ofrece toda una serie de reflexiones y ejemplos prácticos sobre las nuevas herramientas de la geografía para el desarrollo de una geografía en red.

GB y JDR
marzo 2021

Este primer libro ofrece toda una serie de reflexiones y ejemplos prácticos sobre la aplicación de la tecnología en la geografía en red. No es un inventario de las tecnologías que existen en el sector, ni un manual académico sobre cómo utilizar las tecnologías de la información geográfica. Este es un libro cercano al ensayo dónde se habla principalmente sobre lo que conlleva la inclusión de la tecnología de los datos geográficos en las organizaciones.

Se compone de 9 capítulos que abarcan los siguientes aspectos: desde la aparición de Internet la geografía ha evolucionado y ha ampliado sus fronteras más allá del espacio físico a un espacio digital (la geografía digital) que, entre otras cosas, modifica las decisiones que tómanos los humanos, ayudados por mapas y algoritmos (la geografía de las decisiones).

En este contexto, los territorios se vuelven inteligentes y se configuran como neoterritorios y cuya plasmación digital se configura en mapas digitales y conectados en red que se siguen construyendo mediante Sistemas de Información Geográfica, pero esta vez en la nube, de forma ubicua y conectada.

Todos estos aspectos, unidos a la evolución y desarrollo de la tecnología geoespacial, permiten identificar algunas tendencias geoespaciales para los próximos años. Asimismo, la tecnología geoespacial ofrece elementos destacados a través de buenas prácticas, así como toda una serie de ejemplos prácticos.

Por último, a través de la recopilación y reordenación de diversas entrevistas se ofrece una serie de preguntas y respuestas a las grandes cuestiones que la Geografía en red y la tecnología nos plantea en este siglo XXI.

CAPÍTULO 1.-LA GEOGRAFÍA EN RED

En el capítulo uno se describe algunos de los elementos de la geografía en red. A partir de los cinco grandes ámbitos de trabajo del geógrafo se desarrolla una nueva geografía global en el ciberespacio, en la que los datos espaciales son la materia prima del geógrafo. Un nuevo escenario para la geografía en el que la geolocalización es una necesidad humana, la crisis de Covid-19 muestra un renacimiento de la necesidad de la geografía para analizar e interpretar el mundo, incorporando una posible séptima dimensión con el geodiseño. Finalmente, aparecen numerosos fenómenos que podemos observar en torno a la producción y utilización de los datos espaciales.

CAPÍTULO 2. LA GEOGRAFÍA DE LAS DECISIONES

La geografía es una ciencia espacial esencial para la toma de decisiones y cuya principal herramienta es la cartografía: desde mapas subjetivos en los que lo que cartografiamos afecta a las decisiones que tomamos hasta los mapas más objetivos a través de algoritmos GIS. Se trata, por tanto, de herramientas para debatir y cuyo resultado es configurarse como sistemas de ayuda a la planificación

CAPÍTULO 3.- NEO-TERRITORIOS

Los neo-territorios surgen a partir de la crisis del mapa imagen y de la configuración de territorios inteligentes a partir del uso de datos espaciales. A partir de aquí surgen diversas tipologías de neo-territorios, desde los noveles y ocultos, hasta singulares y otros tipos que obligan a reflexionar sobre el concepto del territorio que seguimos arrastrando desde el siglo pasado.

CAPÍTULO 4. MAPAS EN RED

Los mapas son, sin duda, la herramienta del geógrafo, tanto que, en ocasiones, se confunde este medio con un fin pensado que los geógrafos hacen mapas. La irrupción de Internet y la consolidación de la neogeografía dan lugar a multitud de nuevos mapas que requieren de nuevas formas de representación y que se muestran líquidos dinámicos, temporales, ubicuos y volátiles. Este capítulo habla de mapas del s.XXI, de mapas en red.

CAPÍTULO 5. SISTEMAS DE INFORMACION GEOGRAFICA

Los Sistemas de Información Geográfica nacieron como la tecnología del geógrafo y se han consolidado como tal. Con Internet se han actualizado y se han adaptado al entorno red, pero sin dejar la esencia de lo que se denomina "mapamáticas" (unión de mapas como lenguaje de representación y álgebra como lenguaje de abstracción). Este capítulo ahonda en las nuevas posibilidades de uso de los SIG, oportunidades y beneficios.

CAPÍTULO 6 TENDENCIAS GEOESPACIALES

Uno de los aspectos más fascinantes y, al mismo tiempo, más complejos es el identificar las tendencias que la industria geoespacial va a desarrollar los próximos años. Algunas de esas tendencias, que ya son presente, han sido plasmadas por Gersón Beltrán en las conferencias de Ignite (2011), TEDxAlcoi (2017) y TEDxUPValència (2020), otras recopiladas en el II Encuentro de Geobloggers de la Revista Mapping (2019). Otro aspecto fundamental es el poder analizar y vislumbrar cuál puede ser el tamaño del mercado geoespaciales en múltiples vertientes, como el terreno en el que se desarrollará esta industria.

CAPÍTULO 7. BUENAS PRÁCTICAS

Este capítulo pretende identificar buenas prácticas en torno a la geografía y la tecnología que ayuden a visualizar conceptos complejos que se han visto en anteriores capítulos. Así pues, se hablará de *Google My Business* como la herramienta fundamental de geolocalización de Google, pero también de experiencias turísticas, de mapas persuasivos y de cuadernos de viaje en la geonube, al igual que el análisis del diseño, perspectiva y volumen de datos.

CAPÍTULO 8. CASOS DE USO

Los casos de uso de este capítulo 8 son ejemplos reales de proyectos que se están desarrollando en el ámbito de la geografía y la tecnología, en este caso a partir de proyectos de marcas como *Marketingeo* o empresas como *Play&go experience*, que aterrizan la reflexiones de este libro en acciones concretas en el entorno del emprendedurismo (una startup en un mundo SoLoMo), los negocios (identificación de nuevos clientes a través del geomarketing) y los territorios (el geoportal turístico de Peñíscola y la plataforma inteligente de aforos de playas).

CAPÍTULO 9. PREGUNTAS Y RESPUESTAS

En este último capítulo se hacen muchas preguntas, desde diversos medios de comunicación, a los que Gersón Beltrán responde desde su perspectiva de geógrafo en red. Basado en multitud de entrevistas que le han realizado estos últimos años, se ha querido organizar de una forma disruptiva, dividiendo las preguntas en temas para obtener un resultado distinto, preguntas atemporales que siguen teniendo sentido fuera del contexto de la propia entrevista y que aportan una visión personal y profesional sobre la geografía, la geolocalización online, la cartografía y los mapas, los SIG, la geografía y el coronavirus, el geomarketing y la tecnología geoespacial.

ÍNDICE

CAPITULO 7. BUENAS PRÁCTICAS

CAPÍTULO 8. CASOS DE USO

CAPÍTULO 9. PREGUNTAS Y RESPUESTAS

Prólogo

YOTTABYTES EN INTERNET
por Horacio Capel[1]

Marzo 2021
Horacio Capel

Internet es hoy un instrumento esencial para la comunicación, que afecta a todos los ámbitos de la vida colectiva y que ha cambiado muchos hábitos, incluso los científicos. En los últimos diez años Internet ha crecido mucho, y ha cambiado la economía y la sociedad; y también ha contribuido a la transformación de la ciencia geográfica.

Agradezco a Gerson Beltrán y a Jorge del Rio que me hayan invitado a participar en esta publicación digital e impresa, y valoren mucho mi artículo "Geografía en red a comienzos del tercer milenio", publicado en 2010. Es un honor para mí estar asociado a esta obra sobre la Geografía en red: de la reflexión a la acción, resultado de los blogs que han escrito durante varios años y que han estado dedicados a las tecnologías, la comunicación y los datos. Los dos autores tienen un gran interés por la Geografía y los Sistemas de Información Geográfica (SIG); el primero es uno de los geógrafos españoles que ha publicado más sobre las tecnologías de la información y la comunicación en su repercusión sobre la ciencia geográfica; el segundo es un ingeniero de montes atraído por la Geografía, y que investiga sobre ella.

Es muy importante que el contenido de los blogs que han mantenido y su pensamiento aparezca ahora reunido y ordenado. Escriben: "sin datos no hay nada que comunicar y sin tecnología no se pueden explotar esos datos, si no se comunica el resultado no existe, y si no se visualiza la tecnología no se puede comunicar". Utilizan los nuevos canales de información y

---

[1] D. Horacio Capel, Profesor Emérito de la Universidad de Barcelona, donde ha sido Catedrático de Geografía Humana. Premio International Vautrin Lud («Nobel de Geographie »), 2008.
Wikipedia: https://es.wikipedia.org/wiki/Horacio_Capel
CV: http://www.ub.edu/geocrit/capel.htm#abr

comunicación para difundir los contenidos de la Geografía. Cada vez más se dispone de recursos geográficos en Internet, desde los libros, documentos, mapas, SIG y otros, de manera que son muy relevantes estos tres volúmenes que prologamos para tener conciencia de las enormes utilidades que tiene para la Geografía el uso de las herramientas que ofrece Internet. Los estudiantes de hoy tienen posibilidades que los mayores no tuvimos.

En los últimos diez años el volumen de datos que se transmiten por Internet ha crecido inmensamente: de terabytes a petabytes, exabytes, zettabytes y yottabytes. Y en el futuro será necesario acuñar otras expresiones, porque la cantidad de datos aumenta de forma ingente, y se extiende a libros e informes, textos, números e imágenes, a la información de redes sociales, a cine, fotografía, radiodifusión y televisión, sonido, música grabada y telefonía.

Más de la mitad de la Humanidad ya es usuaria de Internet. La aceptación de las nuevas tecnologías de la información ha sido rápida y casi instantánea. El tiempo de llegada a los consumidores se ha acortado considerablemente, ya que si en la segunda mitad del siglo XIX un medio (como la radio) tardaba cuatro o cinco decenios en popularizarse, en el siglo XX se ha reducido a años, hasta menos de tres años.

Los ordenadores y el número de mensajes enviados se han extendido ampliamente, crecen a un ritmo exponencial, primero a través de cables y ahora también sin cables. Hay muchas informaciones que muestran que en los últimos años está aumentando el envío de correos electrónicos y la cantidad de mensajes de texto que se producen en una hora, e incluso en un minuto; así como las búsquedas en Google y otros buscadores. También se calculan el incremento de la reproducción de películas y documentales, los usuarios de Youtube, de Twitter, y otras redes sociales; y asimismo las transacciones por Internet, los envíos de Amazon, y de otras empresas transportadoras.

Los datos se pueden enviar, se pueden almacenar electrónicamente y analizar para identificar nuevas relaciones y consecuencias; son de un volumen inmenso, y crecen continuamente. Datos muy complejos, estructurados y no estructurados, que se pueden tratar a partir de algoritmos para analizar las relaciones entre ellos, permitiendo obtener ideas y, en el caso de las personas, deducir comportamientos. Se denomina a ellos Big Data, del que se ha dicho que tiene cinco V: volumen, velocidad, variedad, veracidad y valor.

Hoy se pueden conocer las necesidades y las tendencias de los ciudadanos y los clientes; pueden preverse nuevos problemas, descubrir nuevos productos y nuevas necesidades, y permiten tomar decisiones. A pesar del gran volumen de datos, éstos pueden ser tratados de múltiples formas. Los datos estructurados son de tipo económico, comercial, social, político, entre otros; los datos no estructurados son los que constituyen el Internet de las Cosas, las radiofrecuencias y los teléfonos, las búsquedas en Internet, las redes sociales, los GPS, los centros de llamadas, entre otros.

Las empresas comerciales procuran la difusión de sus productos a los consumidores, ofreciéndoles artículos adecuados para cada persona, según lo que han consumidos en el pasado y las costumbres que tienen. Se pueden añadir datos procedentes de las redes sociales, e información estadística diversa.

En los últimos diez años se han desarrollado conceptos como el Smarter Planet Visión y las Smart Cities, para gestionar el planeta y las ciudades de forma más inteligente. La aplicación de las nuevas tecnologías de la comunicación y la información para gestionar sistemas interconectados, resuelve problemas y necesidades de las empresas, las entidades administrativas, y los ciudadanos; produce conocimiento en tiempo real y puede anticipar lo que puede suceder. Se trata de redes alámbricas e inalámbricas, a través de las cuales se transmiten datos continuamente entre sistemas, que pretenden gestionar las ciudades.

La capacidad de conexión a muchos objetos y la capacidad computacional se aplica por doquier: a las infraestructuras, al tráfico y la movilidad, a los aparcamientos, a los edificios, a la salud (por ejemplo, las clínicas y los historiales de los pacientes), al suministro de energía, a la economía, a la gestión de residuos urbanos de forma que los camiones de recogida ahorren tiempo, y a otros aspectos urbanos. Con ello la gestión de la ciudad gana en eficiencia.

La digitalización se ha convertido, todavía más, en esencial durante la pandemia de covid-19. Se ha utilizado para informarse, comunicarse, y distraerse; y su uso también se ha difundido en ámbitos como el teletrabajo y la realización de gestiones en línea.

Pero estos aspectos positivos que hemos citado, se enfrentan a otros negativos. Puede haber un sobreconsumo de los contenidos digitales, y los cerebros de las personas pueden no estar adaptados a una situación de "fiebre digital". Esto es lo que piensan muchos autores, y entre ellos el neurólogo

Michel Desmurget en una obra reciente La fábrica de los cretinos digitales. Los peligros de las pantallas para nuestros hijos, donde advierte del peligro de la información digital; y escribe que el Homo Digitalis tiene "una inteligencia frenada y una salud en peligro". Las consecuencias son la dispersión, el empobrecimiento del lenguaje, la pérdida de la memoria, el sedentarismo la alteración del sueño, entre otras. La conclusión es: más pantalla, menor vida.

La idea de muchos médicos, psicólogos y educadores es tajante: no se debería permitir el acceso a las pantallas hasta los seis años, y controlarlo en la adolescencia, para evitar que se pasen muchas horas ante las pantallas. Mucha de la información que envía por Internet es innecesaria o banal, y alguna falsa.

Además, los datos de Internet son muy frágiles, El robo de cuentas en la red son constantes y muy frecuentes. Es muy difícil proteger la identidad digital de empresas de los ciber-delincuentes. No hay cifras significativas accesibles sobre los ataques que se producen en las redes, aunque las empresas tratan de mejorar la seguridad en ellas. Es difícil controlar la difusión de la información, y ésta puede falsearse. Se busca acceder a esta información sin autorización, a veces se comparte sin saberlo en las redes sociales. Se espían los mensajes y se almacenan sin autorización, y luego se tratan; crece el secuestro de datos con el objetivo de pedir rescate para devolverlos

Internet transmite muchas noticias falsas (*fake news*), con el objetivo de la desinformación. Se propagan a través de los medios de información de masas, como la prensa, la radio, la televisión, el cine, y como mensajes personales en Internet. El objetivo es engañar, manipular, enaltecer o desprestigiar a una persona o entidad. Las noticias falsas se presentan como si fueran reales, e influyen en las conductas a través de la desinformación. También pueden ser utilizados por gobiernos autoritarios para calificar de noticias falsas las que no le convienen.

Facebook e Instagram han implantado programas, que ofrecen recompensas a aquellos que descubren fallos de seguridad; y existen otras bases de datos y entidades que se esfuerzan por descubrir las amenazas, y cuentas falsas que se utilizan para atacar y robar información.

Es necesario un control de la información que circula por Internet. Pero hay personas que se oponen a ello, porque creen que es muy peligroso ya que introduce la censura en la red. Pero se pueden controlar los portales que defienden noticias falsas sistemáticamente.

Los mapas de la geografía de Internet muestran la estructura jerárquica de la transmisión de información, así como las grandes disparidades que existen entre unos países y otros, en la utilización de los buscadores y las redes sociales; y asimismo las diferentes velocidades de conexión. Pero ya se están desarrollando esfuerzos de inversión para que se desarrollen las redes de telecomunicaciones en los países menos avanzados; las inversiones en ciberseguridad ascienden, pero no lo suficiente.

A pesar de ello, la brecha digital y las desigualdades que genera la tecnología digital, es muy amplia. Una parte de la gente no tiene recursos para disponer de un ordenador conectado a Internet, y existe el riesgo de exclusión social. Y las mismas escuelas en barrios más populares tienen dificultades para los cursos digitales, porque una parte de los alumnos no tienen equipos o conexión, y los centros de enseñanza no tienen recursos para facilitárselos.

Es preciso introducir en las enseñanzas básicas, medias y superiores unos programas para utilizar críticamente Internet y las redes sociales, y que estas fuentes se utilicen con mesura.

Estos libros, que están centrados en la Geografía, pueden servir para utilizar Internet de forma razonable como sistema de enseñanza en esta ciencia, en los aspectos espaciales y territoriales, que es uno de los objetivos de la ciencia geográfica. Los tres volúmenes son una buena introducción a la Geografía en red, en los aspectos tecnológicos, los datos y la comunicación, al mismo tiempo que una reflexión sobre los aspectos de geolocalización y la gestión territorial.

1

Geografía en red

CAPÍTULO 1.- GEOGRAFÍA EN RED

Ámbitos de trabajo del geógrafo

27/03/2018
GB

Tal y como dice el Observatorio de la profesión de geógrafo de la página web del Colegio de Geógrafos de España[2].

"Desde su creación el Colegio de Geógrafos ha tenido entre sus finalidades principales el conocimiento y difusión de los perfiles profesionales de las personas colegiadas, con objeto no ya sólo de prestar unos servicios y desarrollar unas iniciativas adaptadas a las necesidades de sus miembros, sino también de facilitar el acercamiento de la formación académica a la realidad laboral. Preguntas que surgen sobre ¿A qué se dedican los geógrafos y geógrafas de manera profesional? ¿De qué trabaja un geógrafo? ¿En qué lugares trabajan los geógrafos? ¿Qué tareas puede hacer un geógrafo?"

A partir de estas preguntas, con carácter quinquenal y desde el año 2013, ha elaborado un informe de perfiles profesionales para «identificar, analizar y prever la evolución futura de los perfiles profesionales de la Geografía en España», a través de cinco áreas de trabajo. En el último informe del año 2018, se analizaba dicha evolución, llegando a las siguientes conclusiones:

Tecnologías de la información geográfica

La definición, desarrollo y gestión de SIGs y la elaboración de Cartografía temática continúan siendo los principales tipos de proyectos desarrollados por los geógrafos en relación con las TIG. Igualmente, cabe destacar la irrupción de los proyectos profesionales relacionados con las Bases de Datos (Desarrollo y gestión de información e indicadores territoriales-BBDD). También las Neogeografías, entendida como el desarrollo de herramientas y técnicas geográficas utilizadas para realizar actividades personales o por un grupo de usuarios no expertos en el análisis geográfico. Esta evolución es el resultado de la libertad de acceso gracias a Internet a la georreferenciación de lugares, la geoetiquetación de contenidos,

---

[2] https://www.geografos.org/observatorio-profesion/

la fácil integración de recursos en entornos web mediante el uso de APIs y la utilización cada vez más cotidiana de GNSS y de aparatos de posicionamiento (teléfonos móviles, PDAs, navegadores).

Planificación territorial y urbanística

Continúan siendo los principales tipos de proyectos desarrollados por los geógrafos en relación con este campo de trabajo. Cabe destacar la consolidación (que no el crecimiento) de la redacción, gestión o evaluación de instrumentos relacionados con el paisaje, con la planificación de la movilidad o de la vivienda, así como la irrupción de la Regeneración Urbana Integral de ámbitos inframunicipales (barrios). Sin duda el desarrollo de planificaciones estratégicas, *EDUSI* y proyectos europeos (*URBACT*), han podido contribuir a ello. Sin olvidar los planes generales y las planificaciones supramunicipales.

Desarrollo territorial

La Planificación Estratégica, los proyectos relacionados con el Turismo, con el Patrimonio Cultural, o con el Desarrollo Local continúan siendo los principales tipos de proyectos desarrollados por los geógrafos en relación con este campo de trabajo. Especialmente significativo es que los proyectos de Participación ciudadana hayan crecido de manera notablemente. Cabe destacar la consolidación (que no el crecimiento) de las iniciativas relacionadas con la Participación Ciudadana o la Cooperación y Solidaridad, así como la importante pérdida de peso relativo de los proyectos relacionados con la Organización Territorial, Comercio y Geomarketing.

Medio ambiente

En primer lugar, cabe destacar la pérdida de peso relativo de este ámbito de trabajo desde 2008. Hay un notable repunte, vinculado a la estabilización del desempeño profesional en proyectos como riesgos, recursos hídricos, Agendas Locales 21. Pero sobre todo a la estabilización en el desarrollo de las Evaluaciones de los Impactos Ambientales y al aumento en 2 puntos en los proyectos Evaluaciones ambientales estratégicas de planes y proyectos.

Proyectos relacionados con la Evaluación de Impacto Ambiental, la ordenación y gestión de Espacios Naturales protegidos, o la Educación Ambiental, se han mantenido. Otros que crecieron significativamente durante el período 2003-2008 como la Evaluación Ambiental Estratégica, o la planificación y gestión de Riesgos Naturales, para el periodo 2013-2018 han experimentado un suave descenso. A pesar de ello, ésta es la tercera opción de trabajo de los geógrafos en la actualidad, ya que se sigue trabajando en Participación pública y monitorización medioambiental, economía circular, evaluaciones y proyectos de gestión, restauración ambiental y paisajística. Sistemas de Calidad Ambiental ha sufrido una importante ganancia (el doble) en relación al periodo 2008-2013.

Sociedad del conocimiento

Estos datos, en función del desempeño profesional, vienen dados, en primer lugar, por la Enseñanza universitaria, seguida de la no reglada y después de la Enseñanza secundaria. Es notable el elevado número de profesores asociados que existen en nuestra disciplina y que combinan su desempeño profesional con la impartición de docencia. Sin obviar también a los profesores funcionarios que forman parte del Colegio Profesional de Geógrafos, tanto en el ámbito universitario como en los Institutos de Secundaria. Por último, Formación Continua No Reglada supone la segunda actividad y viene conformada por la impartición de docencia, talleres de empleo, seminarios en contextos de políticas activas de empleo u otras iniciativas municipales (escuelas de verano). Trabajos Editoriales, son otros de los desempeños profesionales de nuestros colegiados.

La nueva geografía y la geografía global [3]

15/01/2019
GB

La geografía es una ciencia viva y ha ido evolucionando a lo largo de la historia, siendo necesario conocer no sólo en qué momento se encuentra sino qué corrientes se desarrollan en la época actual y que, por tanto, aportan un valor y un conocimiento a la ciencia geográfica.

El análisis epistemológico de la geografía como ciencia ha sido estudiado por numerosos autores, desde la obra de Capel Sáez (1981) hasta artículos más recientes como el de Edin (2014) o Buzai (2014), en los que se reflexiona sobre cómo se ha desarrollado la ciencia geográfica.

---

[3] Extraído de la Tesis Doctoral del autor "Los municipios turísticos del interior de la Comunitat Valenciana en Internet"

A través de su evolución en el último siglo, se puede identificar el camino conceptual que ha seguido hasta el momento actual en el que se habla de la Geografía Global y de la Nueva Geografía (Neogeografía).

Todos ellos coinciden en afirmar que la geografía contemporánea nació con la ilustración y autores como Humbolt, Ritter y Ratzel entre otros (Edin, 2014). A partir de esta época numerosas corrientes han ido coexistiendo hasta llegar a la situación actual que se podría denominar de postmodernidad y cuyo comienzo, aunque no existe un consenso sobre el mismo, podría establecerse a finales del siglo pasado en 1989, con la caída del Muro de Berlín y todo lo que ello significó.

La evolución reciente de la geografía

La geografía global se ha desarrollado en los últimos años de forma cronológica en función de los cambios vinculados a las nuevas tecnologías y por tanto se pueden establecer una serie de etapas desde hace cincuenta años:

Una primera etapa (1964-1989), abarca desde la aparición del primer Sistema de Información Geográfica el año 1964 hasta la caída del muro de Berlín en 1989, en la que la geografía comienza a utilizar tecnologías de lo que se ha denominado la geografía automatizada, vinculada con el uso de ordenadores y de grandes volúmenes de información que permiten análisis espaciales complejos y multivariables.

Una segunda etapa (1989-1999), está vinculada con la Geografía Global a la que Buzai hace referencia cuando indica su impacto científico y que se desarrolla fundamentalmente en la década de los noventa del siglo pasado cuando a la evolución de la geografía automatizada y la generación del uso de los Sistemas de Información Geográfica se le une la aparición de Internet de forma global. Dentro del análisis de los cambios que ha producido Internet algunos autores habla de dos etapas diferenciadas, la aparición de Internet de forma global entre 1997 y 1999 y, posteriormente, la aparición de la web 2.0. en el año 2005 que permitía una bidireccionalidad (Capel, 2009) y por tanto se pueden establecer tres etapas más a partir de la aparición de Internet.

Una tercera etapa (1999-2005), aparece con el desarrollo de Internet y la capacidad de generar información que se distribuye de forma global por la red a los usuarios a través del ciberespacio. Esta etapa se sustenta en la geotecnoesfera y la geoinformación y coincide con la etapa denominada web 1.0. en la que existe una unidireccionalidad de la información.

31

La cuarta etapa (2006-2009), es la de la nueva geografía basada en la capacidad de generar y compartir información por parte del usuario, coincidiendo con la etapa de la web 2.0. basada en la bidireccionalidad de la información. Esta nueva geografía aparece con una nueva visión de la geografía con *Google Maps* y *Google Earth* y donde los usuarios participan de forma voluntaria en la información geográfica y donde aparece la geosemántica.

La quinta etapa (2009-2015), tiene que ver con la aparición de los medios sociales donde la participación de los usuarios es activa y los dispositivos móviles comenzarán a tener tanta importancia como para superar el uso de los ordenadores de sobremesa. Es en este momento cuando aparece el concepto de un mundo social, local y móvil (SoLoMo) y de la geolocalización social como herramienta de comunicación entre el mundo físico y el mundo digital.

La sexta etapa (2015-actualidad), en la que estamos inmersos y que tiene que ver con la inteligencia artificial, los nuevos sensores, los gadgets, la realidad virtual, la realidad aumentada, etc., básicamente en una integración total entre ambos mundos (físico y digital) y con la explosión del Internet de las cosas.

Investigaciones y conceptos alrededor de la nueva geografía

Bajo mi punto de vista, el geógrafo que más ha aportado a estos análisis ha sido Buzai (2015a), (2015b), (2014a), (2014b) (2014), (2015b), con investigaciones sobre la evolución del pensamiento geográfico hacia la Geografía Global y la Neogeografía. Pero además el concepto de neogeografía ha sido estudiado por otros autores como Hudson-Smith, Crooks, Gibin, Milton & Batty (2009), M. Goodchild (2009), Jiménez Chávez & Jiménez (2011), Elwood, Goodchild & Sui (2013), Leszczynski (2013), Cortizo (2015), Sendra (2015) o Balaguer Mora (2016).

Así pues, se habla de diversos conceptos de esta geografía global, como la Geografía en red (Hudson-Smith, 2008), de la geografía en red (Capel Sáez, 2009), de la sociedad de la geoinformación (Moreno, 2015), de la visión geográfica del ciberespacio (Barbachán, 2009), de la geografía colaborativa (Ruiz i Almar, 2010), de los geoportales (Hochsztain, Vázquez & Bernabé, 2012), de la geografía en la nube (Silva & Donert, 2015), de la geoinformación (Beltrán G, Del Río, J, 2018 y Díaz Díaz, 2010), de los mapas en Internet (Del Río, 2011) y de los datos espaciales (Del Río, 2015).

También se han producido interesantes aportaciones a esta nueva geografía desde la sociología, con investigaciones de Cerdá alrededor de la geosemántica, los mapas digitales y la sociedad a través del poder del sentido de lugar (Cerdá, 2015).

Esta nueva geografía ha permitido a su vez el desarrollo del concepto de geolocalización (Rodríguez Benito, 2010), basado en los denominados LBS o Local Based Services (Junglas & Watson, 2008) y de geolocalización online y geolocalización social (Beltrán López, 2016), como parte de un entorno social, local y móvil (Beltrán López, 2012) en el que la interactividad de los dispositivos móviles geolocalizados conforma una nueva relación entre personas y cosas (Fombona Cadavieco, 2014) y que está derivando a un entorno donde lo local es substituido por el contexto (Buhalis & Foerste, 2015).

Otro aspecto derivado de la geolocalización es el desarrollo del geomarketing basado en las nuevas fuentes de información en turismo (Carlos, Palomares, Mínguez & Gutiérrez, 2014) o en la movilidad (Sanz de Castro, 2014).

El estado actual de la nueva geografía

Desde el punto de vista del paradigma de la geografía como ciencia contemporánea, algunos autores afirman que en estos momentos coexisten dos paradigmas de la geografía, el neopositivista y el historicista, que han producido una alternancia en el desarrollo de la ciencia geográfica en el último siglo de forma cíclica (Buzai, 2014b).

Dentro de estos grandes paradigmas se han desarrollado distintos enfoques de la geografía a través de distintas corrientes de pensamiento, pudiendo establecer una división entre los enfoques tradicionales (geografía general, geografía regional, anarquista, ecológica humana y cultural entre otros) y los enfoques actuales que surgen tras la segunda Guerra Mundial (cuantitativo, sistémico, cultural, de la percepción, radical, humanista, ambiental y automatizada).

Una de las corrientes más recientes en la que se podría adscribir esta investigación es esta última. Una primera cuestión es que no existe un consenso sobre el nombre que se le puede dar a esta geografía y, aunque no se refieren exactamente a los mismos aspectos se habla de muchos tipos de enfoques como la geografía automatizada (Edin, 2014), la geografía colaborativa (Ruiz i Almar, 2010), cibergeografía (Barbachán, 2009), geografía virtual (Hudson-Smith et al., 2009), geografía voluntaria (Bosque Sendra, 2015) o geoinformática (Buzai, 2014b).

Por tanto, nos encontramos en un momento fascinante en la historia de la ciencia geográfica, en la que una nueva geografía se abre paso para aportar valor en la sociedad, ofreciendo su capacidad de integración de otras disciplinas cuando se analiza el espacio y donde hemos de tener en cuenta que, no sólo se habla de espacio físico, sino de ciberespacio.

Sólo podremos analizar este momento con una perspectiva histórica, pero desde luego, el mundo actual sigue necesitando del análisis e interpretación de la geografía como una ciencia global.

Ciberespacio

11/09/2017
GB

El análisis de la humanidad desde el punto de vista de la globalización nos sitúa en estos momentos en la tercera globalización, basada en los flujos de los datos digitales (Buzai, 2014b). Estos flujos de datos digitales se mueven en un espacio digital o ciberespacio que se sustenta por medio de dos elementos, la geotecnosfera y la geoinformación.

Estamos hablando siempre de dos elementos independientes pero interrelacionados, el elemento instrumental en que el ser humano interactúa en un espacio digital y el elemento informacional que es la información que se genera en ese espacio digital y los flujos que circulan a través del mismo.

Una de las particularidades del ciberespacio es que permite superar el concepto lógico y tradicional de centralidad, ya que «la carencia de límites geográficos invita a pensar en un espacio cuya lógica es totalmente diferente al espacio real, donde existe una tremenda horizontalidad estructural» (Barbachán, 2009). Este hecho podría hacer pensar que desaparece el concepto espacial tal y como lo conocemos o es substituido por el espacio digital pero no se puede afirmar tal planteamiento:

Si bien las NTIC, especialmente Internet, ofrecen un emergente espacio virtual que maneja un particular régimen espacio-temporal, no puede hablarse de la desterritorialización o, lo que es peor, de la sustitución del espacio geográfico por uno virtual (Barbachán, 2009).

Así pues, el cambio que supone hablar de ciberespacio en la nueva geografía no está en que sea un enfoque nuevo adaptado a los tiempos sino en cómo está cambiando los modos de producción e intercambio de información. No se trata de un simple cambio estructural en cuanto al espacio donde suceden las relaciones humanas sino de un cambio funcional con respecto a cómo se desarrollan dichas relaciones. Es por ello que la neogeografía habla de *una nueva relación con los espacios físicos* pero sobre todo está hablando de que hay un «desdibujamiento de los límites entre los roles tradicionales de sujetos productores, comercializadores y consumidores de información geográfica» (Capel Sáez, 2009) y son las nuevas tecnologías de la información y la comunicación las herramientas que han facilitado este hecho, las catalizadoras del cambio.

En este sentido, esta investigación no está analizando la parte relativa a la geotecnosfera en sí misma sino en los flujos de información que suceden, afecta a lo que (Moreno, 2015) llama la distribución de la geoinformación digital, preguntándose sobre el cómo, cuándo, dónde, etc. Un elemento para reflexionar ante este fenómeno es que los espacios de interior no se analizan como una parte separada por un criterio espacial, puesto que forman parte del mismo sistema y la información con la que se trabaja supera los límites del territorio y se homogeneiza.

Todo ello se integra dentro de otro concepto que debe ser comentado aquí por la transformación que supone para la geografía y está vinculado con esta nueva forma de percepción espacial. Tal y como se ha comentado, paralelamente a la popularización de la web 2.0., apareció una herramienta que iba a revolucionar la geografía, *Google Earth*.

Más allá de su valía tecnológica se puede analizar su impacto desde el punto de vista social, donde el espacio percibido se transforma, tal y como puso de manifiesto el sociólogo Diego Cerdá «Estamos asistiendo, de la mano de *Google Earth* al nacimiento de una nueva forma de percibir el espacio, que afecta al mismo tiempo al espacio virtual y al espacio real de nuestro planeta» (Cerdá, 2005).

A partir de este razonamiento el autor introduce el concepto de geosemántica «un servicio de arquitectura Web, basado en ontologías y diseñado para integrar, traducir y compartir información multivariada y activos de conocimiento (geoespacial y de noticias de medios) en un ambiente de distribución red» (Cerdá, 2005).

Datos espaciales

11/09/2017
GB

Con la llegada de la geografía automática y la popularización de los Sistemas de Información Geográfica (SIG), dentro de la corriente neopositivista, la información se convirtió en datos y éstos pasaron a analizarse mediante el álgebra y las matemáticas, de modo que la realidad podía expresarse en forma de puntos, líneas y polígonos. Hoy en día, dada la ubicuidad de los recursos TIG, los datos espaciales son cualquier tipo de dato que se encuentre referido, directa o indirectamente, a un espacio. Así pues, la información geográfica estaría referida a la forma en que se almacenan esos datos y la mayoría de los productos que ofrecen (Ariza, 2015).

Este nuevo entorno digital ha traído consigo un cambio en la forma de gestionar la información geográfica que tradicionalmente estaba asociada al mapa como elemento de representación de la realidad para gestionar datos espaciales desde la perspectiva de la producción y el consumo de los mismos. Los contextos en los que se mueve el dato espacial son el socioeconómico, el industrial y técnico y el individual. Por tanto, el dato espacial es el objeto de consumo y el prosumidor es el sujeto de consumo (Del Río, 2015).

En cuanto al consumo de mapas encontramos que se ha pasado del modo de producción en masa, caracterizado por el consumo de masas, al modo de producción del "informacionalismo", término desarrollado por Castells y caracterizado por la personalización de la producción y el consumo, lo que supone un cambio de desarrollo y uso de los datos espaciales (Del Río, 2015).

En este sentido cabe recordar que en los años setenta ya se produjo un cambio profundo en el desarrollo de la actividad económica con la aparición del toyotismo, un fenómeno reactivo al fordismo industrial (Monden, 2007). Mientras este último se basaba en la elaboración de procesos y cadenas de producción que generaban grandes volúmenes de productos y servicios a una sociedad más o menos homogénea, el toyotismo se basa en la filosofía *just in time* o producción ajustada, donde se fabrica sólo la cantidad de productos y servicios que pueden venderse en el mercado adaptando éstos a una segmentación del mercado. En estos momentos ese modelo *just in time* se ha trasladado al desarrollo y uso de los datos espaciales.

Si estamos hablando de gran cantidad de datos que se mueven en el ciberespacio hay que hacer una referencia al concepto de big data que, aunque se podría relacionar directamente con la nueva geografía hay que tener cierta prudencia científica a la hora de demostrar dicho impacto (Bosque Sendra, 2015).

En definitiva, el objeto de consumo del espacio hoy en día son los datos espaciales y los nuevos consumidores son los encargados no sólo de consumir esos datos sino de producirlos y con ello aportar una nueva geografía colaborativa.

Geolocalización como necesidad

05/12/2018
GB

La pirámide de Maslow, o jerarquía de las necesidades humanas, es una teoría psicológica propuesta por Abraham Maslow en 1943, en la que formula «una jerarquía de necesidades humanas y defiende que conforme se satisfacen las necesidades más básicas (parte inferior de la pirámide), los seres humanos desarrollan necesidades y deseos más elevados (parte superior de la pirámide)». Así pues, en la parte inferior de la misma estarían las necesidades fisiológicas básicas, seguidas de la seguridad, la afiliación, el reconocimiento y la autorrealización.

Posteriormente, se ha desarrollado esta teoría aplicándolo al mundo digital identificando las herramientas y aplicaciones más utilizadas y dónde se distribuyen dentro de dicha pirámide, de manera que podemos encontrar el disponer de Wifi como una necesidad básica para el mundo digital o el disponer de un blog en *WordPress* como parte de la autorrealización.

Lejos de discutir la teoría de la pirámide de Maslow (que tiene sus críticas) y de discutir la adaptación al mundo digital (ya que lo que he leído no tiene un fundamento científico, sino pragmático), sí que me interesa relacionarlo con la geolocalización.

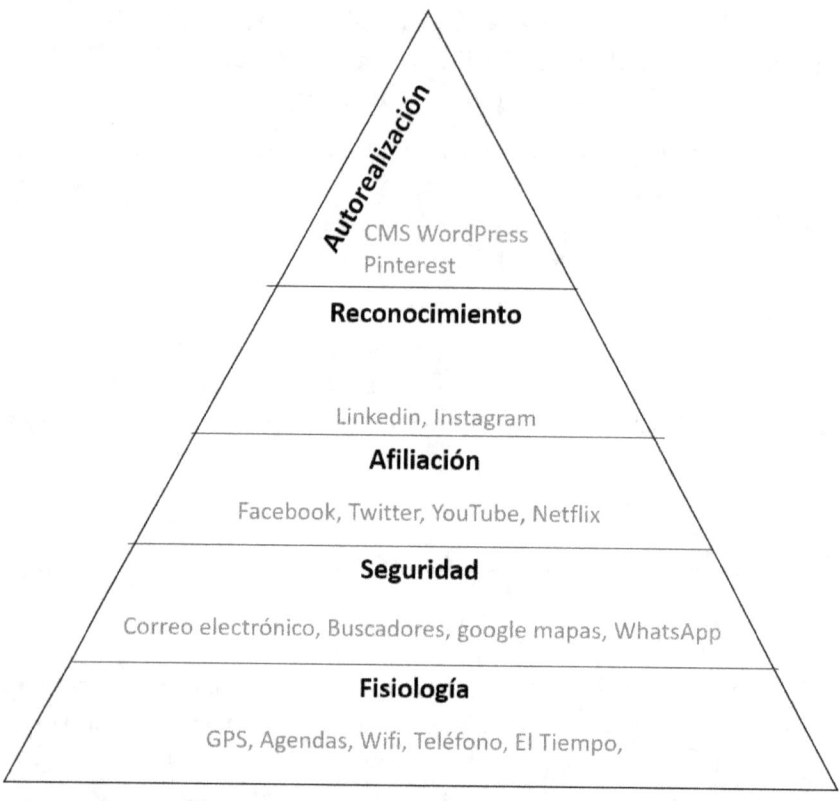

Ilustración 2 Resumen de la pirámide de Maslow en el mundo digital propuesta por Felipe Vélez

Esta reflexión no es nada nuevo, sino que surge de la lectura de un interesante documento de octubre del año 2010 denominado «La Geolocalización, Coordenadas hacia el Éxito: el potencial de la aplicación de una herramienta social de geolocalización en la comunicación institucional y corporativa», de Elena Rodríguez Benito.

Cuando habla del porqué de la sociedad de la información, la autora plantea identificar cómo afecta la geolocalización social a la pirámide en el mundo digital a través de cada fase, basado en este documento me gustaría desarrollar mis reflexiones al respecto identificando cómo afecta la geolocalización a cada una de estas fases y las aplicaciones móviles y redes sociales implicadas en cada una de ellas:

Fisiología: la geolocalización deriva de la geografía, que a su vez es la ciencia que analiza la dimensión espacial del ser humano, su relación con el entorno. Se trata de la dimensión complementaria a la temporal y junto a la que cual es establece la relación del ser humano con el espacio que habita y el momento en que lo hace.

Entre las aplicaciones destacadas identificamos el tiempo, las de salud, de alojamiento (*Airbnb*), de restauración o la brújula del móvil. Todas ellas están relacionadas con la geolocalización: para saber el tiempo es necesario identificar dónde nos encontramos, cuando realizamos ejercicio lo hacemos en un lugar concreto, para alojarnos utilizamos aplicaciones en Internet que nos muestran los alojamientos más cercanos y, desde luego, la brújula es la herramienta básica que identifica dónde estamos en relación a los cuatro puntos cardinales de nuestro entorno.

Seguridad: conocer el entorno en el que nos movemos nos da seguridad o, si se quiere, reduce nuestra incertidumbre. Si nos vamos muchos años atrás observamos que, en la Revolución Neolítica, el paso del nomadismo al sedentarismo tuvo mucho que ver con esto, con asentarnos en un territorio que conocíamos y reconocíamos, lo que nos permitió comenzar la domesticación de plantas y animales, los primeros asentamientos que derivarían en urbanos y la división del trabajo.

Las aplicaciones están relacionadas sobre todo con aspectos como la movilidad (*Waze*) y los mapas (*Google Maps*), es decir, la traslación del mapa al mundo digital, un mapa dinámico vinculado con nuestra posición GNSS a través del móvil que nos sitúa en el espacio, relacionando el mundo *offline* con el mundo *online*. Podemos ver un lugar antes de estar allí gracias a *Google Street view* o a las fotos 360 y, una vez allí, reconocerlo. Igualmente podemos contextualizar dónde estamos al geolocalizarnos con el móvil, lo que nos sitúa en el espacio. Tal y como he comentado, ambos aspectos nos dan seguridad y reducen la incertidumbre.

Afiliación: el ser humano es social por naturaleza, de hecho, uno de los peores castigos en la sociedad griega era el ostracismo, que apartaba a una persona de su comunidad y, por tanto, le privaba del afecto de los suyos. Además, el sentimiento de pertenencia tiene que ver con la gente que nos rodea en un entorno dado.

Aquí es donde entran en escena las aplicaciones sociales (Facebook, Twitter, YouTube), aquellas en las que la gente se une a través de los medios sociales para generar redes digitales donde generan información, conversan y las comparten. Hoy en día no se entiende la vida social sin los medios sociales, de hecho, se les llama redes sociales (aunque es una mala traducción del inglés como bien dijeron Juan Sobejano y Johanna Cavalcanti) y se confunde el medio con el fin. Igualmente, tampoco se entienden las redes sociales sin la geolocalización, compartimos no sólo lo que hacemos y cuándo lo hacemos, sino desde dónde lo hacemos.

Reconocimiento: a todo el mundo le gusta destacar de alguna forma o ser reconocido, que otras personas lo valoren, lo que aumenta su autoestima y, en ocasiones, otorgan sentido a cómo viven en comunidad.

Los medios sociales han evolucionado de la fase anterior, de afiliación, a algunas en las que el reconocimiento es esencial, a modo de *likes* en redes como Instagram (algo que se ve muy claramente en el comportamiento de los jóvenes) o a modo de contactos en redes como *LinkedIn,* que otorgan una posición en las relaciones digitales. La geolocalización es esencial porque el reconocimiento se da en una comunidad de usuarios que, en muchas ocasiones, tiene que ver con el lugar en el que vivimos o trabajamos. Aunque la globalización y la sociedad de la información hayan ampliado este ámbito, el lugar de pertenencia sigue siendo esencial para dicho reconocimiento.

Autorrealización: es la fase situada en la parte más alta de la pirámide y a la que sólo se llega tras cubrir las fases anteriores. Es la satisfacción máxima en la que nuestra vida tiene coherencia entre la parte familiar, social y profesional y en la que sentimos que aportamos a la comunidad.

En el mundo digital tenemos la posibilidad de poner comentarios, opiniones o reseñas, de comentar en distintas plataformas qué nos ha parecido un producto o servicio y eso ayuda a los demás, de forma que es muy sencillo hacerlo. Aplicaciones como los blogs (*WordPress*), además, permiten disponer de una ventana al mundo donde expresarnos. La reputación en Internet tiene que ver con elementos objetivos como las puntuaciones (las estrellas) y subjetivos como las opiniones (el texto) y casi siempre se utiliza sobre un producto o servicio que está en un lugar concreto y, para ello, la geolocalización es el elemento clave.

Así pues, la geolocalización no es sólo un concepto o una moda, es mucho más que eso, es una necesidad básica del ser humano porque afecta a las necesidades fisiológicas básicas, la seguridad, la afiliación, el reconocimiento y la autorrealización. En cada una de las fases de la pirámide de Maslow podemos identificar las herramientas que están directamente relacionadas con la geolocalización y que le dan sentido a nuestra vida física y digital, ya que, nos hacen encontrar nuestro lugar en el mundo.

Geografía de los balcones en tiempos de crisis Covid-19

20/03/2020
GB

Vivimos tiempos convulsos (frase hecha y no por ello menos real) a nivel mundial y la geografía se está mostrando y demostrando como una herramienta esencial en la lucha contra el Coronavirus (Covid19), con permiso de las ciencias de salud, naturalmente. Tal y como dicen en *MundoGeo* «Geografía es la clave para luchar contra el brote del COVID-19».

Todo el mundo se ha volcado a hacer cosas y aportar soluciones, se ha visto cómo, los mapas, son herramientas esenciales tanto a la hora de analizar la situación a escala espacial, como a la hora de divulgar (o geocomunicar que diría mi amigo Jorge, *@Orbemapa*), para que toda la población entienda la escala del problema (o la no escala, ya que va desde lo individual y lo local hasta lo global sin fronteras).

El hecho de estar en casa, aunque tengamos que trabajar online, sí que da para más momentos de reflexión y este post es fruto de uno de esos momentos. Cada vez estoy más convencido de que la geografía es subjetiva y, para comunicarla, hay que intentar agrupar dichas subjetividades como un intento de objetivarla, aunque sea en realidad una sombra de la realidad, porque cada uno la ve de una forma. El territorio es distinto para cada persona y, por tanto, el mapa por el que se guía se interpreta y se vive de forma diferente. Un mapa es una representación de la realidad, pero sólo con la mirada de cada uno y su interpretación se convierte en realidad. Para entonces ya es subjetivo, deja de ser un mapa que representa el espacio, para ser el mapa con el que interpretamos y vivimos nuestro espacio.

La importancia de la reflexión

Pensando en cómo puedo ayudar en esta terrible situación, más allá de iniciativas en las que quiero colaborar, tengo este blog, este espacio de libertad, mi balcón donde lanzar ideas a la calle de Internet. Una de esas cosas que puedo aportar, humildemente, creo que es la de la reflexión, no porque yo tenga nada especial que aportar ni sea más o menos importante o relevante, sino porque estoy convencido de que toda reflexión es importante y que, aunque sólo le sirva a una persona, para mi es suficiente. Además, estoy convencido de que los aportes individuales serán siempre superiores a la mera suma de éstos, pudiendo crear otras ideas cruzadas o transversales entre profesionales y disciplinas que sean relevantes, innovadoras y, en su caso, disruptivas. Nunca hay que subestimar el poder de las ideas y su capacidad de transformación cuando son compartidas.

Por otra parte, hace unas semanas tuve el placer y el privilegio de conocer al catedrático de la Universidad Carlos III de Madrid Antonio Rodríguez de las Heras y, tanto sus reflexiones sobre la sociedad digital y el sentido del espacio en el País Retina, como su charla final del TEDxUPValència, me han impactado profundamente a la hora de hacer pública mis reflexiones sin buscar ningún pragmatismo o utilitarismo en las mismas.

Geografía de los balcones

Geografía de los balcones, el título puede sonar burlesco, oportunista o, sencillamente, irrelevante, pero nada más lejos de mi intención. Estamos asistiendo a un movimiento fascinante con este confinamiento y más para un geógrafo como yo: por una parte, la movilidad casi desaparece y, por tanto, parte del sentido del espacio que nos caracteriza. Por otra parte, los índices de contaminación se reducen drásticamente y los destinos turísticos saturados se vacían. Pero también la economía se para, el mercado de trabajo entra en un ERTE (Expediente de Regulación Temporal de Empleo) global, la gobernanza, la planificación estratégica y operativa adquieren una importancia capital.

Somos seres sociales, eso es una de las cosas que nos caracteriza como seres humanos. Tradicionalmente el hogar, la casa de cada uno, es un espacio privado, al cerrar la puerta de casa se entra en un ámbito que nos pertenece como individuos y/o familia. Es nuestro reducto para sentir algo de libertad, paradójicamente nos creemos libres (del estado, de la moral, de la mirada de los demás...) encerrados en casa. Pero aparecen dos circunstancias nuevas en esta crisis, una amplificada y otra nueva, ambas relacionadas con lo que yo denomino la geografía de los balcones (que aglutina terrazas y ventanas):

Los balcones digitales

Es la realidad amplificada y tiene que ver con lo digital. El ciberespacio cobra más importancia que nunca, gracias a Internet estamos comunicados, podemos seguir trabajando desde casa, hablar y ver a nuestros seres queridos, pedir comida a domicilio, salir de casa sin movernos de ella y con ello impactamos menos en el medio ambiente, nuestra huella de carbono se transforma en una huella digital, somos más sostenibles.

Ilustración 3 Fotografía de Juan Boronat (@lasblogenpunto)

Dicen que en japonés crisis significa peligro y oportunidad, en este caso desde luego es una oportunidad para que se produzca una verdadera transformación digital en todas las esferas de la sociedad, aunque, personalmente, el precio me parece demasiado alto, prefiero seguir como antes más lentamente, pero con la gente que estaba viva hace unos meses.

Otra circunstancia es que, de repente, a través de estos balcones digitales se han empezado a asomar artistas de todo tipo que regalan su arte a través de Instagram, por ejemplo, de forma gratuita y solidaria para entretener y, sobre todo, hacernos sentir. Lo digital se configura como lo que siempre ha sido, un balcón a las calles de Internet, en el que cada uno se convierte en un nodo que recibe información y genera información, de forma consciente, compartida, o inconsciente, en forma de datos.

También los balcones digitales se relacionan de forma distinta con la privacidad: cerramos con llave la puerta de casa, pero abrimos Internet para mostrar nuestras casas, nuestra intimidad al mundo. Controlamos lo que contamos conscientemente a nuestro vecino, pero hablamos sin tapujos a gente desconocida.

Además, esta crisis también cambiará nuestra forma de gestionar los datos bajo una pregunta muy relevante: ¿hasta qué punto somos capaces de compartir nuestros datos de salud y movimientos para que sirvan para mejorar la situación? A priori, todo el mundo diría que sí, pero, ¿aceptaríamos en Europa una aplicación móvil como en China que ha controlado a la población y ha estigmatizado a los enfermos en aras del bien común? De entrada, legalmente sería muy complicada con la reglamentación que tenemos y, éticamente, sería muy discutible. Quizás por eso no se ha hecho en la vieja Europa, entre que se regula y se piensa el tiempo pasa.

Los balcones físicos

Como las cosas más maravillosas de la vida nadie sabe cómo empezó, quién fue al que se le ocurrió, pero lo bueno es que eso hace que nos pertenezca a todos, que sea una obra colectiva. A las 22h (posteriormente se hace a las 20h para que los niños puedan asistir), todos los días, la gente sale a sus balcones a aplaudir a los sanitarios, repartidores, cuidadores y todas las personas que están haciendo lo imposible para combatir a la pandemia. Si alguien ha salido y no se le ha puesto la carne de gallina tiene un serio problema de empatía y humanismo. Es una respuesta increíble a la que se han ido sucediendo otras: juegos colectivos entre balcones como el bingo, deporte colectivo, juegos como el *veo veo*, conciertos de ópera que ponen los pelos de punta, DJs, etc.

De repente, un espacio privado, individual y casi inviolable se convierte en un espacio público en el momento en el que se cruza el umbral del balcón y se relaciona con los vecinos, con la finca, con la calle, con el barrio y, por ende, con el pueblo o ciudad, con la región y así hasta la escala global. En ese momento, todos somos uno y saludamos a los vecinos de enfrente, conocemos a los de al lado, escuchamos música, respiramos, sonreímos a los niños, suspiramos por los mayores y, ahí, tan altos, ya no soñamos con volar, sino con caminar.

Y claro, yo como geógrafo me pregunto, ¿podemos hablar de una geografía de los balcones? Porque cada balcón se corresponde con una unidad de personas, pero también de producción digital y de consumo físico. Cada acto que se realiza en el balcón es una manifestación económica, artística o social.

Se nos ha pedido que no salgamos de casa, que no nos movamos, que no nos toquemos, pero, al mismo tiempo, salimos digitalmente a través de la fibra óptica, nos movemos por las autopistas de la información y, sin tocarnos, nos mostramos amor y respeto. Analizar y reflexionar sobre esto es hacerlo sobre una geografía pública desde lo privado, es pensar en nuevas formas de relación en el espacio en un no espacio y en un espacio virtual, es una evolución fascinante de la ciencia geográfica a través de algo tan sencillo como los balcones.

¿Para qué sirve ahora la geografía?

¿Para qué me sirve un mapa ahora mismo si no me puedo mover?, se preguntarán muchos. Pues, de entrada, para encontrar nuestro lugar en el mundo a través de nuestro balcón, para relacionarnos con nuestro entorno más cercano, para ser solidarios con los que tenemos más cerca físicamente, aunque lejos a nivel de accesibilidad.

¿Para qué sirve la geografía en un mundo paralizado? Para lo mismo que hace miles de años, para estudiar la relación entre los seres humanos y el Planeta Tierra porque, aunque sea desde el campo limitado de nuestro balcón, podemos ver construcciones humanas, relaciones económicas, urbanismo, entornos rurales, actividades comerciales efímeras, personas de distintas edades, sexo y condición, podemos sentir los árboles de nuestra calle, oír los pájaros y ver a gatos y perros deambular. Ya sé que no es la geografía que se estudia de las grandes naciones, los grandes héroes y los paisajes increíbles…o sí, porque ¿hay algo más grande que sonreír a tus vecinos, aplaudir a los héroes de bata blanca y disfrutar del micropaisaje que tenemos delante de nosotros y del que formamos parte?

Geodiseño ¿una geografía en siete dimensiones?

28/06/2012
JDR

Aprovechando la edición del libro *Geodesign: Case Studies in Regional and Urban Planning*, recién salido de la imprenta, hoy vamos a acercarnos al llamativo concepto de geodiseño, al que habitualmente se alude con lemas como «Diseñar con la naturaleza», «Diseñar nuestro futuro», o «conocer las consecuencias de nuestros actos». El interesante concepto del Geodiseño está de actualidad en el mundo de la geomática, despierta pasiones, críticas y tiene la virtud de no provocar indiferencia. Pero realmente ¿de qué hablamos cuando utilizamos la palabra geodiseño?

Algunas definiciones de geodiseño

Tenemos disponibles muchas propuestas de definiciones. Veamos algunas de ellas.

Geodiseño es un método de planificación y diseño que empareja firmemente la creación de propuestas de diseño con las simulaciones de impactos informados por los contextos geográficos (Flaxman, 2010)

Geodiseño es un conjunto de técnicas y tecnologías de apoyo para la planificación de los entornos construidos y naturales, en un proceso integrado, que incluye: la conceptualización del proyecto, el análisis, la especificación de diseño, la participación de los interesados y la colaboración, la creación del diseño, simulación y la evaluación entre otras etapas. (*Wikipedia*)

Geodiseño es el diseño en su contexto geográfico (Miller, 2010), que consiste en la creación o modificación de una entidad (por ejemplo, un edificio, una ordenación urbana) o un proceso con dimensión espacial y temporal ubicada en un territorio.

Geodiseño puede ser diferentes cosas para diferentes personas, pero no se trata sólo de la tecnología SIG o simplemente o de una forma diferente de visualizar los datos basados en la localización. El geodiseño trata de la interacción y la colaboración, de permitir a quienes no están familiarizados con los SIG jueguen con los SIG. No se trata de recopilar datos o de visualización 3D o de modelos. Se trata de un proceso iterativo para poner a prueba un método o modelo y si eso no funciona, entonces intentar un proceso o un modelo diferente. Joe Francia recomienda que este proceso de prueba y error hay que hacerlo con la participación de ciudadanos, políticos y empresas, ya que cada uno mira los datos y los procesos desde una perspectiva que puede ser completamente diferente a la de los especialistas SIG.

La idea propuesta por Adena Schutzberg define el geodiseño como una geografía en 6 dimensiones. A las cuatro clásicas dimensiones x,y,z,t, suma el factor económico c y la repercusión ambiental e (evaluada a través de la emisión de CO_2).

Geodiseño cambia la geografía por el diseño (Steinitz 2010). El Modelo de Steinitz se cita a menudo como un flujo de trabajo típico del proceso de geodiseño con 6 etapas: el modelo de representación, procesos, evaluación, cambio, impacto y decisión.

Los pioneros

Acuñado y popularizado por Jack Dangermond presidente de *ESRI,* normalmente se cita como pioneros del concepto de Geodsieño a Richard Neutra y Ian_McHarg, Carl Steinitz, aunque remontándonos en el tiempo también podríamos incluir a Patrick Geddes, y desde una perspectiva más amplia aún, al elenco de geógrafos de las escuelas de la geografía del paisaje, la geografía urbana, la geografía neopositivista y las radicales.

El geodiseño en Europa

Hablar de geodiseño en Europa también evoca a tintes normativos, en concreto a los informes de sostenibilidad ambiental ISA y a la evaluación ambiental estratégica cuyo marco normativo es a La Directiva 2001/42/CE del Parlamento Europeo y del Consejo, de 27 de junio de 2001, referente a la evaluación de los efectos de planes y programas en el medio ambiente, (y que complementa a la Directiva 85/337/CEE referente a la evaluación de proyectos y su modificación con la Directiva 97/11/CE del Consejo de 3 de marzo de 1997) fue transpuesta al ordenamiento jurídico español mediante la Ley 9/2006, de 28 de abril, sobre evaluación de los efectos de determinados planes y programas en el medio ambiente. El geodiseño comienza a dar el salto a la acción política.

Las sinergias entre las ideas, principios y tecnologías del geodiseño y los procedimientos y documentos de la evaluación ambiental estratégica permiten augurar un mutuo beneficio entre ambas.

El geodiseño: ¿Una geografía en 7 D?

Una propuesta de esta nota, el geodiseño como una función de 7 variables: x, y, z, t, c, e, a Recordemos que c es el tiempo, e es el factor ambiental -evaluado a través de las funciones y servicios de los ecosistemas- y a una medida de la adecuación, eficacia o capacidad del diseño.

Retos del geodiseño

El geodiseño al que a veces se alude como «viejas ideas en un marco nuevo», tiene el mérito de haber creado expectación más allá del ámbito de los SIG, y acercar al mundo del diseño la variable geográfica y la ambiental.

Aunque todavía es pronto para ver el recorrido que tendrá el concepto de geodiseño parece, tras sus primeros pasos, que el geodiseño tendrá que afrontar en su camino muchas dificultades para crecer y difundirse de manera sólida más allá de las tecnologías, la búsqueda de definiciones y la implantación de marcos normativos.

El geodiseño se enfrenta a un doble reto, para no sucumbir antes de crecer:

El desarrollo de modelos predictivos que sean capaces de ser calcular, estimar o al menos prospectar la repercusión de distintas alternativas o políticas en ámbitos económicos, sociales y medio ambientales.

El desarrollo de una política de creación y mantenimiento de datos espaciales e indicadores a distintas escalas espaciales y temporales necesarios para aplicar los modelos predictivos.

Una crítica al geodiseño entre la globalización y el enrolamiento

Aunque el geodiseño es un concepto que engloba varias disciplinas a las que proporciona un lenguaje común, no está exento de críticas debido a que tiene su origen en la industria geoespacial. Motivo por el que se le puede tachar de perseguir el enrolamiento del urbanismo y la arquitectura al ámbito SIG incorporando cuestiones propias de la geografía de la ordenación del territorio y la interrelación de capas que permite los modelos de información para la edificación BIM.

Inventario de fenómenos

06/09/2017
JDR

El seguimiento de los distintos fenómenos, prácticas, eventos, hechos y noticias que podemos observar en torno a la producción y utilización de los datos espaciales no es una tarea sencilla. El coleccionismo de estos fenómenos permite hacer de vez en cuando recopilación e inventario. En este capítulo desarrollamos precisamente un borrador del inventario de aquellos fenómenos que están vinculados con la información geográfica descritos por diversos autores desde la perspectiva de la ciencia, de la tecnología, o la sociedad.

La tarea de detectar estos fenómenos se realiza a partir de las huellas que van dejando las nuevas prácticas alrededor de *lo Geo* y que podemos apreciar en nuestro día a día, ya sea en las noticias, u observando la manera en la que nos relacionamos con la información geográfica. Esta recopilación nos muestra los efectos y con cierto tiempo y trabajo son las pistas que nos sirven para plantear hipótesis sobre las causas. Es un inventario vivo, incompleto y en permanente actualización, con nuevos fenómenos que cobran auge, otros que permanecen latentes y algunos que se acaban convirtiendo en obsoletos. Todo ello con independencia del protagonismo mediático que les concedamos. Quizás estemos lejos todavía de poder elaborar un mapa detallado y nos tengamos que conformar con un borrador permanentemente rehecho.

Con esa idea en mente, hace ya un tiempo, recopilé y describí gran parte de estos fenómenos gracias a la invitación de la revista Polígonos, en un artículo titulado *vía ecléctica de producción y consumo de datos espaciales*. En ese artículo el hilo conductor es la búsqueda del método más adecuado en la gestión de la producción de datos espaciales según el conjunto de fenómenos alrededor de lo Geo que es relevante para cada ámbito de trabajo concreto.

Como el artículo es largo y la recopilación prolija, en esta nota incluyo una tabla resumen en la que se relacionan los fenómenos descritos y una propuesta de clasificación mediante criterios estructurales y funcionales.

Estructural	Funcional	Criterio	Número	Fenómeno
			1	El consumo urgente
			2	El consumo de multifuentes
			3	El consumo del cambio
			4	El consumo rápido
			5	El consumo de experiencias
			6	El consumo condensado
			7	El consumo global
Contexto	Consumo	Socioeconómico	8	El consumo multiplataforma

Estructural	Funcional	Criterio	Número	Fenómeno
			9	La reutilización del dato
			10	El omnivorismo cultural
			11	La búsqueda del consumo
			12	La intermediación geoespacial
			13	La personalización del consumo
			14	La seguridad del consumo
			15	La confianza en el consumo
			16	La satisfacción del consumidor
			17	La desclasificación entre los datos neo-geográficos y los profesionales
	Producción	Industrial y técnico	18	La digitalización del dato
			19	La visibilidad del dato: Internet
			20	El dato se puede crear y compartir: la web 2.0 y las redes
			21	El dato se puede transformar y reutilizar
			22	La globalización del dato
			23	El fenómeno inclusivo del dato espacial,
			24	La usabilidad y portabilidad del dato
			25	El dato es espaciotemporal
			26	El dato es la huella de objetos, personas y
	Consumo	Individual	27	Motivación valor de uso y valor de cambio
			28	Capitales Formativo
			29	Capitales Institucional
			30	Capitales Económico

Estructural	Funcional	Criterio	Número	Fenómeno
			31	Capitales Cultural
			32	Capitales Formativo
		Geo comunidades: elementos	33	El dato espacial está inmerso en geo-
			34	El dato es interoperable
			35	El consumidor Beta
			36	El consumidor interactivo, ubicuo y
			37	El prosumidor
			38	La satisfacción del consumidor
	Producción		39	El dato espacial es objeto de inversión
			40	La distribución de los costes productivos
			41	El valor sustituye al precio
			42	La amortización del dato espacial
			43	El encapsulamiento del beneficio de los datos
			44	El rendimiento de las geo-comunidades de datos espaciales
Geo-comunidades	Consumo	Geo-comunidades:	45	La geoweb
			46	El mix-productivo
			47	La híper-especialización
			48	La Neogeografía y el voluntariado de información geográfica
			49	La capacitación espacial de la sociedad
	Producción		50	Personal, institucional y huella en web o mobile

Estructural	Funcional	Criterio	Número	Fenómeno
Sociedad	Consumo	Finalidad de la producción	51	Agencias: empoderamiento, participación ciudadana
	Producción	Efectos producción	52	Neoterritorios
			53	La invisibilidad del mapa
			54	El diseño cartográfico
			55	La producción esbelta
			56	El mercado de las bases de datos espaciales
			57	La equifinalidad en los datos espaciales
			58	Intermediarios
	Consumo	Efectos consumo	59	La asimetría del consumo
			60	La socialización, normalización y visibilidad de la geografía
			61	La hibridación entre el dato-virtual y el

2

Geografía de las decisiones

CAPITULO 2. GEOGRAFÍA DE LAS DECISIONES

Lo que cartografiamos afecta a las decisiones que tomamos

19/12/2012
JDR

Uno de los documentos más interesantes producidos este año sobre la geolocalización es el titulado: *Tendencias futuras en la gestión de la información geoespacial: De cinco a diez años vista.* Este documento está elaborado por el Comité de Naciones Unidas de Expertos en Gestión Global de la Información Geoespacial.

El contenido del documento señala 6 áreas de interés:

1. La creación y gestión de los datos espaciales
2. La utilización de los datos espaciales
3. La tecnología
4. El desarrollo de políticas y legislación
5. La formación
6. El papel del sector público y privado

El documento apunta a 51 tendencias clave, resumidas y traducidas amablemente por Gersón Beltrán. Gersón además nos facilita su lectura agrupándolas en 5 campos: comunicación (21 tendencias), negocio (6 tendencias), desarrollo tecnológico (6)y formación (21).

Sobre las tendencias añadir un breve comentario de fondo. El grado en que se incremente la utilización en la sociedad, de los SIG y la geolocalización, estará marcado en la superación de la brecha de adopción tecnológica, el *gap* SIG.

La batuta para cerrar esta brecha no estará en manos de los aspectos tecnológicos, técnicos, formativos en SIG, ni vendrá por la optimización de consumo y producción (lean mapping), sino por el uso que seamos capaces de desarrollar de esta ciencia y tecnología y su repercusión en nuestra vida.

La utilización de los datos espaciales está íntimamente ligada por la agenda cartográfica que definamos y desarrollemos en los próximos años: ¿qué es lo que vamos a cartografiar? ¿cómo lo vamos a medir? y ¿con qué fin.

Avanzando un poco más allá y parafraseando al nobel de economía Stiglitz, si aceptamos la hipótesis de que aquello que cartografiamos afecta a las decisiones que tomamos, la cuestión sobre el futuro de la geomática a corto plazo se reduce a responder: *¿Qué decisiones vamos a adoptar, en las que sean necesarias emplear la información geoespacial?*

Algoritmos GIS

25/01/2018
JDR

No son botones: son algoritmos

Estamos acostumbrados a ver botones y herramientas variadas en los programas y Sistemas de Información Geográfica que al pulsarlos nos conducen a amables asistentes y cuadros de dialogo. Gracias a ellos, podemos realizar análisis SIG sobre los datos de manera bastante intuitiva. Los más osados pueden invocar los algoritmos desde la línea de comandos o realizando pequeños *scripts*. Muchas de estas tareas las realizamos de manera cotidiana y casi automática, añadiendo los parámetros que nos indica el *software*.

Sin embargo, en ocasiones se nos olvida que los botones no existen, ni tan siquiera existen las líneas de comando, porque detrás de cada operación lo que hay realmente es un algoritmo SIG.

Una definición más o menos doctrinal de algoritmo SIG podría ser ésta. Un algoritmo GIS es un conjunto ordenado y finito de operaciones sobre datos espaciales que permite hallar la respuesta a una pregunta, o la solución a un problema sobre el territorio.

La búsqueda de soluciones implica concatenar en un diagrama de flujo muchas operaciones SIG, como si de una línea de montaje de una factoría de producción se tratase. La gobernanza de los datos espaciales o geográficos tiene mucho en común con la dirección de una fábrica, pero no una convencional sino una fábrica de decisiones donde los geodatos son la materia prima, las. fábricas de datos.

Los algoritmos importan a la sociedad

La opinión más extendida es que el algoritmo SIG es una cuestión académica, reservada a profesionales, académicos y estudiantes. Materia muy vinculada a la informática y muy vinculada a la programación, y que no interesa a la sociedad más allá de los resultados que ofrecen. Esta es una visión demasiado simple de la realidad. Si estamos atentos, podemos encontrarnos cada poco tiempo con la presentación de algún algoritmo en las noticas y en la prensa generalista.

Algunos datos que rompen esta idea preconcebida del desinterés de la sociedad por los algoritmos los podemos hallar en las hemerotecas de los periódicos. Desde el año 2001 en el *ABC* se ha publicado algo más de 1400 noticias. En el año 2017 *El País* publico 1474 noticias sobre algoritmos, casi cuatro noticias diarias de media. Pero más allá de la cantidad de noticias o el ritmo de publicación, llama la atención la evolución en el tiempo del interés social por los algoritmos. La gráfica que nos muestra la hemeroteca del periódico *La Vanguardia* revela un fenómeno interesante: el incremento de noticias sobre algoritmos en los últimos años se ha incrementado exponencialmente.

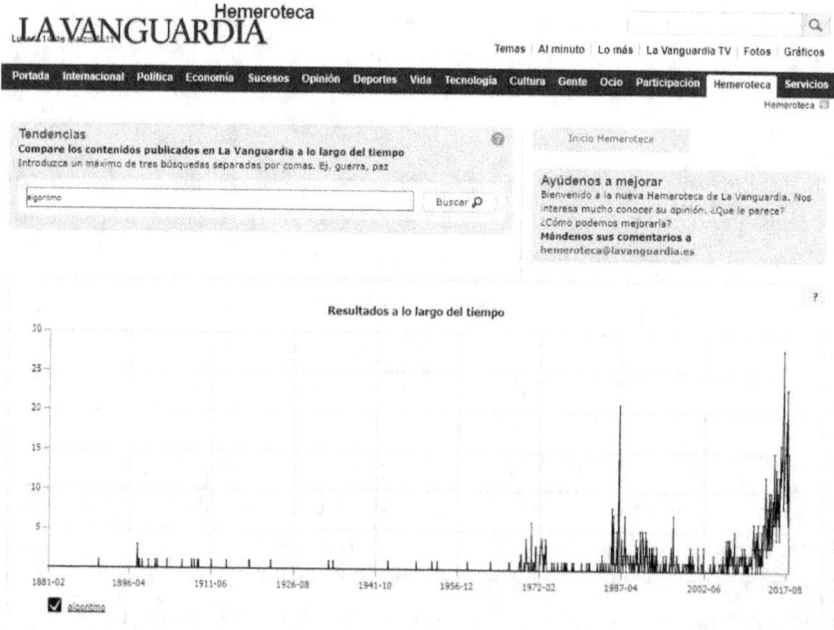

Ilustración 4 Hemeroteca La Vanguardia. Noticias sobre algoritmos 1991 a 2017

Los datos espaciales, la ciencia de la información geográfica, la localización inteligente o la ciencia del donde no son ajenas a este proceso de popularización del algoritmo, como muestra basta leer el artículo reciente de *El País* sobre *Mapas para cambiar el mundo*. Incluso los algoritmos SIG forma entran a formar parte de algunas secuencias en series de televisión y películas.

Estos datos no son triviales, ni debiéramos considerarlos una anécdota, sino más bien una llamada de atención sobre el interés de la sociedad por este tema. De aquí a la hipérbole hay un paso, y cómo se imaginarán ya se habla en prensa de la era de los algoritmos o del imperio de los algoritmos. Una lectura interesante para hacerse una idea es leer el informe elaborado por *Pew Research Center* sobre los pros y contras de la era de los algoritmos, en él se incluye la opinión de más de mil expertos en tecnología, académicos, directivos y líderes políticos sobre los algoritmos.

El SEO de los algoritmos SIG en *Google* detecta que temas nos interesan

Unos pocos datos siempre ayudan a poner en contexto estas ideas, saber dónde estamos poniendo el foco, y con qué intensidad estamos tratando los algoritmos SIG. A día de hoy el número de contenidos indexados en *Google* sobre: *gis algorithms* es de 29.100.000, con casi 900.000 búsquedas al mes. Estas cifras son … llamativas.

Pero más allá de los números ¿Qué contenidos son los más explorados cuando nos acercamos a los buscadores y preguntamos sobre algoritmos SIG?. La respuesta podemos verla en esta gráfica. los temas que tienen que ver con temas de movilidad, clasificación, y datos de satélite son los más buscados en el año 2017.

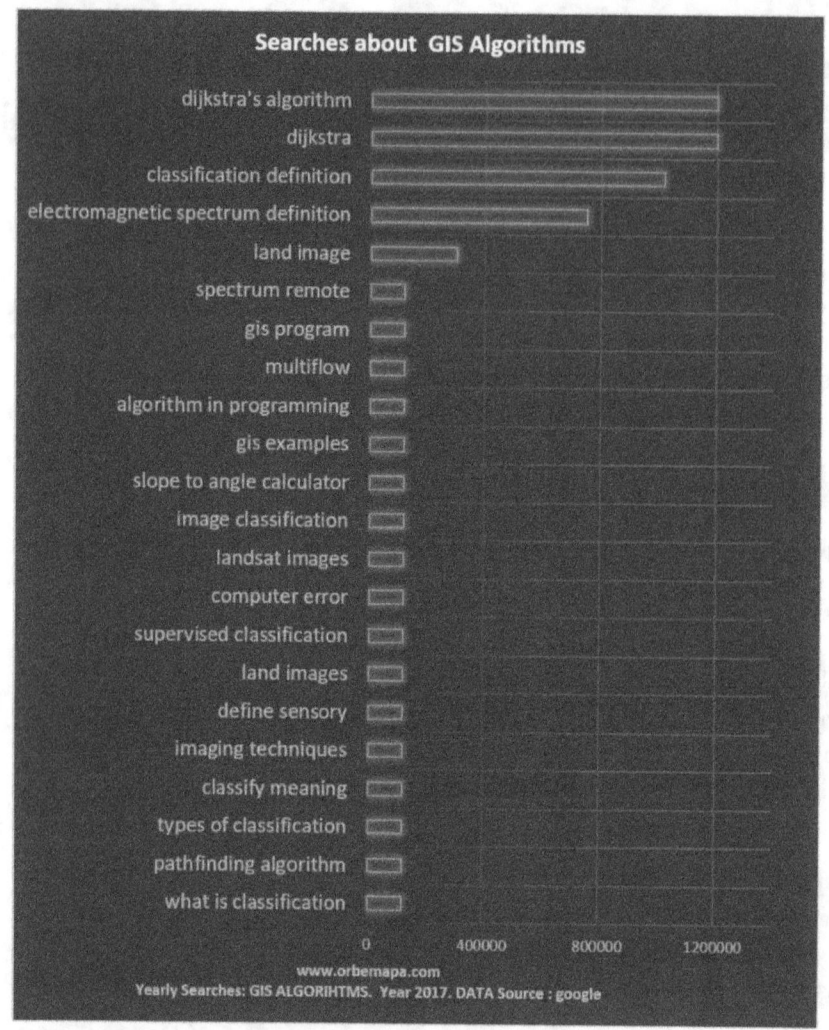

Ilustración 5Algoritmos GIS mas buscados en Google, año 2017

En el lado opuesto de la balanza tenemos a los anunciantes. La creación de contenido está muy centrada en ofrecer información sobre formación, *big data*, programación y optimización de rutas.

Tendencia, moda o hiper-realidad, podemos tildar el interés por los algoritmos SIG como queramos, pero los algoritmos SIG están en el foco mediático.

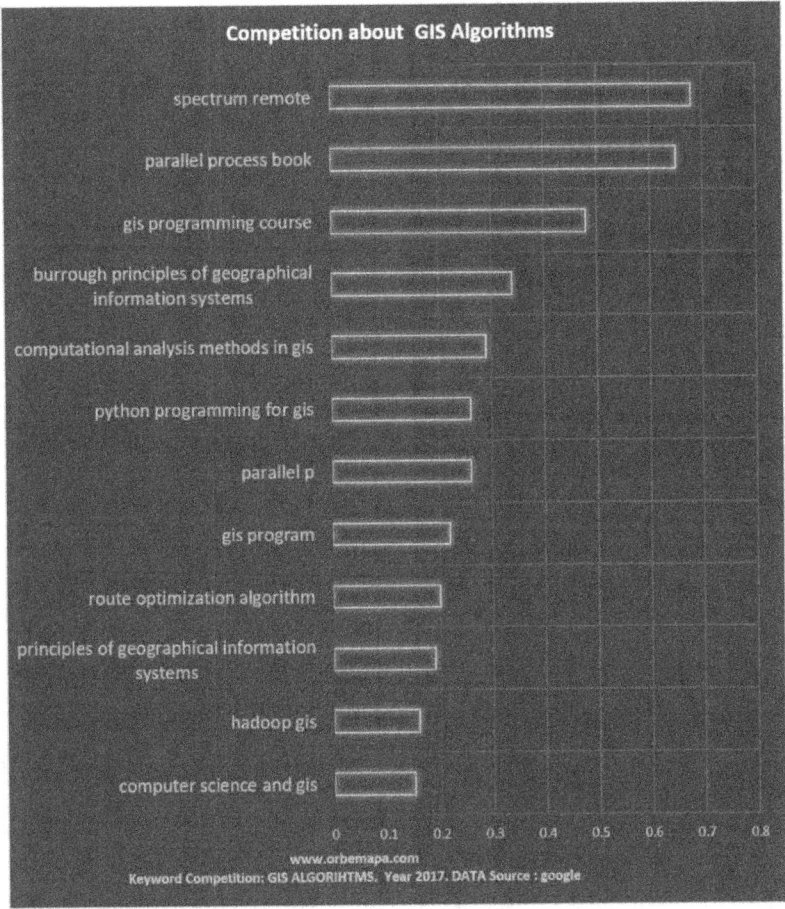

Ilustración 6 Competencia por palabras clave relacionadas con algoritmos GIS entre los anunciantes en Google, año 2017.

Λ la ciencia también le importa los algoritmos SIG

La ciencia no es ajena a este proceso. En apenas 20 años se ha multiplicado por cinco el número de publicaciones que menciona a los algoritmos SIG. Aunque parece que estamos ante un cierto estancamiento alrededor de las 23.000 publicaciones anuales y un bajón en el año 2017. Observaremos que sucede en próximos años.

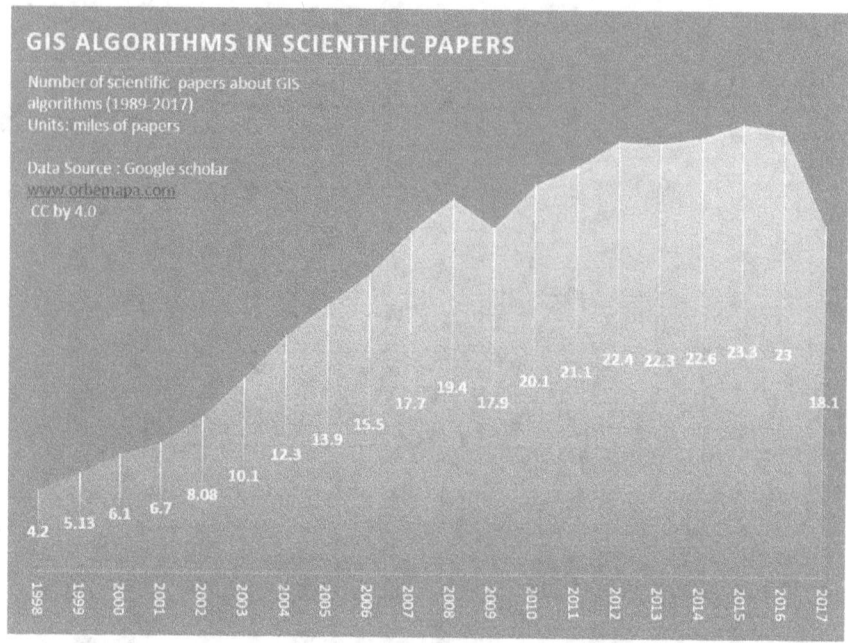

Ilustración 7 Numero de artículos científicos que citan el uso de algoritmos GIS en el periodo 1998 a 2017. Fuente Google Scholar

¿Para qué sirve conocer los algoritmos GIS?

Cuando no hay clausura del proceso sociotécnico y hay varios algoritmos en competencia es frecuente que el *software* SIG añada métodos para que el usuario elija el que considere más adecuado a sus intereses y fines

Si queremos dar un salto adelante, y pasar de ser simples usuarios de los programas SIG, deberemos profundizar en el conocimiento de los algoritmos.

En la introducción del reciente libro sobre *algoritmos SIG* el profesor Ningchuan Xiao de la Ohio State University (EEUU) nos invita a profundizar en el tema de los algoritmos SIG bajo un lema: *conocer cómo funcionan las cosas para ganar libertad.*

Creo que el motivo para conocer los algoritmos SIG va más allá del empoderamiento del usuario (esta frase parece sacada de la película TRON). Conocer los algoritmos nos permite elegir y utilizar la herramienta adecuada para caso, asesorar y enseñar a otros, y ser conscientes de hasta donde da de sí la solución con los datos disponibles.

Los SIG son muy eficientes y agradecidos, siempre te devuelven un mapa, pero su trabajo descansa en mucha hipótesis y parámetros. Conocer los algoritmos marca, en muchas ocasiones, la diferencia entre obtener un buen mapa o un mal mapa a partir de un mismo conjunto de datos geográficos.

La batalla de los algoritmos SIG

La práctica, la experiencia, la ciencia y la tecnología SIG, han impulsado que la industria SIG, las comunidades de software, los desarrolladores y la ciencia vayan perfeccionando los algoritmos, sometiéndolos a análisis, elaborando recomendaciones y eligiendo el más adecuado para hacer cada operación de análisis espacial.

«Un algoritmo para gobernarlos a todos» no existe en el mundo SIG , al menos todavía. Hay algoritmos de gestión, de edición, de análisis de datos, o de diseño de mapas, entre otros muchos tipos. Para mostrar la gran diversidad de algoritmos que hay para solucionar un problema concreto podemos hallar un pequeño ejemplo en la extensa familia de algoritmos de suavizado de líneas. Una cuestión al hilo de este ejemplo, que provoca sorpresa a aquellos que se inician en el mundo SIG, es que frecuentemente no hay un algoritmo único para hacer cada operación o geo-proceso con un GIS, tenemos a nuestra disposición como usuarios SIG varios algoritmos disponibles.

Los algoritmos son también una herramienta utilizada en el marketing del software, en la imagen de marcas, instituciones, y empresas que proclaman la utilización e incorporación de uno u otro algoritmo. En algunos casos para mostrar la capacidad de sus sistemas, producto u organización, en otros para mostrar lo acertado de sus decisiones.

El motivo es simple la utilización de algoritmos se está convirtiendo en parte del imaginario social, es una herramienta que favorece la imagen de marca (*branding*) y el compromiso del usuario (*engagedment*). Se asocia el uso del algoritmo con la optimización y el rigor. La publicidad suele ser muy hábil detectando tendencias y está de los algoritmos ya la conoce y utiliza.

¿Las herramientas SIG hacen que los algoritmos sean una caja negra?

Los algoritmos SIG se describen a menudo mediante dos nombres. El de autor y otro que describe qué hace o como funciona. Sería muy conveniente disponer de una wiki de algoritmos SIG, al igual que tenemos metadatos y catálogos de datos espaciales. Ya existen algunas interesantes aproximaciones a estos catálogos de algoritmos que podemos encontrar en las ayudas de los softwares ARCGIS, SAGA, QGIS y GVSIG.

Esta es una cuestión de interés, objeto de acalorados debates. Aunque creo que la polémica de antaño, que asocia la amabilidad de los asistentes o las líneas de comando con una caja negra, está superada.

La documentación de las ayudas y las referencias ha mejorado mucho, ya sea en software libre o propietario las ayudas aclaran muchas cuestiones sobre qué algoritmo se está usando y cómo funciona cada algoritmo SIG. El utilizar esta ayuda y navegar y buscar documentación gris en caso de duda es ya una decisión personal. La codificación del algoritmo y su rapidez es otra cuestión.

Cómo aprender sobre algoritmos SIG

A continuación, apunto algunas señales que indican cuando estas acercándote a dar el salto e introducirte en el mundo de los algoritmos SIG: Comienzas a buscar software necesario para utilizar ese algoritmo que quieres probar y del que has leído algo, empiezas a desarrollar uno propio o bien programando o bien utilizando algún modelado gráfico de geo procesos. Si estas sufriendo estos síntomas, cuidado es adictivo. Bromas aparte, seguro que hay más señales, y cada uno tendrá su propia historia. Una pregunta muy tuitera es ¿Por qué empezaste a interesante por los algoritmos SIG?

Los algoritmos SIG se van abriendo paso lentamente en la formación reglada, no reglada, formal e informal. Se habla de ellos en foros y aulas. Para dominarlos nada nuevo: estudiando, probando y midiendo la bondad de los resultados con la realidad y hoy en día compartiendo con aquellos que usan más cada tipo de algoritmo.

Estas fases de aprendizaje nos dan la posibilidad de progresar en el conocimiento de manera adaptativa al conjunto de datos que habitualmente solemos emplear, poco a poco a pendemos a ser aprendices permanentes, cada vez un poco más avezados. Hay mucha *personal and dark literature*, poco escrita, poco accesible y con pocas oportunidades de compartirla. Un atajo: acudir a la geocomunidad en busca de mentorización, formación, libros, artículos, revisiones, experimentación, conferencias, foros, talleres.

¿A qué profesionales GIS interesan los algoritmos SIG?, o ¿por qué todos debemos saber algo de algoritmos?

Cuando hablamos de algoritmos SIG, no estamos refiriéndonos de manera exclusiva al código de programación con los que los implementamos, sino al proceso de análisis que definen.

Por este motivo no todos vemos igual a los algoritmos. El perfil o el rol profesional SIG hacen que cada uno se centre más en algunos temas concretos. A modo de hoja de comprobación, vamos a esbozar unas pequeñas ideas para los que deseen conocer más sobre cómo enfocar el aprendizaje de algoritmos SIG.

Gobernanza de datos

- Qué datos requieren
- Cuánto cuestan
- Qué valor añaden
- Que solución ofrecen

Analista SIG

- Qué solución ofrecen y cuando aplicar cada uno
- Qué parámetros lo controlan y como se estiman
- Qué sensibilidad tiene el resultado frente la incertidumbre de las entradas

Programadores SIG

- Coste
- Codificación.

Comunicadores y divulgadores SIG

- Geo comunicación sobre algoritmos. Nos interesa analizar la estructura de estas noticias y el impacto los algoritmos SIG tienen en los medios de comunicación. El motivo es que la geo-comunicación se ve muy enriquecida del análisis de estas noticias, permiten profundizar en como contar a la sociedad que hacemos y para qué sirve.

La cuestión planteada en esta nota se puede resumir mucho: Los algoritmos SIG están aquí y han venido a quedarse entre nosotros.

Cómo debatir con mapas: la cartografía de las decisiones

09/01/2018
JDR

Seguramente sea muy difícil describir todos los tipos de reuniones y debates que se han suscitado frente a un mapa. Alrededor de la cartografía se han tratado infinidad de temas, cuestiones relevantes para el destino de territorios, simples juegos, grandes decisiones institucionales, o pequeñas cuestiones personales. La historia, la ficción, y nuestra realidad cotidiana nos muestran una gran diversidad de situaciones donde los mapas han sido protagonistas o testigos de excepción de debates y decisiones.

En la cartografía de las decisiones nuevos actores y fenómenos han entrado en la geo-escena. Nuevos requerimientos de normativa, estándares, normalización, interoperabilidad, seguridad, y gobernanza de datos entre otros.

- En el apartado de datos, comenzamos a tener tecnología disponible que nos facilitan la obtención de datos gracias al *big data*, IoT, datos GNSS, datos de satélite, LIDAR, o *mobile*, ciencia ciudadana, voluntariado geográfico y a su implementación en repositorios, IDEs o atlas digitales entre otros.

- Desde la ciencia estamos asistiendo a la trasferencia de métodos de análisis de datos espaciales como el *machine learning*, la lógica borrosa o las redes neuronales, los análisis de sensibilidad gracias a la mayor disponibilidad de algoritmos de análisis espacial implementados en múltiples *softwares*.

- Desde la comunicación observamos una explosión de indicadores, objetivos, KPis, y metas implementados en cuadro de mandos, paneles de control.

- En las aplicaciones comenzamos a observar como la interoperabilidad propicia una convergencia entre los sistemas de información geográfica (SIG), o la componente espacial con otras plataformas como SAP, o BI.

- Nuestro modo de relacionarnos con la cartografía, con los datos y con los otros condiciona la usabilidad, comunicación, y organización del trabajo de los equipos presenciales, virtuales, asíncronos, e incluso las demandas que hacemos a la cartografía de decisiones.

No acaba aquí la lista, otras cuestiones se abren continuamente como, por ejemplo, la automatización o la incertidumbre de las decisiones, la privacidad y la seguridad.

Este rápido repaso nos ofrece una visión de lo complejo de este tema. No sólo porque surgen cuestiones desde campos muy diversos, desde la propia temática del objeto de decisión a la sociología de la tecnología y de la ciencia, economía de los datos, geoinformática, geografía, ingeniería, marketing, visualización de datos, matemáticas por citar algunas entre muchos otros, sino principalmente porque lo hacen en zonas donde las fronteras de cada una de esas disciplinadas son porosas.

Como describió Rita Colwell *Las zonas más interesantes están en estas conexiones borrosas entre disciplinas donde el conocimiento en un campo es capaz de contestar preguntas en otro.*

De forma paralela la complejidad y la repercusión de las decisiones han ido aumentando en un mundo globalizado e interconectado donde los datos geográficos han irrumpido con fuerza. Ambos procesos están provocando profundos cambios en la cartografía de las decisiones, cuyos efectos se dejan observar ya. No sólo en el diseño de herramientas y mapas sino también en nuestra vida cotidiana.

Desde este capítulo vamos a hacer una pequeña incursión sobre cómo está evolucionando hoy en día el debate en torno a un mapa. Un recorrido que nos dará algunas pinceladas por la historia, actualidad y futuro de la cartografía de las decisiones.

Durante este recorrido destacaremos las grandes potencialidades que nos ofrecen hoy en día el *hardware* y el *software* que tenemos disponible. Describiremos como están sustentados por los modelos que nos proporcionan la geografía y la ciencia de los datos, y observaremos cómo la academia, industria, universidad, profesionales GIS, gestores, formadores, periodistas, divulgadores, comunicadores entre otros nos relacionamos con los mapas especialmente diseñados para apoyar la toma de decisiones y reflexionaremos qué nos dicen los casos de usos sobre cómo nos gustaría relacionarnos con la cartografía de toma de decisiones.

Considero este último punto especialmente relevante. La elaboración de los mapas, la cartografía, los atlas, el web-mapping, las IDE, las apps, o cualquier otra aplicación informática con datos espaciales que acompañan los sistemas de apoyo a la toma de decisiones, no son una cuestión donde debamos centrar nuestros esfuerzos tecnológicos o científicos sin tener en consideración su uso por las personas. El motivo, lo apuntaba el cartógrafo Ferjan Ormeling en una entrevista concedida a @gim_intl, parece que somos incapaces de llegar a aquellos que toman las decisiones y establecer programas adecuados para ellos. Pude ser conveniente lanzar programas de divulgación sobre el uso de los mapas y programas de formación sobre el potencial del uso de los datos espaciales para la toma de decisiones.

La geo-comunicación puede ayudar y contribuir a mejorar la aceptación de los sistemas de apoyo a la toma de decisiones con datos espaciales. Para lograrlo tiene ante sí un doble reto: desarrollar estrategias eficaces de comunicación, que transmitan el valor de los datos geográficos, y desarrollar aplicaciones donde la usabilidad favorezca la experiencia del usuario.

Crisis del debate estático con mapas en papel

28/04/2018
JDR

Hace algunas semanas empezaba a hablar de la cartografía de las decisiones, o cómo debatir con mapas. Hoy comenzaremos a plantear los dos enfoques que hemos manejado.

Enfoque clásico: Debate con mapas

Comencemos con una pequeña historia de ficción para ilustrarlo.

En una fría o calurosa mañana o tarde, quizás hayas asistido a una reunión donde se tenía que tomar una decisión. Los participantes tienen posturas enfrentadas y visiones distintas sobre el tema en cuestión.

Comienza la reunión y las presentaciones, mientras tanto, en la mesa, como si se tratara de un ejército agazapado, aguardan los mapas elaborados por los participantes para ser desplegados. Este detalle no pasa desapercibido e incluso se escucha alguna maldición proferida por alguno de los asistentes por no haber traído uno. En ese punto todos saben ya que el mapa es un poderoso aliado para presentar y resumir argumentos y soluciones que puede ser determinante en la toma de decisión final. A continuación, comienzan las exposiciones y las preguntas. El debate está servido y los mapas comienzan su lento despliegue encima de la mesa. Sobre ellos caen «Laudatio» y «denigratio», que se esgrimen sobre la mesa en estado puro ante la mirada impotente de los mapas extendidos sobre la mesa.

Se acerca el momento álgido de esta pequeña historia. En el fragor del debate saldrá una variable no estimada, una alternativa no evaluada, un modelo o más potente, un conjunto de datos más fiable, o una localización no considerada: El mapa ha caído. Poco a poco la mesa se llena de cadáveres cartográficos. Punto muerto. A partir de ahí quizás asistamos a una decisión sin datos o acabaremos emplazados a una nueva reunión.

¿Que ha sucedido? La mayoría de los lectores dirán que el mapa ha fracasado. Pero esto, ¿ha sido realmente así? Seguramente no. El motivo es simple, un mapa tiene muchas semejanzas con un discurso. Expone un relato, mediante unos contenidos con una propuesta de comportamiento, conducta o decisión con intención informativa o persuasiva. Una propuesta de acción sobre un asunto apoya por contenidos. Este discurso es cerrado. Cuando se produce el dialogo el mapa clásico no suele bastar. Como comenta un amigo, con bastante humor, comienza la fase del GNSS. *Global Post-it situation* y las anotaciones sobre el mapa.

Desde un punto de vista más formal, el modelo del cubo, nos explica desde un punto de vista más académico lo que ha sucedo en nuestra pequeña historia: la interacción entre cubos.

Enfoque actual: Debate dinámico con cartografía digital

Esta pequeña crónica nos ha mostrado algunas de las limitaciones a las que se enfrenta el debate estático con mapas, sin embargo, hay esperanza. La tecnología de los sistemas de información geográfica hace que nuestro pequeño cuento pueda tener otro final.

Para mostrar cuales son las nuevas formas de debatir con mapas, o expresado de otra manera, cómo se puede combinar en un análisis geográfico, datos, modelos, simulaciones, escenarios y presentarlos para superar las limitaciones que hemos descrito en el debate estático, nos centraremos, en posteriores entregas de este blog, en el que quizás sea uno de los sectores más prolijos y estudiados en este sentido, (junto con la cartografía de gestión de emergencias):

Los sistemas de ayuda a la toma de decisiones en planificación urbana y ordenación del territorio los conocidos en inglés como *Planning support systems* a menudo referidos por sus siglas PSS.

Alguno de los principales puntos fuertes del debate dinámico con información geoespacial es:

- la interfaz es mucho más versátil,
- los debates se hacen con modelos
- los resultados se muestran en tiempo real.

Sistemas de ayuda a la planificación

18/06/2018
JDR

Breve cronología

La evolución de los puntos de vista sobre cómo aplicar los sistemas de ayuda asistidos por ordenador a la planificación ha ido evolucionando desde la década de los sesenta hasta la actualidad. Los distintos enfoques del desarrollo de los PSS se han centrado sucesivamente en una perspectiva concreta del problema de decisión: Ciencia aplicada, política, comunicación, información y conocimiento.

En la década de los ochenta los procesos de toma de decisiones en planificación urbana y ordenación del territorio contaron por aquel entonces con un novedoso y valioso aliado: los sistemas de información geográfica. Las primeras definiciones formales de los PSS con GIS se fechan en 1995 y 1997 (Geertman et al., 2013). A partir de ahí se puede rastrear la evolución de estos sistemas a partir de la cronología de estos sistemas. Los más interesados en la historia detallada de los PSS pueden consultar las lecturas al final de post. De la lectura de estos artículos se desprenden dos puntos cruciales para la difusión de los sistemas DSS:

1. El diseño de la interfaz
2. La interoperabilidad de los datos.

Geo-comunicación en los sistemas de ayuda a la planificación

Centrémonos en el diseño y dejemos la interoperabilidad para otro momento. A finales de los noventa, recordemos que ya hace más de 20 años, Klosterman definió un amplio objetivo de diseño para los PSS. Los sistemas de ayuda a la decisión deberían ser diseñado para proporcionar procedimientos interactivos, integradores y participativos para tratar decisiones no rutinarias y mal estructuradas y prestar especial atención en los problemas a largo plazo y en la estrategia problemas y explícitamente facilitar la interacción y discusión en grupo entre los planificadores y con otros actores.

El diseño no sólo debe rendirse a la amabilidad para el usuario y a la funcionalidad. Desde el blog catastreros, Ignacio Durán nos propone el término *Geo-packaging* (no confundir con el formato *Geopackage* de *sqlite*) para describir una tendencia actual en la industria de la información geoespacial: las cualidades que tiene un determinado mapa para que sea atractivo, para que su información genere confianza, y para que sea perdurable la imagen de marca de la institución o empresa que lo ha creado. De esta forma geo-*packaging* sería la suma del arte y la técnica aplicados para envasar datos geográficos y presentarlos en mapas altamente atractivos.

La geocomunicación en los PSS va ampliando sus fines. Al punto de vista funcional, donde tratamos de estudiar y preparar la visualización e interacción con la información geoespacial, datos espaciales, información geográfica para facilitar la interacción, se le suma la tarea de lograr la comunicación, confianza y reconocimiento de marca por parte del usuario.

Definiciones de sistema de ayuda a la planificación

Con el fin de situarnos en cómo la tecnología SIG ayuda en el debate con mapas vamos a recurrir a algunas de las definiciones más recientes:

Qué es un sistema de ayuda a la planificación para la academia

Subconjunto de instrumentos de geo-información basados en ordenador, cada uno de los cuales incorpora un conjunto único de componentes que los planificadores pueden utilizar para explorar y administrar sus actividades.

Los componentes pueden incluir: conjuntos de datos, algoritmos, y visualización de instalaciones, así como construcciones teóricas más abstractas con capacidad de conocimiento y modelado. Los PSS se usan para apoyar el proceso de planificación mediante la comunicación de información y la generación de soluciones.

Sistema integrado de planificación urbana que consiste en una combinación de sistema de información geográfica, una amplia gama de modelos basados en ordenador y una variedad de herramientas de visualización para presentar los resultados de los modelos. (Geertman, S.; Stillwell, 2004)

Sistema que facilita el proceso de planificación a través de desarrollos integrados generalmente basados en múltiples tecnologías y una interfaz común. PSS contribuyen a la gestión de datos, el análisis, la resolución de problemas y el diseño, la toma de decisiones y las actividades de comunicación. (Velibeyoglu, 2010).

Qué es un sistema de ayuda a la planificación para la política

La política tampoco es ajena a los PSS, Miguel herrero de Miñón declaró que el Geodiseño es la suma de dos palancas indispensables: el uso de la información inteligente y la colaboración de la población interesada. Ambas son necesarias para proyectar un territorio eficiente en nuestro país.

Qué es un sistema de ayuda a la planificación para la industria

La industria GIS, de la mano de @ESRI, también ha sido sensible a esta tendencia y ha contribuido a la divulgación de un concepto interesante el: geodiseño.

Qué es un sistema de ayuda a la planificación para la geografía informal

Desde la geografía informal también hemos intentado ofrecer desde este blog en el año 2012 una pequeña aportación con una propuesta de definición del geodiseño: una geografía en 7D a partir de la definición de @adenas

La proliferación de tanta definición siempre anuncia lo escurridizo y complejo del tema. No es el objetivo de este «post» recopilar y analizar tanta definición, sino hacer notar que algunas de ellas están muy orientadas a destacar aspectos relacionados con el desarrollo tecnológico, otras se encuentran más cercanas a definir la estructura metodológica y un último grupo está muy dirigido a destacar la utilidad de los PSS. Pero cuál es la función que desempeñan los sistemas de ayuda a la planificación mediante GIS?.

La función de los GIS en los sistemas de planificación

Las herramientas de ayuda a la planificación tienen una larga trayectoria en el ámbito TIC, sin embargo, hoy en día la explosión de disponibilidad de datos clave, los avances en la interacción con la información, entre otros factores, permite a planificadores y ciudadanos a visualizar distintos escenarios sobre el futuro de sus ciudades y regiones sobre mapas interactivos en un sistema de información geográfica.

Taxonomía de los Sistemas de ayuda a la planificación GIS (PSS)

En lugar de una aplicación con cien botones tenemos que hacer cien aplicaciones con un botón. Idea que expreso @jatorre «en lugar de una aplicación con cien botones tenemos que hacer cien aplicaciones con un botón» y nos recordó @xurxosanz desde @carto en su comunicación sobre Más aplicaciones geolocalizadas y menos geoportales.

Existe acuerdo en la Academia entre los tipos de tareas u objetivos del apoyo que prestan los sistemas de Información Geográfica GIS a los sistemas de ayuda la panificación PSS la toma de decisiones. Este esfuerzo de sistematización ha generado un consenso sobre la clasificación de los distintos tipos de sistemas PSS que podemos encontrarnos (Vonk G, & Geertman, 2008).

- Información. Función exploratoria de datos que permite la búsqueda y acceso a la información. En este tipo es importante conseguir la interoperabilidad de los datos.
- Comunicación y discusión entre usuarios, gracias a un lenguaje cartográfico común y al prototipado de soluciones.
- Análisis de las soluciones mediante modelos, simulaciones y escenarios sobre el prototipo anterior.

Muchos de los PSS incorporan los tres objetivos, aunque con distintas herramientas y grado de desarrollo de las mismas. En cualquier caso, esta clasificación de las funciones de los PSS no está muy alejada de la descrita en el modelo del cubo que aborda el estudio de la visualización de datos desde el ámbito de la utilización de los mapas. Los mapas que salen de los PPS más que documentos de referencia son, como nos recuerda @josephkerski de todos los mapas, portales para descubrir nuevas relaciones y patrones.

La taxonomía del software pone de manifiesto una cuestión importante para los desarrolladores SIG. El usuario no precisa disponer de toda la funcionalidad de los sistemas de información geográfica para utilizar los mapas y los datos espaciales en su toma de decisiones.

Herramientas SIG : la evolución del software PSS

Los PSS tienen una característica necesaria para poder debatir con mapas: la capacidad de generar análisis en tiempo real sobre anotaciones que se van haciendo sobre los mapas. Los mapas *legacy* cobran vida gracias a esta tecnología y permiten realizar análisis de escenarios. En cualquier caso, técnicamente se basan en un conjunto de geoprocesos automatizados que ataca una base de datos espaciales, con un interfaz de usuario amable, sea esta una GUI, ZUI o NUI. Esta herramienta permite hacer un análisis geográfico en tiempo real y observar las consecuencias de un mapa.

Las herramientas SIG de los PSS han ido evolucionado con el tiempo. De los iniciales desarrollos de programación SIG de software de funciones incluidas en SIG se ha pasado progresivamente a otras arquitecturas más cercanas al acoplamiento holgado, estrecho, y web (Aikins, 2004). Algunas de las herramientas más populares, aunque no son las únicas, podemos encontrarlas en este listado *

1. CommunityViz en Arc GIS
2. What-If (arc gis y version en línea)
3. UrbanSim (spinning out Autodesk)
4. urbanfootprint
5. Rules (gvsig)
6. Laconniss

Hoy en día existen revisiones sobre estos sistemas desde la ciencia y desde la geografía informal, estos últimos han adoptado el formato de informes para consumidores, para mostrar la comparativa entre herramientas. Si el lector ha tenido algo de tiempo y ha pulsado en los enlaces anteriores habrá observado en su rápido vistazo a las webs que expone el software SIG de PSS nos muestra cómo las herramientas están cambiando.

La taxonomía clásica puede ser revisada incorporando algunas de las nuevas funciones que están incluyendo, entre otras destacan:

1. Monitorización en tiempo real
2. Cuadros de mando
3. Catalogación de documentación (metadatos)
4. Incorporación de IoT
5. Interoperabilidad
6. ETL
7. Web mapping

3

Neo-Territorios

CAPÍTULO 3.- NEO-TERRITORIOS

Territorios inteligentes y datos espaciales[4]

11/2019
GB y JDR

Los datos y los algoritmos de las máquinas

Tal y como ya hemos explicado anteriormente, vivimos en la era de los datos, Amuda Goueli, CEO de *Destinia*, afirma que en el futuro los países medirán su riqueza no por el PIB, sino por sus datos, los matemáticos se han reconvertido en científicos de datos, etc

Al mismo tiempo cada vez hay más máquinas entre nosotros que desarrollan algoritmos que tienen que ver con nuestro día a día. Estamos a las puertas de la 4ª revolución industrial, que va a modificar de nuevo el mercado de trabajo de forma radical, en la Unión Europea ya se está debatiendo sobre la ética de los robots basándose en las tres leyes de la robótica de Asimov.

Algunas de las cuestiones que se pueden plantear pueden ser tan impactantes cómo reflexionar sobre qué sucederá cuando las inversiones en los territorios rurales las realice un algoritmo generado en la ciudad por tecnócratas urbanitas.

Interpretación y empatía humana

Al mismo tiempo, el elemento humano se hace más esencial que nunca y los territorios rurales precisamente se basan en lo humano y la cercanía de sus habitantes, la sociabilidad y la hospitalidad como elemento diferenciador ante territorios urbanos muchos más despersonalizados.

---

[4] Este artículo muestra las conclusiones del capítulo «Territorios inteligentes y datos espaciales», escrito por los autores dentro del libro «Los territorios rurales inteligentes: administración e integración social» (2019), de la editorial Thomson Reuters Aranzadi. https://www.thomsonreuters.es/es/tienda/duo-papel-ebook/los-territorios-rurales-inteligentes--como-elemento-de-transparencia-de-las-administraciones-publicas-y-de-integracion-socialduo/p/10013259

La diferencia entre el desarrollo de los territorios que usen tecnologías que los hagan más inteligentes, está precisamente en el factor humano, que será el que debe programar dichas tecnologías e interpretar todos los datos obtenidos para que atiendan a las necesidades de dichos territorios.

Nueva ciudadanía conectada y empoderada

Hace más de diez años que se empezó a hablar de la web 2.0., el impacto que supuso en la sociedad fue muy importante, ya que permitió, en primer lugar, una comunicación en Internet entre personas y, como consecuencia, la generación de comunidades de usuarios en torno a temas comunes. Ello derivó en un impacto en las relaciones sociales y la ciudadanía se dio cuenta de que tenía capacidad para influir en su vida desde lo digital. La ciudadanía pasó de estar conectada a estar empoderada y muestra de ello fueron las revoluciones sociales que se desarrollaron de forma paralela en las calles y plazas y en esa ágora global que es Internet, a través de herramientas como Twitter y mediante el uso de banderas o elementos que aglutinaban ideas en forma de *hashtags*.

Todo esto tiene que ver con el concepto de modernidad líquida de Bauman, pero también con el tiempo real, con la inmediatez en que sucede las cosas y, muchas veces, esta inmediatez viene acompañada de cierta superficialidad.

¿Y qué tiene que ver todo esto con los territorios rurales inteligentes? Mucho, puesto que esta nueva ciudadanía se ha manifestado más desde lo urbano, pero el mundo rural dispone de las mismas herramientas para conectarse y empoderarse. De hecho, también ha habido movimientos en los territorios rurales, pero el problema es que no con la suficiente masa crítica como para generar un impacto cuantitativo y cualitativo.

En definitiva, no estamos ante una era de cambio, sino de un cambio de era (Andy Stalman), las dinámicas espaciales siguen teniendo un peso esencial en el desarrollo, pero unidas a las nuevas dinámicas del ciberespacio, los territorios se vuelven inteligentes gracias al uso de las nuevas tecnologías, pero la clave sigue estando en las personas y en la formación.

Los datos son la nueva moneda de cambio de estos territorios inteligentes en este mundo hiperconectado, el mundo rural debe pasar de ofrecer recursos básicos a ofrecer datos básicos, pasar de generar productos a generar servicios de alto valor añadido y aprovechar la deslocalización física y su calidad de vida para que los profesionales dispongan de un nuevo entorno de trabajo.

Estamos evolucionando de la digitalización a la datificación, e Internet puede resultar un problema en los territorios rurales o una solución, de la apuesta que se haga por el pasado como proveedor de recursos o del futuro como generador de servicios avanzados, lo que dependerá directamente en gran parte su desarrollo en los próximos años y de una visión que una un desarrollo sostenible y tecnológico.

Crisis del mapa imagen

25/07/2012
JDR

La aparición de tecnologías geomáticas como los sistemas de navegación por satélite GNSS, sistemas de información geográfica SIG, sensores remotos, conectadas en Internet ha favorecido que se difunda el uso de servicios relacionados con los datos espaciales en dispositivos electrónicos fijos y móviles. El principal uso de este tipo de estos «mapas instrumento», con los callejeros y los mapas de carreteras a la cabeza, es el de asistir al usuario con un instrumento o herramienta que le permita la geolocalización y la navegación.

La finalidad más popular de los mapas en la sociedad vuelve a ser la instrumental, ligada a tareas eminentemente prácticas y cotidianas. En el lado opuesto al uso anteriormente descrito tenemos el que propone el «mapa-imagen». Mapas donde representamos un modelo del mundo.

La cartografía incluida en las aplicaciones de mapas en Internet ha desembocado en una literal ausencia de *terras ignotas*. Ante esta situación algunos autores afirman que el *mapa ha muerto* y que ha agotado su recorrido cómo modelo de análisis de la realidad, dejando sólo viable el camino de la cibercartografía donde el mapa instrumento, el mapa que fotografía fielmente la realidad de forma permanente y en tiempo casi real, es el rey.

Unido a este aparente agotamiento del objeto cartográfico, los mapas imagen están sometidos a la vorágine de las fuerzas que construyen la paradoja de los mapas invisibles. La profusión de contenidos en internet parece reservar al mapa imagen un rol de canal de comunicación arcaico convirtiéndolo en una pieza cuyo destino es la vitrina de un museo.

En este contexto, a caballo entre el museo y los medios de comunicación, la cuestión que vamos a plantear, y desarrollar en próximas notas, es si el mapa imagen ¿ha agotado su capacidad de ser un medio de interpretar la forma en que se configura el territorio?

Origen

A pesar de la hegemonía de *Google maps* o *Google Earth*, estamos observando la proliferación de mapas en medios de comunicación. ¿Cuál es el motivo, si ya hemos terminado de cartografiar la Tierra? ¿Qué estamos cartografiando?

¿Tenemos ante nosotros nuevos territorios? La respuesta es no, son nuestros viejos territorios que cartografiamos nuevamente, pero con nuevas miradas. Estos territorios no son tan nuevos, simplemente los miramos con nuevos ojos, por este motivo los vamos a denominar Neo-Territorios, porque al fin y al cabo no son nuevos, y solo estamos redescubriendo nuestro entorno.

Los neo-territorios surgen en el espacio conocido donde la *terra ignota* ha dejado de existir. Suponen un redescubrimiento de la realidad que nos rodea. Los neo-territorios son nuevos territorios a cartografiar sobre el espacio terrestre en la medida en la que permanecen ocultos a simple vista. Para traerlos a la vida y reconocer su existencia se debe destilar la realidad que nos envuelve. Los neo-territorios exigen inexorablemente una serie de requisitos para poder hacerse visibles a nuestras miradas, es decir, poner en marcha una receta de cocina.

- La definición previa tanto nominal como cartográfica de una entidad geográfica o un hecho cartográfico que será el objeto de estudio o le protagonista de nuestra pregunta.
- Los mapas que presentan los neo-territorios localizan en el espacio físico estas entidades y sus dinámicas
- Los neo-territorios no tienen por qué ser hechos objetivos.
- La Construcción del neo-territorio demanda la creación de un significante, un significado, una frontera y una geometría.
- Los neo-territorios tienen su entronque doctrinal con el hiperrealismo, su esencia con las escuelas de pensamiento geográfico radicales y su clasificación como mapas temáticos.

- Los neo-territorios suponen la concepción de una nueva entidad a cartografiar, que está vinculada a su propio ciclo de vida. En este sentido los neo-territorios pueden ser presentados como un mapa proyecto, como un mapa inventario o como un mapa histórico.

Frente a la crisis del mapa imagen, el hiperrealismo nos conduce a una nueva realidad que sólo podemos aprehender y reconocer a través de los mapas: el espacio de los neo-territorios.

El mapa de los neo-territorios permite desvelar la cortina y convierte en espacios visibles a los neo-territorios. El mapa imagen vuelve a cobrar una importancia capital, sobre todo en contextos sociales como el actual donde la preocupación del gran público ha abandonado la escala región y su área de interés se centra simultáneamente en las escalas global e hiper-localizada.

Clasificación

A falta de una definición y unos ejemplos de cada una de estas clases, incluyo una lista preliminar de neo-territorios independientemente de su ámbito temático. Recordemos que planteábamos los neo-territorios en una anterior nota como las entidades geográficas temáticas que surgen como consecuencia del análisis de las estructuras, fenómenos, procesos o funciones de la realidad y cuya ubicación actual en el terreno desconocemos y que gracias a los datos, tecnología e inquietudes actuales podemos hacer visibles.

Una primera tentativa de clasificación de neo-territorios puede ser esta que proponemos:

- Neo-territorios noveles
- Neo-territorios ocultos
- Neo-territorios singulares

Neo-territorios noveles

05/08/2012
JDR

Los neo-territorios noveles son espacios que hasta ahora no se habían cartografiado, al estar alejados de una vinculación directa con el territorio. El espacio cartografiado ya no es el territorio. Son espacios vinculados indirectamente al territorio conocido, y que se observan en las escalas de trabajo no habituales de los mapas. La entidad sobre la que se sitúa pasa de ser temática a ser básica.

1. La entidad geográfica del neo-territorio novel

Generalmente en los neo-territorios noveles se cartografía una actividad que se desarrolla «sobre» o «dentro de» un elemento existente en el territorio, en su interior huyendo en cierta medida del propio elemento.

2. Doble cambio de escala

Los neo-territorios noveles implican un doble cambio de enfoque sobre la entidad cartografiada. Una reducción combinada de escala tanto espacial como temática, que mira hacia las subentidades geográficas dentro de las entidades

3. Neo-territorios antrópicos

Algunos ejemplos son los: espacios de interior, modelos de información de edificaciones y construcciones (BIM), espacios web, internet, espacios urbanos, campos deportivos, terminales de punto de venta o lineales de grandes superficies comerciales. En ellos se cartografía variopintas entidades, flujos de información, materias, energía o la actividad de personas.

4. Neo-territorios naturales

Aunque fundamentalmente antrópica también se están explorando neo-territorios en la naturaleza, vinculados a la actividad de animales y plantas.

5. Neo-territorios extraterrestres

También la exploración del espacio mediante sensores remotos nos está ofreciendo territorios noveles, permitiéndonos la cartografía de otros planetas.

6. ¿Por qué se cartografían estas entidades?

La respuesta es sencilla su conocimiento crea valor y ventaja competitiva, que es uno de los ingredientes básicos del desarrollo de una inteligencia geoespacial.

- BIM *Building Information Modeling*
- Terminales puntos de venta
- Campos o terrenos deportivos

- Sitios de internet o espacios web
- Mapas sobre mapas
- Interior de casas
- Naturales: Mapa de un hormiguero
- Extraterrestre: mapa de planetas del sistema solar
- Territorios urbanos wifi
- Territorios urbanos: mentideros
- Territorios urbanos flujos de taxi
- Internet
- Red social
- Lineales: Planogramas
- Manifestaciones
- Videojuegos
- Culturales: libros y películas

Neo-territorios ocultos

13/08/2012
JDR

Los neo-territorios ocultos son aquellas entidades geográficas cuya identificación no puede obtenerse directamente de la observación del territorio, de ahí su nombre de invisibles, ya que no son evidentes sin el concurso de nuevos datos sobre el mapa.

1. La entidad geográfica del neo-territorio invisible

Son mapas temáticos cuyo objeto cartográfico requiere previamente de una definición formal de la entidad geográfica. Esta definición ayuda a concretar la localización del neo-territorio invisible en el espacio, y contribuye a determinar las fuentes de datos necesarias para cartografiarlas. La metodología de construcción del neo-territorio invisible se torna como un punto crucial en la eficacia de la entidad.

Si entendemos la cartografía de los neo-territorios como el resultado visual de un modelo geográfico, el neo-territorio invisible es la variable independiente del modelo y su localización en el espacio la variable dependiente.

2. El valor de la frontera en los neo-territorios invisibles

Lo que hace diferente al neo-territorio invisible, además de la no evidencia de su existencia, son sus bordes: la frontera, aquella línea que lo separa de la matriz del paisaje y que constituye la variable dependiente del modelo geográfico.

3. Lecturas de los neo-territorios invisibles

Al ser los neo-territorios invisibles entidades no comunes a nuestra visión de la realidad, la lectura de mapas de los neo-territorios invisibles es balbuceante y casi parvularia. Requiere de un proceso donde se analiza cuidadosamente la localización y el tamaño que ocupa el neo-territorio invisible, su forma, la configuración o relación con otras teselas de ese mismo neo-territorio y por último lo más importante: la superposición con el territorio conocido.

4. La repercusión mediática del neo-territorio invisible

Al contrario, con lo que sucede con los neoterritorios noveles, muy vinculados con la ventaja competitiva de una organización y por lo tanto de difusión limitada y muy cercana a los órganos directivos de las organizaciones, los neo-territorios invisibles están tiznados de un cierto exhibicionismo social.

El alcance del mensaje cartográfico de los neo-territorios invisibles es amplio. Son el tipo de mapas que hoy en día tienen mayor repercusión mediática. El motivo es simple, la novedad que presentan los convierte en mensajes muy atractivos para los *mass media* y para la viralidad actual de las noticias en internet. Si a partir de ahora se analizara estadísticamente el tipo de mapas que llega a las portadas de los medios o que más circulan por la red, se observaría que gran parte de ellos hacen referencia a neo-territorios invisibles.

5. Los neo-territorios invisibles son fuentes de modelos geográficos

La superposición con el territorio conocido es la parte más interesante del estudio de los neo-territorios invisibles. Es quizás la expresión más extrema de una cartografía que demanda una geográfica que los explique y les dote de sentido y significado. En este punto las cuestiones para la geografía surgen a borbotones.

- ¿Por qué se localizan ahí?

- ¿Por qué surgen?
- ¿Cuál es su dinámica espacial y temporal?
- ¿Qué fuerzas la originan y cuales le dan cohesión y estabilidad?

Más allá de la metodología, los datos y los mapas, lo más curioso de los neo-territorios son las preguntas de las que surge su trazado, quién las formula y con qué fin.

En la próxima nota sobre neo-territorios invisibles se incluirán algunos ejemplos.

Hoy traemos algunos ejemplos de neo-territorios invisibles. Esta muestra no es rigurosa. No pretende recoger las localizaciones sobre las que se están generando mayor número de mapas sobre neo-territorios invisibles, ni tampoco es un listado sobre los ámbitos temáticos más efervescentes en cuanto a neo-territorios invisibles. Solo pretende mostrar algunos ejemplos para ilustrar algunas de las notas características sobre los neo-territorios invisibles que veíamos en un post anterior.

1. Oasis de empleo
2. Brecha SIG
3. Regiones desarrolladoras de contenidos
4. Popularidad redes sociales profesionales entre internautas
5. Actividad sísmica España
6. Densidad de bandas de heavy metal
7. Concentración de fotos turísticas en panorámico
8. Numero de lenguas usadas en twitter
9. Precio vivienda
10. Procedencia de euros en Francia
11. Densidad de radares España
12. Territorios comerciales
13. Número de personas con pelo rubio
14. Concentración de riqueza 2015

Neo-territorios singulares

16/08/2012
JDR

Los elementos geográficos singulares han recibido tradicionalmente una gran atención por parte de la cartografía: accidentes naturales como montañas, elementos antrópicos como cruces de caminos, así como líneas o puntos de referencia geodésicas han sido los espacios protagonistas de este tipo de cartografía.

Tradicionalmente los elementos geográficos singulares destacan por su diferencia con respecto al entorno que los rodea. Su principal atributo es la visibilidad, en concreto su exposición visual como puntos sobresalientes en el territorio.

1. Son espacios azonales, pero no con geometría puntual
2. Se definen por un atributo, pero no por su visibilidad
3. La incógnita continúa siendo su localización.
4. Se suelen focalizar no solo en fenómenos locales también en regionales y globales
5. Su permanencia ya no es inmutable a la escala temporal humana
6. Son espacios concentradores de procesos y fenómenos.
7. Del inventario a la geoestadística
8. La entidad geográfica ya no es la protagonista sino su actividad sobre el territorio

Los neo-territorios singulares heredan gran parte de estas notas y añaden algunas características propias.

1. Son espacios azonales, pero no con geometría puntual

Al igual que los puntos singulares son azonales, pero su geometría ha variado son polígonos que forman islas sobre el territorio. Son espacios espacialmente desconectados de otras islas de naturaleza similar. Aunque la red ha creado una comunicación no territorial entre ellos superando la brecha que normalmente tienen.

2. Se definen por un atributo, pero no por su visibilidad

Nacen en el momento en el que concretamos las variables que lo diferencian de los demás. La visibilidad ha dejado de ser la gran protagonista en favor de otras fenómenos o procesos.

3. La incógnita continúa siendo su localización.

Su extensión cobra protagonismo para evaluar la difusión de la singularidad.

4. Se suelen focalizar no solo en fenómenos locales también en regionales y globales

5. Su permanencia ya no es inmutable a la escala temporal humana

Existen neo-territorios singulares efímeros como los proporcionados por las noticias. Los neo-territorios singulares son dinámicos, frente al carácter estático de los tradicionales

6. Son espacios concentradores de procesos y fenómenos.

7. Del inventario a la geoestadística

La visualización de estas zonas se realiza habitualmente mediante representaciones cartográficas del punto caliente (en inglés *hotspot)* , ya sea destacando las zonas de concentración elevada del valor de una variable, lo que se denomina zonas calientes, o aquellas localizaciones con baja concentración del valor de una variable, lo que se denomina zonas frías. Sin embargo, se observa cómo se van incorporando otras técnicas cuantitativas, em forma de otro tipo de índices geoestadísticos y la recuperación de la cartografía de densidades como nuevas herramientas utilizadas para detectar estos territorios a la geolocalización online y emocional

8. La entidad geográfica ya no es la protagonista sino su actividad sobre el territorio.

No se trata sólo de localizar elementos singulares sino de identificar la huella de su actividad y función sobre el terreno. El comportamiento de las entidades es la protagonista de los neo-territorios singulares.

Gracias a estas notas podemos proponer una definición de neo-territorio singular.

Son espacios azonales, dinámicos, concentradores de la actividad sobre el territorio de fenómenos y procesos naturales y antrópicos de escalas de local a mundial, que están definidos por un atributo o variable concreta que identifica zonas o islas de geometría poligonal de extensión variable.

Más allá de las metodologías de mapas de densidad, *hotsopt, kernel,* índices de Gini entre otros, los neo-territorios singulares nos descubren islas donde se concentran los efectos de fenómenos y procesos.

Hoy traemos algunos ejemplos de neo-territorios singulares. Esta muestra no es rigurosa. No pretende recoger las localizaciones sobre las que se están generando mayor número de mapas sobre neo-territorios invisibles, ni tampoco es un listado sobre los ámbitos temáticos más efervescentes en cuanto a neo-territorios invisibles. Solo pretende mostrar algunos ejemplos para ilustrar algunas de las notas características sobre los neo-territorios invisibles que veíamos en un post anterior.

1. Mentideros en Nueva York
2. Biodiversidad
3. Concentración Terminales puntos de venta
4. Actividad criminal
5. Densidad de anfibios
6. Densidad de geo blogs
7. Densidad de localizaciones prehistóricas
8. Densidad PDI OSM
9. Hembras elefantes marinos
10. Densidad anual de relámpagos
11. Concentración noticias

Los otros neo-territorios

27/07/2012
JDR

El estudio de los neo-territorios no ha hecho más que comenzar. El análisis de la agenda cartográfica de los nuevos espacios que estamos cartografiando nos arroja pistas sobre qué tipo de espacios y variables despiertan nuestro interés y reclaman nuestra atención.

Es posibles, a partir de esa información, continuar profundizando en el concepto de neo-territorios y proponer nuevas categorías de clasificación.

Nos encontramos con representaciones de neo-territorios centrados en diferenciar los espacios llenos y los espacios vacíos. Territorios en riesgo y espacios seguros. Estamos ante espacios duales que representan antónimos en una misma escala cualitativa. A este grupo pertenecen mapas como los de espacios aislados y conectados (mapas de movilidad ciclista, de rutas, de infraestructuras verdes).

Atendiendo a los autores de los mapas también podemos esbozar que existen distintos tipos de cartografías. Mapas que son elaborados por grupos de presión, mapas engalanados para ser parte de los argumentos de discursos, mapas que muestran la localización y extensión de conceptos en pugna e incluso representan los conflictos sociales.

Mapas que dibujan neo-territorios, espacios inteligentes y/o optimizados (meta-neo-territorios) y neo-territorios que ya no son novedosos porque han pasado a formar parte del imaginario social y ya son ex-neoterritorios, por ejemplo, los espacios del miedo y los espacios de la espera en las ciudades. La lista de neo-territorios que veremos promete ser amplia.

4

Mapas en red

CAPÍTULO 4. MAPAS EN RED

El geógrafo de Vermeer

03/01/2011
JDR

Una de las imágenes pictóricas más famosas y reproducidas en el mundo cartográfico es la pintura el geógrafo creada por el artista holandés Johannes Vermeer en 1669.

Más allá de la evaluación crítica del geógrafo, del análisis de los elementos compositivos de esta obra, de sus valores pictóricos, del misterio sobre la identidad del modelo, o el debate sobre el papel inspirador del Fausto de Rembrandt o el estudiante en su estudio de Nicolaes Maes, el geógrafo lleva camino de convertirse en un icono de la cartografía. ¿Por qué?

En esta nota proponernos una explicación de este valor iconográfico, que tiene sus raíces en el momento histórico en el que fue creado y en la posición de la figura. Ambos elementos se interrelacionan y construyen una hiperrealidad diga de cualquier anuncio publicitario de nuestros días.

Su aportación a la historia de la cartografía reside en dos cuestiones: en primer lugar, describe el trabajo cartográfico propio de una época dorada para la cartografía, mediante la detallada exhibición de los objetos y tecnología habituales en ese periodo, presenta lo que hoy se denominaría un *geek* cartográfico. En segundo lugar, porque permite conocer el contexto social asociado la producción de mapas de ese momento. Algunos de esos rasgos son la creación de talleres que desarrollaron una próspera cartografía comercial, reconocimiento social del trabajo cartográfico y de su producto el mapa, asociado a la labor científica y técnica, e influencia de una profesión en una sociedad en rápido desarrollo,

La popularidad del geógrafo de Vermeer, en el mundo de los mapas, trascienden la historia de la cartográfica y la pintura de los países bajos en el s XVII. La construcción de la hiperrealidad del cartógrafo, culmina con la energía que transmite la postura del geógrafo en esta obra. Para algunos críticos captura un momento de revelación o inspiración de mirada pensativa a través de la ventana más allá del mapa y para otros resulta inquietante y misteriosa, ya que en realidad no se sabe cuál es el motivo de la escena, excepto que se trata de un científico que Vermeer nos presenta realizando una actividad concreta, de tal manera que no se presentan como figura alegórica, sino en el marco de lo cotidiano.

Ilustración 8 El geógrafo (Johannes Vermeer 1669)

Aunque el geógrafo (53 x 46.6 cm) se expone habitualmente en el museo Städel, actualmente puede contemplarse en España hasta el día 23 de enero de2011 en el museo Guggenheim de Bilbao. El geógrafo se exhibe dentro de la exposición patrocinada por la fundación BBVA: La Edad de Oro de la pintura holandesa y flamenca del Städel Museum, una magnífica selección de 130 obras creadas por maestros holandeses y flamencos que compone una colección única de la denominada Edad de Oro de la pintura holandesa y flamenca del siglo XVII, la época de mayor hegemonía neerlandesa en las artes, las ciencias y el comercio. El catálogo proviene del Städel Museum de Frankfurt.

Dos pequeños pasatiempos: Sabrías localizar ¿Dónde está la firma de Vermeer en la pintura? e identificar qué carta se muestra en la pared del estudio?

Más mapas y más geografía

22/02/2016
JDR

Hening en una interesante nota, que se incluye en el libro *Research and Fieldwork in Development*, destaca la importancia de la visualización geográfica en las ciencias sociales que resume en una frase con un llamamiento a la geografía: *¡Dibujad más mapas!* Con ella hace un llamamiento a que los científicos sociales redescubran los mapas y otras formas de visualización de datos geográficos.

El motivo de esta interpelación es que los mapas y las visualizaciones no son únicamente una manera de comunicar el pensamiento complejo y académico, también nos permiten encontrar nuevas maneras de entender la naturaleza compleja y diversa de la geografía y cuestionar críticamente las prácticas a las que nos hemos acostumbrado.

Pero quizás esta relación sea algo más compleja: los mapas sin geografía son cromos. Para mostrarlo un pequeño ejemplo. Quizás en algún momento te has encontrado que has hecho un mapa cuyo resultado es un patrón que no sabes explicar. Si no es así, es relativamente fácil obtener uno, solo hay que asomarse a uno de los neo-territorios que ahora es posible cartografiar. Es una sensación inquietante y emocionante a la vez.

Así para completar el panorama actual que nos describe Hening en el que la geografía necesita desarrollar más mapas, proponemos no olvidar la condición suficiente: Los mapas, especialmente los que nos revelan neo-territorios, necesitan más geografía que nos ayuden a describir, analizar y porque no predecir, esos patrones geográficos que ahora podemos cartografiar y no siempre explicar. Más mapas, sí, pero más geografía también.

Por qué me gustan los mapas

19/05/2020
GB

Escribir un artículo de divulgación requiere tiempo y dedicación, pero, en ocasiones, me gusta escribir sobre cosas que me apetece contar, sin máss pretensión que aportar mi visión sobre algún aspecto de mi vida profesional. La semana pasada estuve casi todo el día trabajando con unos mapas y, por la noche, me vino esta reflexión a la cabeza que quería compartir con quién la quiera leer.

Me gustan los mapas, aunque, como geógrafo, he de decir que no nos dedicamos sólo a hacer mapas, en realidad, para nosotros, son una herramienta de trabajo como puede ser la estadística, no son un fin en sí mismo. También es cierto que son una herramienta de comunicación en dos aspectos: en primer lugar, permiten mostrar de una forma muy visual y sencilla un trabajo geográfico complejo y, en segundo lugar, son la herramienta que une a las personas con el espacio en el que se mueven. Luego están los mapas como elemento artístico que también nos suele fascinar a los geógrafos, desde los primeros mapas sobre piedras hasta los mapas digitales que llevamos en los bolsillos dentro del móvil.

Pero mi reflexión no iba por aquí, cada vez estoy más pensativo (creo que se nota en mis últimas publicaciones) y más convencido de que no hay que buscar respuestas, sino saber formular bien las preguntas. Aunque no me dedico a hacer mapas, de vez en cuando juego con algunos mapas digitales, sin saber programar ni ser un experto en cartografía sí que es verdad que tengo los fundamentos básicos que aprendí con los Sistemas de Información Geográfica (SIG) y que me sirven de base para muchos proyectos, tal y como le dije a una profesional en LinkedIn, veo la vida en capas de información.

Un mapa es mucho más que una representación de la realidad, es todo un proceso en el que se ha de identificar qué se quiere mostrar, obtener la información de la realidad digitalizada (o digitalizarla, en su caso), organizar dicha información, gestionarla y analizarla para obtener información relevante y, finalmente, mostrarla de la mejor forma posible centrándose en lo importante y teniendo en cuenta el diseño y la usabilidad. Al final, un mapa es en sí mismo un sistema abierto, con una serie de entradas (*inputs*) de información geolocalizada, una gestión de ésta mediante las matemáticas y una salida gráfica (*output*).

Volviendo al comienzo del post, ayer me di cuenta que, lo me gusta de los mapas es que generan preguntas de forma constante, me hacen pensar, provocan curiosidad e interés por obtener respuestas. Pienso en qué variables son mejores para utilizar, como puedo cruzar esas variables con otras, interpretar los resultados, plasmarlo de una forma útil para que lo pueda interpretar cualquier persona. Porque los mapas son un lenguaje en sí mismo, como la música, como las matemáticas, como la pintura.

Además, en muchas ocasiones uno se encuentra con problemas que no sabe resolver y se hace preguntas de por qué sucede esto o aquello, investiga cómo se podría solucionar y, si lo logra, qué sacrificios debe hacer el mapa, porque no siempre se puede mostrar lo que uno quiere. Y así pasa el tiempo, mucho tiempo, cruzando capas de información, cambiando colores, probando soluciones, borrando, rehaciendo, creando.

Me gustan los mapas porque me cuentan historias, me permiten hablar con quién los lee sin estar presente, puedo ser tan atrevido como para intentar predecir el futuro, reducen la realidad a lo realmente esencial que pueda ser plasmado y, al fin y al cabo, nos permiten encontrar nuestro lugar en el mundo.

Mapas y ciclos de vida de las entidades cartografiadas

26/07/2012
JDR

El «mapa imagen» que representa de forma real y nítida el mundo ha tenido tres enfoques distintos muy vinculados al tiempo, o ciclo de vida, de las entidades representadas.

Un carácter de inventario cuya misión es la de registrar la realidad, y otra vinculada a proyectos, entendidos cómo actuaciones que incluyen la transformación propuesta de la realidad. Sin olvidar, un último enfoque relacionado con el valor histórico del territorio que dibuja. Esta clasificación permite distinguir tres formas de representar el mundo en los mapas.

La clasificación

El «mapa proyecto» es la representación de una transformación de origen antrópico o natural que se produce sobre el territorio, en este sentido el mapa precede al territorio ya que en cicrta manera le imagina. El mapa proyecto pertenece a la esfera de los mapas hiperreales. y habitualmente está en el ámbito de los mapas temáticos. El ciclo de vida de la entidad geográfica o bien no existe o bien se encuentra en sus albores.

El «mapa inventario» es la representación de las entidades que existen, que están presentes en el territorio. El Territorio precede al mapa y ese realismo condiciona el desarrollo de la cartografía básica y derivada.

Por último, tenemos a los «mapas históricos». En ellos la unidad cartografiada la entidad ha dejado de existir, o bien se ha transformado en otra realidad, se ha producido un cambio que modifica su estructura o función.

¿Esta clasificación de mapas tiene similitudes con la producción del espacio propuestos por Lefebvre? La respuesta es afirmativa.

- El mapa proyecto incluye la presentación del espacio concebido y diseñado por los especialistas urbanos y del territorio.
- El mapa inventario es la cartografía de las prácticas espaciales, del espacio percibido que refleja el uso cotidiano que hacemos del territorio.
- El mapa historia es el espacio de representación, el lugar de los espacios vividos que están cargados de significado y están connotados por las experiencias que hemos vivido en ellos.

El ciclo de vida

Esta clasificación no es discreta, o al menos no siempre lo tiene por qué ser. Puede ser vista como un proceso vinculado al ciclo de vida de la entidad cartografiada. Unos ejemplos

Un mismo mapa pasa a través de este proceso, un ejemplo lo encontramos en los mapas de ordenación territorial y en los de obra. En el momento de gestación del proyecto las unidades de obra representadas no existen, tras la ejecución de la infraestructura o del instrumento de ordenación territorial se produce el final de la gestación, el final del mapa proyecto y el comienzo del mapa inventario. Tras la senectud de la entidad llegamos al mapa histórico, la huella que ha grabado y registrado nuestra intervención en el territorio.

El *making of* de un mapa

20/03/2018
JDR

La Geo-comunicación en la industria geoespacial está importando, probando y adaptando géneros, canales, y formatos de comunicación que proceden de áreas aparentemente tan dispares como las relaciones públicas, el marketing, el periodismo, la comunicación corporativa, el cine, o la literatura gris.

En la gobernanza de datos, la geocomunicación es una herramienta clave para gestionar el conocimiento que tiene una organización sobre su información. La geocomunicación es uno de esos nuevos roles, o funciones redefinidas, que percibimos como necesarias en las organizaciones que gestionan o usan datos geográficos. El público objetivo de la geo-comunicación es todos tipo de usuarios de las fábricas de datos, sean éstos de la propia organización o tengan algún otro tipo de relación con ella.

En anteriores ocasiones hemos hablado de alguno de los recursos menos conocidos como los resúmenes ejecutivos o las conversaciones informales, las historias de los datos, o los datos con historia. Hoy hablaremos de otro «género» tomado prestado del cine y la televisión y conocido popularmente cómo «así se hizo», o en inglés *making of*.

El género del Making of de un mapa

Uno de los nuevos géneros, que no sólo va cobrando auge, sino que está adquiriendo un gran protagonismo en la industria geoespacial es el conocido como *Making of* o *behind-the-scene*. Traducido habitualmente cómo «así se hizo» o «tras las cámaras». Un género aparentemente menor, cercano al documental, y aparentemente reservado a personas muy interesadas en la materia y a profesionales. Sin embargo, los datos de audiencia nos están enseñando que la producción de este tipo de contenidos cada vez cuenta con más adeptos entre el gran público.

Puedes creer que conoces al género, al menos de lejos, y lo relaciones con el contenido audiovisual de las grandes producciones cinematográficas como *El señor de los anillos*. *Harry Potter*, o series televisivas como españolas como *El tiempo entre costuras*, pero no es así. Es frecuente que tengamos la idea preconcebida que este tipo de documental sólo se utiliza en el sector del entretenimiento. Sin embargo, la industria geotecnológica y la tecnología geográfica (SIG) también está recurriendo muy activamente a este género, principalmente por medio de las notas o *post* de los blogs corporativos. La ciencia tampoco escapa al poder seductor de este género. Libros y revistas se están especializan en presentar datos y métodos.

¿Cuál es el éxito de este género?

Este género nos muestra que hay tras las bambalinas cartográficas. Estamos asistiendo a una apertura de la caja negra, que contribuye a hacer visibles a la sociedad las narrativas sobre cómo construimos los mapas, y volcamos en ellos información y conocimiento.

Los productores cartográficos han encontrado en el *making of* un medio de acercamiento con su público, ya que este género favorece un alto grado de fidelización, compromiso y por encima de todo crea relaciones entre productores y consumidores de contenido cartográfico. Ninguna narrativa tiene tanto éxito como una buena historia, y la crónica de como se hizo un mapa nos permite saciar nuestra curiosidad sobre como surgen los mapas. Quizás con el tiempo este tipo de contenidos nos sature, y estemos ávidos de nuevos contenidos, pero hoy por hoy este género está entre nosotros.

Algunos ejemplos

Tenemos disponibles muchos y grandes ejemplos del género del *making of* de datos geográficos o espaciales. Seleccionar un listado de los documentales más destacados de ellos tiene algo de injusto, hay muchos y de gran calidad. Clasificarlos y elaborar una taxonomía supera el propósito de esta nota. A pesar de estos inconvenientes voy a enlazar con algunos de ellos a modo de ejemplo y poder centrar el tema y apoyar los comentarios con los que vamos a intentar adéntranos en el género del *making of* de un mapa, o de la visualización de datos.

- Issac, 2018. Mobile Data 101: Challenges and Best Practices de Steve Isaac en @CARTO ()
- Piles, D. (2018). Geomarketing de tiendas on line de @PilesDavid en strageo.es

¡Incluso algunos medios elaboran secciones más o menos regulares sobre el tema como Mapa del mes en @DataSmartCities, o el Story maps en @ESRIStoryMaps.

Argumento visual

El mapa o, en un sentido más amplio, la visualización de los datos espaciales, del #geodato, o de la información geográfica, tiene un recurso que la hace ligeramente diferente a otros. Se basa en la imagen, lo que le confiere un potencial de atracción muy alto. Por este motivo no es de extrañar que de manera progresiva incorporemos y remezclemos las técnicas de otros canales de comunicación audiovisuales y de otros sectores en la geo-comunicación.

Cómo participa el género del making of en el plan de comunicación de la geo-comunicación

El género de *making of* en el ámbito de las relaciones públicas está engranado como herramienta utilizada en distintos niveles jerárquicos de decisión sobre el objetivo de la estrategia de comunicación. Puede formar parte de los planes de estrategia de comunicación corporativa, o de la estrategia de marketing de contenidos. En otras ocasiones ocupa posiciones más tácticas u operacionales, como puede ser la creación de contenidos extra de fidelización.

Cuál es el objetivo del making of de un mapa

Varía mucho. La industria puede pensar en la promoción o lanzamiento de un nuevos geo-productos. La ciencia puede adentrase en utilizarlo como reclamo en la transferencia entre ciencia y tecnología, o bien cualquiera de los sectores de la industria, ciencia y tecnología pueden utilizarlo como medio de divulgación a la sociedad de los contenidos de ciencia y tecnología geográfica para formar una cultura popular de lo geográfico.

Hablar de la cultura popular de lo geográfico es hablar simplemente del fomento de la cultura científica y tecnológica sobre el dato espacial que está impulsando principalmente la industria geoespacial. Estamos dentro del ámbito de la geografía informal (Beltrán y Del Río, 2019). Geografía que implica la adquisición de un conjunto de conocimientos no especializados de las diversas ramas del saber científico y tecnológico, que permiten a la sociedad usarlas, desarrollar un juicio crítico sobre las mismas y que idealmente poseería cualquier persona educada y cualquier organización.

Para medir ese nivel cultural se pueden utilizar los tres indicadores que utilizan habitualmente los estudios de esta materia, como son: Interés por la ciencia y la tecnología, percepción sobre la cantidad, nivel y calidad de la información que reciben, y la valoración de los beneficios y perjuicios de la ciencia y la tecnología.

La finalidad del making of de un mapa

Si la meta es propiciar y cultivar una cultura científico-tecnológica, ¿cuál puede ser la finalidad de este género? La respuesta nos viene desde el marketing: lograr un posicionamiento de una marca mediante la diferenciación, no sólo de la percepción que tiene el consumidor, sino también de su grado de afectividad, compromiso y confianza (*engagedment*).

Algunas aclaraciones sobre marca y diferenciación. La marca no sólo la entendemos desde la mercadotecnia sino en un sentido mucho amplio e inclusivo como un espacio de opinión, creencias e imaginario sobre un producto en el que pueden intervenir todos los actores que promueven el género del *making of* sea empresa, universidad, administración, asociación, equipo de asesoría, grupo de investigación, profesional o un medio de comunicación.

La marca puede estar referida a un geo-producto: sea un mapa, un atlas, una infografía, una aplicación web, o una app, una noticia del periodismo de datos, un software o un artículo científico entre otros. En ocasiones la marca, el objeto de la Geo-comunicación no es el producto sino la imagen sobre la propia organización que lo promueve.

La diferenciación es otro de los elementos clave que influye en la geo-comunicación. Contenidos del tipo *making of* o así se hizo son una buena oportunidad para poner rostro y sentimiento a la misión, visión y valores de la organización. Es por lo tanto un medio idóneo para alcanzar la confianza con los usuarios, públicos, clientes, ciudadanos y demostrar y hacerles partícipes de cómo se ha vivido la construcción del geo-producto.

Dónde podemos encontrar el making of de las visualizaciones de datos y los mapas

Están dispersas, no hay revistas especializadas, canales de televisión, ni medios que centralicen su distribución o difusión. Habitualmente se encuadra en secciones de blog o páginas web, documentales televisivos, recursos en los kits de prensa electrónica EPK, dosier de prensa, sección de información corporativa, o comunicados de prensa. Adopta por lo tanto múltiples modos. Formatos que van desde el e-mail, los posts, el video, o el *storymaps*, ofrecido en soportes físico como libros, prensa, DVD o incluidos en website.

Esta dispersión nos revela la plasticidad del género del *making of* de un mapa. El género está siendo adoptado por la industria geoespacial de manera hibridada. No es hegemónico como en otras industrias sino muy diverso en la orientación de los subgéneros que utiliza. Abarca perspectivas narrativas tan dispares como son cómo hacer, mejores prácticas, información corporativa, análisis de casos de estudio y también en las noticias porque en ocasiones es noticiable, pues el género participa de criterios que hacen un mapa noticiable: ofrece información práctica, genera impacto emocional y forma a la opinión pública.

¿Para qué sirve hablar y analizar el making of de datos y mapas?

Para algo más que escribir notas en los blogs. Los contenidos de los *making of* están facilitando que pasemos de las prácticas de ingeniería a inversa historicistas que Harley (2005) nos planteaba, en su obra para saber cómo se habían confeccionado los mapas a conocer de primera mano cual es el proceso creativo o constructivo de los mismos. Contribuye por lo tanto una mayor visibilidad y diálogo entorno al mapa, su producción y su impacto. El diálogo sobre la producción es útil, sin retroalimentación la Geo-comunicación no es viable.

La audiencia del making of

Un pequeño apunte numérico. Hoy en día las expresiones *making of* y *behind the scene* generan más de 100.000 búsquedas al mes de media en inglés. La traducción al español «cómo se hizo», «así se hizo», «tras las cámaras» apenas alcanza las 1000 búsquedas mensuales.

Diseño cartográfico y *lean mapping*

12/12/2012
JDR

El cartógrafo Aris Venetikidis nos narra en el siguiente video[5] de *TEDxDublin*, un ejemplo práctico de cómo explorar el consumo de datos espaciales para producir un mapa útil, nos narra una historia sobre cómo dar sentido a los mapas. Como caso de prueba, rehace el famoso mapa de

---

5

https://www.ted.com/talks/aris_venetikidis_making_sense_of_maps?language=es

autobuses de Dublín.

El diseñador del mapa de autobuses de Dublín está fascinado por los mapas que dibujamos en nuestra mente cuando nos movemos por la ciudad –no tanto como mapas de calles, sino como esquemas o diagramas, o imágenes abstractas que dibujan cuales son las relaciones entre las partes de la ciudad. Nos plantea un reto interesante ¿Cómo podemos aprender de estos mapas mentales para hacer mejores mapas reales?

Venetikidis propone una respuesta para la pregunta anterior. Para que un mapa de transporte público sea exitoso, no debemos de apegarnos a una representación precisa del mundo, sino diseñarse de acuerdo al funcionamiento de nuestro cerebro. La receta que nos facilita para el diseño cartográfico es simple y muy cercano al planteamiento del toyotismo, que podemos adaptar cartográficamente en los preceptos de recortar diseño, eliminar *muda*, y poner en práctica el *lean mapping* en la búsqueda de valor en el mapa. A la vez que retomamos la humildad del garabato como fuente de inspiración sobre cómo nos comunicamos con mapas.

Aún hoy en día, donde las herramientas de producción y visualización web permiten generar mapas con plantillas prediseñadas, eficaces, y eficientes, antes o después en la producción de algunos mapas concretos nos topamos con la necesidad de salirnos del carril. En ese momento nos encontramos en el terreno del diseño cartográfico, y tras él, el lenguaje cartográfico. Es hora de releer los textos sobre los principios de diseño cartográfico y volver a los orígenes.

Los mapas lira

18/09/2012
JDR

El ave lira es una imitadora sorprendente, no sólo es capaz de reproducir el canto de otras especies, sino que incluye en su repertorio sonidos tan inusuales en un ave como cámaras fotográficas, alarmas, o motosierras están en su rico repertorio de cantos para atraer a sus potenciales compañeras.

El ave lira no trata de ser original, utiliza su capacidad -de reproducir magistralmente los sonidos de su entorno- para conseguir su propósito de llamar la atención, ser visto y conocido.

En cartografía determinados estilos de mapas han sido imitados hasta la saciedad, por su diseño o por su temática, convirtiéndose en auténticos mapas lira. Los mapas lira hacen valer la célebre cita de *No hay nada que tenga más éxito que el éxito* y su corolario *nada es tan contagioso como el fracaso.*

Reafirmando la pertinencia del diseño en la cartografía del mapa

08/12/2013
JDR

En ese salto al vacío, que algunos califican de brecha, se sitúa el interesante artículo de Damien Demaj y Kenneth Field publicado en el año 2015 y del que hemos tomado prestado el título de esta nota: *Reafirmando la pertinencia del diseño en la cartografía.*

En el capítulo los autores nos proporcionan no sólo una recopilación de buenos mapas, que son ejemplos de una excelencia en el diseño cartográfico, sino también interesantes reflexiones que enmarcan el proceso de diseño de mapas. Entre ellas he querido destacar las siguientes.

La finalidad del diseño cartográfico

- Comunicar algo específico a un público definido.
- La construcción del diseño cartográfico mediante el método de prueba y error.
- Los cartógrafos han debatido insistentemente sobre el diseño de mapas y han aprendido a adoptar lo que funciona y rechazar lo que no, a menudo a través de la innovación.
- El proceso de diseño trata de la solución de problemas y continuamente se pregunta lo que funciona, y lo que no funciona, ¿Cuáles son las alternativas y cuales funcionan mejor?

La necesidad del lenguaje cartográfico

- El lenguaje cartográfico implica tanto la utilización de la gramática como la sintaxis. Cuando las dominamos, nuestra capacidad de diseño y comunicación mejora, y somos capaces de juzgar cuando un símbolo trabaja de manera más eficaz que otro, o cuando un color concreto tiene asociaciones que pudieran dificultar la recepción del mensaje en mapa. En pocas palabras, es lo que nos hace ser capaces de hablar gráficamente en termino cartográficos, para reducir la ambigüedad en el mensaje que queremos transmitir con nuestro mapa.

La ingeniería inversa como instrumento de aprendizaje

Los mapas no son una plantilla, sino una forma de abrir un debate, ya que se puede aprender de diseño cartográfico y emplearlo para tratar de reflexionar sobre nuestro propio proceso de diseño. En este sentido los autores nos invitan a utilizar la ingeniería inversa aplicada al diseño de cartográfico. Consideran a la ingeniería inversa *un conjunto de técnicas útiles para explorar los mapas, mejorar el trabajo cartográfico, y aprender la forma de aplicarlo.*

La situación actual de la innovación en el diseño cartográfico

Uno de los aspectos fascinantes de la encuesta que exponen en su artículo, es que sólo 9 de los mapas citados con mayor frecuencia están en realidad hechos por alguien cuya profesión y formación lo clasifica como cartógrafo. Esto es interesante en sí mismo, ya que muchos de los mapas actuales son criticados sobre la base de que el autor tiene poca comprensión de los principios cartográficos.

Los autores afirman que *Los mapas no necesitan un cartógrafo al timón. Requieren alguien con la pasión, la inteligencia y una historia que contar. También requiere a un buen ojo para contar bien la historia utilizando un lenguaje gráfico.*

La recopilación de mapas

Los mapas incluidos en el capítulo de Damien Demaj y Kenneth Field, resuelven un problema único o muestran un conjunto de datos muy específico. El listado de mapas, alejado de la moda de las listas tipo *top ten* es el resumen de un estudio de unos 20 expertos cartográficos a los que se les pidió que proporcionaran los diez mejores mapas que muestran lo que ellos consideran que es un excelente diseño.

La lista final, sin ánimo de ser exhaustiva, es la recopilación de cuales fueron los más citados, e ilustra de una manera clara principios de diseño cartográfico, innovadores, atractivos, de resultado claro, y armonioso. El resultado: 39 mapas que representan 13 categorías independientes de tipos de mapa.

La eficacia que tiene cada estilo en convencer a las audiencias varía. Los estilos sensacionalistas y propagandístico parecen ser los más efectivos en el cambio de opinión de la audiencia.

¿Por qué titular un mapa?

14/02/2016
JDR

Crónica del título de un mapa

Has recopilado y depurado los datos, exprimido la información, mareado los modelos, construido las capas, y las has representado en un mapa cuidando las variables del lenguaje cartográfico. Todo ello mientras luchabas con tenacidad con varios programas cartográficos y de diseño. En ese momento sabes que estas muy cerca de finalizar el mapa.

Con el tiempo justo lo revisas, miras nervioso el reloj, ahora llega el momento de ponerle un título. Has cuidado la tipografía posición, color, y demás variables propias del diseño cartográfico del título, en ese instante llega el turno de pensar en un título del mapa, y en ocasiones acompañarlo de un subtítulo. Un breve pensamiento te asalta: quizás no sea muy importante elegir un título, el mapa es muy claro, seguidamente tecleas un título que suele ser muy muy parecido al de la variable principal que figura en la leyenda de tu mapa. Levantas la cabeza y miras el resultado, ya has terminado el mapa, ¿o quizás no?

Quizás te sientas protagonista de esta pequeña crónica de cartógrafo, si ese así tenemos noticias, esa pequeña duda final tiene todo su sentido, tenemos que cambiar esa forma de trabajo.

Tenemos que pasar de pensar en un título para el mapa a pensar en *el título del mapa.*

El imperdonable destierro del título del mapa

Un síntoma que refleja que el título de un mapa no recibe habitualmente mucha atención es que en los manuales de diseño cartográfico no es frecuente que se le dedique muchos párrafos. Dos pequeñas cifras pueden sacarnos de nuestra equivocación. El 80% de las personas sólo leen el título de los contenidos, y hay más de 240 millones de contenidos indexados como mapas en Internet.

A pesar de estos datos, a estas alturas dos pequeños peros nos pueden inducir todavía a obviar la importancia de las cifras anteriores.

La primera idea que podemos tener interiorizada es que *el mapa ha muerto.* A fin de cuentas, el mapa no es más que una visualización efímera de una base de datos geográfica, o de un modelo con apenas unos segundos, a lo más unos pocos minutos, de vida. No nos dejemos seducir por esta simplificación, el valor de la cartografía no descansa hoy en día en el mapa como producto sino en el uso de la información espacial en un contexto de economía de la atención y atracción. El cambio de soporte protagonista para los mapas tiene importantes consecuencias, es la época del mapa-imagen.

El segundo argumento más frecuente es que *este mapa en concreto que acabo de terminar no requiere de un título.* Los motivos para esta afirmación son muy variados, desde que este mapa expone simplemente una variable fácil de identificar, o que el público objetivo es capaz de conocer el título por el contexto o por la familiaridad geográfica con el entorno representado. Sin embargo, esta confianza en el lector del mapa, se desvanece cuando la difusión del mapa llega a otro público distinto al que objetivo que habíamos considerado inicialmente, o el mapa es referenciado en guías o metadatos. La familiaridad inicial ya no juega a nuestro favor y el mapa tiene que ser leído por desconocidos que se mueven en terra ignota, a los que no queda más remedio que hacer el esfuerzo de averiguar de qué trata el mapa. Sin lugar a dudas un título les ahorraría trabajo.

La paradoja de los mapas invisibles y el título de los mapas

Esta situación es paradójica. Por un lado, disponemos de medios a nuestro alcance para difundir el mapa a audiencias impensables hace apenas unas decenas de años, por otro lado, tenemos potentes herramientas para facilitar la producción cartográfica. Sin embargo, estos medios han provocado que los mapas parece que se están enfrentado a una era de invisibilidad, no sólo porque el mapa tiene que enfrentarse a millones de contenidos, sino que además tiene que conseguir la atención del lector.

La economía de la atracción y la economía de la atención proporcionan las dos monedas con las que pagamos a los mapas en Internet.

La economía de la atención del mapa

Podríamos pensar que la paradoja de los mapas invisibles afecta sólo a los mapas destinados al gran público, a los mapas propios de los medios de comunicación de masas, los cuales creamos para la *mass media* con la vocación de lograr una gran difusión en términos cuantitativos.

Nada más lejos de la realidad. La paradoja también afecta a los mapas que están dirigidos a un pequeño público. Supongamos por ejemplo un mapa para un equipo directivo, este también tiene que enfrentarse a esta paradoja de la invisibilidad. Ya que, aunque estos mapas cuenten con la atención inicial del lector, la enseñanza, el mensaje del mapa debe perdurar, debe ser memorable. Incluso aquellos mapas que puedan parecer a primera vista más alérgicos a la necesidad de difusión en términos de cantidad de lectores, cómo puede ser los mapas de actuaciones u ordenaciones territoriales, no son tampoco ajenos a la calidad de la difusión, y su capacidad de ser recordados. También participan de la economía de la atención.

La economía de la atracción del mapa

La economía de la atracción hace surgir la diferenciación, la novedad, y el valor del mapa al lector. Es la imagen de marca del mapa (*branding*), y tiene un gran poder para lograr la lealtad de nuestro consumidor. No se trata sólo de cuidar los aspectos estéticos o formales del mapa, sino de la función y del valor cartográfico para nuestro usuario o lector. Estas ideas son aplicables a cualquier tipo de mapa.

Sin título, el mapa pierde una oportunidad de competir en atracción y atención en un campo que trasciende al mapa como imagen, el de los textos.

La baza del título del mapa abre al mapa el campo de juego del texto, tan valioso en atracción y atención en Internet. Pero no todos son buenas noticias. El título comparte destino con el mapa, y no es por lo tanto ajeno a esta paradoja de invisibilidad. También está abocado a competir con muchos otros títulos

8 razones por las que titular mapas

14/02/2016
JDR

El título del mapa es una herramienta para mejorar la atención y atracción de los mapas y superar la paradoja de invisibilidad del contenido en Internet.

A estas alturas si estamos convencidos que debemos trabajar la atención y la atracción del mapa en Internet, sabemos que no podemos descuidar la elección y redacción del título del mapa. De buscar un título pasaremos a buscar el título. Sobre todo, si recordamos que el 80% de nuestros lectores solo se fija en el título del mapa.

Pero en este entorno de atención y atracción, ¿Qué nos aporta el título del mapa? ¿Por qué es interesante titular un mapa? Vamos a exponer algunas ideas para convencernos de la potencia del título del mapa.

El título del mapa crea una relación con el lector. Por este motivo debemos preguntarnos qué tipo de lector tenemos y queremos tener, y sobre todo, cómo queremos que sea nuestra relación con él, qué imagen o connotaciones queremos trasmitir con el mapa y de nosotros. El título es el primer saludo y puede marcar el tipo de relación que se establece con el lector. Hay títulos de mapas serios, divertidos, desenfadados, o sobrios entre otros, pero en cualquier caso debe guardar sintonía y coherencia con el contenido y mensaje del mapa. El título de mapa está sujeto al estudio del registro lingüístico en él que va a usarse el mapa.

El título del mapa es el puerto donde finaliza la producción. El título del mapa es el envoltorio del producto cartográfico. El empaquetado final será lo primero que vea o recuerde el lector del mapa. De poco sirven los esfuerzos por lograr un gran mapa si descuidamos el título, y no le prestamos los recursos suficientes para elegirlo adecuadamente.

El título del mapa es el nuevo comercial de tu mapa. El título te puede abrir o cerrar puertas. Es la oportunidad de presentar el mapa, lograr o fidelizar un lector y lograr que te recuerde.

El título del mapa es un puente entre la promoción y la distribución. El título del mapa puede utilizarse en la promoción del mapa en distintos canales de distribución. El título ayuda a orientar la promoción en esos canales de distribución.

El título del mapa es el moderno rey de armas. El rey de armas era el oficial en la edad media encargado, entre otras tareas, de registrar blasones y advertir sobre las hazañas dando testimonio de ellas. El título del mapa realiza una función similar en SEO, de ahí la analogía, permite registrar el mapa en bases de datos, guías, robots, metadatos, y aventurar su utilidad al lector.

El título del mapa permite compartir sin invertir en promoción. La capacidad del lector del redistribuir el mapa y las facilidades que ofrece el título para servir de puente entre la distribución y la promoción lo convirtieren en el mejor anuncio o noticia referente al propio mapa que podamos hacer.

El título del mapa es una oportunidad de alcanzar la función del mapa. Si el mapa tiene una función el título es un magnifico elemento para reiterar cual es esa llamada a la acción del mapa.

El título del mapa es un potente curador. El mapa no es sólo de uso personal, el conocimiento o la información que genera se comparte por el lector con otros. El lector del mapa tiene la capacidad de influir en otros.

¿Cómo titulo el mapa?

Vale, estamos ya convencidos de la importancia y utilidad de lograr un buen título para nuestro mapa. Pero ¿por dónde comenzamos esta tarea? La respuesta es determinando la misión y visión del mapa.

Con ambos elementos definidos podemos valorar si es necesario desarrollar El título del mapa y abandonar el esquema más o menos automático de poner un título tipo leyenda al mapa y pasar a trabajar apra conseguir un título memorable.

Reseña del libro Mapas invisibles

25/09/2012

JDR

Ilustración 9 Portada del libro Mapas invisibles

El viernes tuve un mail sorpresa, el responsable del magnífico blog Orbemapa, me enviaba un libro que acababa de editar por pdf y que hacía público esta semana. Estaba fuera y por tanto sólo podía leerlo en mi Iphone, pulsé el pdf y esperé con muchísima curiosidad hasta que se descargaron los datos y pude verlo.

Ahí estaba, un libro que recoge muchas de las enseñanzas se han elaborado desde Orbemapa y para mi un regalo. Un libro que habla de mapas e Internet, de mapas y marketing, desde una perspectiva tremendamente profesional y seria, 204 páginas para disfrutar. Aún no lo he leído, tan sólo ojeado, como quien huele un manjar antes de probarlo, he podido ver el índice, algunas de las ilustraciones, algunos párrafos, etc.

Sé que esto es algo muy específico, este blog se mueve entre dos aguas de alguna forma como yo, entre la parte profesional de la cartografía y la parte social de Internet, los más puristas no le harán caso, la mayoría de la gente no entenderá muchas cosas, pero hay sitio para todos, hay un espacio en esa larga cola donde se mueve como pez en el agua, y este espacio es el de los exploradores, aquellos que durante años han ido descubriendo el Planeta Tierra y que ahora descubren el Territorio Red, otra forma de ver los mapas, porque la esencia es la misma pero la herramienta ha cambiado. Integrando elementos tan básicos hoy en día como el SEO o el SMO, Licencias de uso, el mapa en Internet, las imágenes, etc.

Algún día estas cosas se estudiarán en la Universidad, o quizás no pero no importa, los que aman aprender y descubrir cosas día a día lo encontrarán. A mis alumnos de geografía les explican que el futuro son los SIG pero yo les digo que los SIG son el pasado, ya no son una innovación, son algo básico como el inglés o la ofimática pero ya no es un valor añadido, ya no es un elemento diferenciador aunque sí necesario. En cambio, no les hablan de la Geonube, de *Where 2.0.*, del Social Media, de los mapas colaborativos, de los mapas a tiempo real, del Posicionamiento en buscadores, del *Opensource*, del wikimundo, de las marcas personales. Por eso, ahora más que nunca, cuando la educación pasa por la autoeducación y el desarrollo individual de las capacidades de cada uno, es necesario tener libros como estos.

Para todos ellos, para los estudiantes eternos, para los exploradores, para los amantes de las fronteras difuminadas, para los soñadores de mundos se puede obtener este libro:

La paradoja de los mapas invisibles [6]

28/05/2012
JDR

Sin lugar a dudas siguen existiendo mapas que nacen con vocación de ser invisibles, cuya visión está disponible sólo para unos pocos. Estos mapas frecuentemente tildados de estratégicos están situados en las proximidades de equipos directivos de distintas organizaciones. Su divulgación está habitualmente blindada con cláusulas de confidencialidad. Pero no nos vamos a ocupar en este libro de los mapas de poder, que nacen con la vocación de ser silenciosos, sino de los mapas invisibles.

Los mapas invisibles son aquellos que buscan ser vistos, al menos por un segmento de la población y algunos por qué no, pasar a formar parte del salón de la fama cartográfica y que como consecuencia de los avances tecnológico tiene que hacer frente a un anonimato prácticamente garantizado y no buscado. ¿Pero cuáles son las razones por las que asistimos a un nuevo periodo de invisibilidad de los mapas?

Hoy en día la combinación de nuevas tecnologías de producción como los Sistemas de Información Geográfica (SIG), los Sistemas de posicionamiento Global (GNSS), los sensores remotos, y las aplicaciones de las geonube, unidas a una tecnología de difusión sin precedentes como es Internet, han provocado una paradoja: Nunca en la historia de la humanidad hemos contado con una abundancia de contenidos cartográficos tan grande, ni con medios de difusión de este alcance, pero esa abundancia es la responsable de un nuevo periodo de mapas invisibles. Esta paradoja tiene dos componentes.

La primera es la gran capacidad de producción de contenidos cartográficos a la que asistimos hoy en día gracias a tecnologías como los SIG, los sistemas GNSS y los sensores remotos. Es un fenómeno completamente nuevo. Podemos diseñar mapas con una gran facilidad, y con un coste por unidad mucho menor que en cualquier otro momento de la historia. La reutilización de datos y la tecnología de diseño nos lo permiten.

---

[6] Extracto del libro mapas invisibles

La consecuencia es que muchos de ellos no se diferencian en gran medida de otros: es un entorno de producción de mapas clonados, de productos en serie.

Una analogía a este fenómeno podemos hallarla en las mercancías que la revolución industrial facilitó a la sociedad. La solución que encontró el mercado fue la creación de marcas como manera de diferenciar los productos. Como afirma Klein en su libro *NOLOGO*: desde ese momento – de creación de marcas- las bombillas dejaron de ser todas iguales

La segunda componente es una consecuencia de Internet. La audiencia ha aumentado, pero la creación de contenidos mucho más, motivo por el que la atención es la nueva moneda de cambio, un bien escaso, por el que nuestros mapas, al igual que el resto de imágenes, entran en una dura competencia. Los mapas han dejado de ser un contenido único para hibridarse, entrar en simbiosis y la mayor parte de las veces en una dura competencia con todo tipo de imágenes: desde fotografías a infografías. El mapa se ha socializado en Internet y se ha convertido en una imagen más.

La solución al anonimato del mapa pasa por la creación y puesta en marcha de planes de difusión en Internet.

Ambas componentes podemos expresarlas gráficamente en un par de ejes de coordenadas. La difusión, en ordenadas, está condicionada en la economía de la atención. Mientras que la creación de marca, en abscisas, está centrada en la economía de la atracción. Ambos ejes son complementarios y nos ayudan a analizar un mapa desde una perspectiva novedosa.

La economía de la atención está íntimamente ligada a internet. El objetivo principal de la economía de la atención es difundir la información, centrándonos en ofrecer en nuestra cartografía aquello qué necesita el usuario. Empresas como *Microsoft, IBM, pepsi o Autodesk* utilizan esta estrategia. Para afrontar este reto disponemos de una herramienta: la elaboración y puesta en marcha de los planes de difusión

La economía de la atracción de marcas ha sido escrita sagazmente por Roberts en su libro *Lovemark*. Confianza y afectividad o en su traducción más literal respeto y amor son las claves de la atracción hacia una marca. Se centran en lo que desea el usuario, en mensajes que buscan una relación (cercanía odio, etc..). Empresas como *Google, Apple, Cocacola o ESRI* apelan a ella.

Hay mapas de los dos tipos, algunos de ellos híbridos, y escuelas de pensamiento geográfico con mayor afinidad hacia uno u otro estilo. Los mapas producidos por la geografía de tinte positivista están muy vinculados a la economía de la atención, mientras que los producidos por la geografía radical usan habitualmente las técnicas de la economía de la atracción.

Para superar la paradoja de los mapas invisibles no implica elegir entre uno u otra sino recurrir a ambas para superar el ostracismo que nos impone la tecnología.

9 motivos para crear mapas de impacto

02/10/2012
JDR

Entre las consecuencias de la implantación de la tecnología de los Sistemas de Información Geográfica (SIG) nos encontramos con que la producción de mapas se hace más barata. Los costes se reducen. Uno de los factores con mayor peso para lograr la disminución de costes es la utilización de plantillas o diseños prefabricados de mapas que reducen en gran medida el tiempo necesario para componer un mapa. Estamos en la era de mapas clonados.

Sin embargo, en ocasiones, este procedimiento de trabajo cartográfico casi mecanizado puede no ser suficiente, y en ese momento se hace necesario desarrollar mapas de impacto, originales y ¿por qué no? Que sean atrevidos y huyan de las plantillas prediseñadas.

En la comunicación y marketing de datos espaciales los motivos que pueden llevar a crear estos mapas son diversos. Adjuntamos una pequeña lista con 9 razones para abandonar los mapas clonados:

1. La clase de mapa
2. La ausencia de modelos previos
3. La naturaleza de los datos empleados
4. La naturaleza y objetivo del mensaje
5. El canal empleado
6. El público al que va dirigido
7. Evitar la paradoja de los mapas invisibles
8. La necesidad de crear una imagen de marca con personalidad propia.
9. El nuevo paradigma de la formación SIG

¿Cómo citar desde mapas a datos espaciales?

08/07/2012
JDR

La geomática está siendo prolija en crear productos cartográficos. Los mapas y atlas tradicionales han dado paso a sus versiones electrónicas, y a este elenco electrónico de *bytes* geoespaciales se han sumado datos espaciales, mapas estáticos, modelos digitales, perfiles, globos, servicios en tiempo real, o consultas a servicios IDE utilizados en un sinfín de productos más o menos cartográficos.

Seguro que en esta abundancia nos ha surgido esta cuestión ¿Cómo se cita los datos espaciales en esta heterogénea fuente de formatos y productos cartográficos?

El completo y reciente trabajo de la ACMLA (2008) incluye la estructura de la cita y varios ejemplos explicativos de cerca de 30 tipos de fuentes distintas. Es frecuente que cartotecas elaboren documentos que guían como citar este tipo de materiales bibliográficos (Auringer, 2012; Martindale, 2016). La cita en formato clásico permite identificar y localizar el material bibliográfico, pero los servicios de metadatos permiten una mayor capacidad en la explotación de la información bibliográfica.

Disculpe ¿Este sitio es una granja?

13/05/2008
JDR

En anteriores notas de este blog hemos visto las luces y las sombras del *crowdsourcing* cartográfico. Algunos usuarios los comparan de manera muy gráfica como una granja de usuarios, pero ¿cómo podemos analizar la utilidad del crowdsourcing cartográfico, y de manera concreta, de una aplicación web 2.0 con contenidos cartográficos?

Esta es la cuestión a responder cuando un sitio con contenido generado por el usuario tiene un retorno al usuario.

Una primera forma de evaluar cuando es interesante el *crowdsourcing* cartográfico es a través de la popularidad que logren entre los ciudadanos. Para ello podemos medirlo en la cantidad y calidad del contenido aportado, el número de visitas, o el número de usuarios activos que contribuyen en el proyecto. Otra aproximación es diferenciar si sitio web es una simple forma de captura de información, un sistema de información geográfica generada por el usuario (UGC-SIG) o cuando ofrecen un valor añadido al cartógrafo aficionado.

Proponemos a continuación una pequeña guía con algunos aspectos que debemos meditar en cada caso concreto sobre los Sistemas de Información Geográfica de participación ciudadana (PP-SIG)

¿Es útil el crowdsourcing cartográfico?

- ¿Cuál es su contexto social, por qué nace?
- ¿Qué pretende conseguir, cual su finalidad?
- ¿La finalidad es directamente aplicable en mi vida cotidiana y en mi entorno geográfico inmediato?
- ¿Qué reglas de autoridad hay establecidas, que mecanismo de control y/o validación existen?
- ¿me parece fiable a la información?
- ¿Qué recompensa obtiene el cartógrafo aficionado por su participación?
- ¿Qué proporción de usuarios lectores y usuarios escritores tiene el sitio?
- ¿Cómo modelan nuestra percepción de la realidad?
- ¿Quién los promueve y qué fines tienen?

Ejemplos de crowdsourcing cartográfico

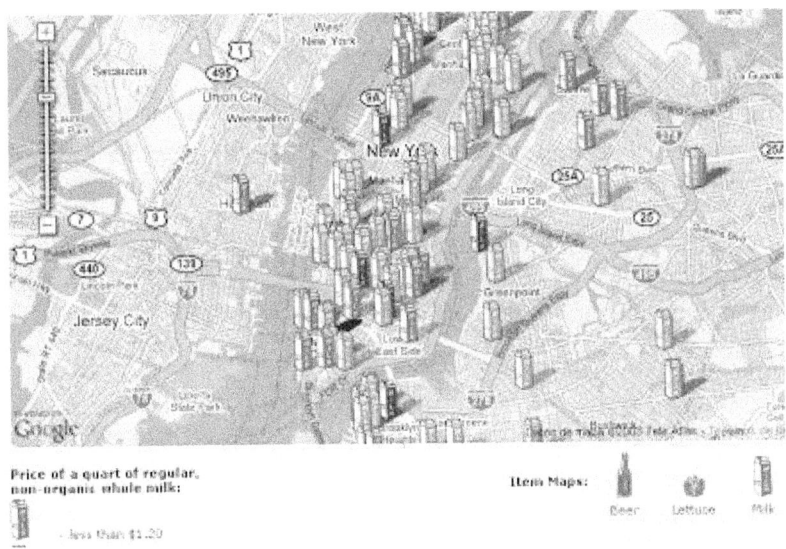

Ilustración 10 Mapa con datos del precio del pan y la leche en New York. Ejemplo de *crowdsourcing* cartográfico.

Un interesante ejemplo cuándo el *crowdsourcing* cartográfico crea valor añadido es el mapa que ilustra el post. Iniciativa web con contenido aportado por los usuarios con la ubicación de tiendas del precio de leche, cerveza, lechugas de tiendas. Este sistema es un PP-SIG que muestra, gracias a la colaboración ciudadana, el precio de productos básicos como leche o la lechuga iceberg dentro de la gran manzana. En España un ejemplo similar es el mapa de Raul Ochoa sobre el precio de la gasolina.

Algunas preguntas que surgen ante estos PP-SIG, dirigidas a algún economista camuflado: ¿Tendrán estos sistemas alguna repercusión sobre las ventas o sobre el precio de los productos?

Parafraseando la Psico-historia que Asimov desarrolla en su saga de la Fundación, ¿los mapas crean una Psico-geografía del precio?

Luces y sombras del Crowdsourcing Cartográfico

26/04/2008
JDR

El *crowdsourcing* intenta substituir los contratos selectivos y la formación específica de fuerzas de trabajo mediante la participación masiva de voluntarios y la aplicación de principios de autoorganización. El sistema de *crowdsourcing* ofrece problemas y recompensas a quien o quienes solucionen el problema propuesto.

Crowd es el término en inglés de multitud y *sourcing* se refiere a la obtención de materia prima (donde *source* es el término en inglés de fuente, en este caso de un proyecto). Crowdsourcing es un término acuñado por el escritor Howe y el editor Robinson de la revista tecnológica *Wired*

Esta externalización se produce según Alvarez, entre los mejores talentos de la muchedumbre, masa o tropel, y se refiere a alguna actividad a un precio menor que el de mercado formal/profesional.

Simplificando un poco más el concepto nos encontramos con una técnica *online* con la que una empresa pide colaboración a los internautas para desarrollar sus productos o servicios.

Algunas características del *crowdsourcing* , si no lo he entendido mal son las siguientes:

- Participación masiva de voluntarios
- Autoorganización
- Existe una entidad que propone un problema o una necesidad
- Sistema de recompensas

El *crowdsourcing* difiere radicalmente en cuanto a sus fines y recompensas de la Producción entre iguales basada en el dominio público, a pesar de compartir en cuanto a medios algunos rasgos comunes, ambos son sitios en los que el contenido es generado por el usuario

- Organización no jerárquica
- Ausencia de compensación económica.
- Sensación de empoderamiento que da la participación colaborativa.
- Destrucción fisiológica de la atención.
- Calidad y perfección cartográfica es secundaria
- Vehículo de concentración de información distribuida

Una rebelión de los aficionados a la cartografía como puede ser un PPGIS no podría considerarse de forma estricta un *crowdsourcing* cartográfico y quizás está más cerca de una producción entre pares.

Existen ejemplos exitosos de ciudadanos como sensores cartográficos (como la cartografía del *Tom Tom*), en ellos el usuario ha percibido la recompensa de su trabajo como una actividad potenciadores de las personas (PPS) y se ha alejado del lado oscuro del crowdsourcing que compara acertadamente Villa como unas granjas de producción de gallinas. En cualquier caso, este sistema es joven y a pesar de sus luces y sus sombras como afirma Tulloch parece una herramienta de democratización y a la postre la generación de productos cartográficos más afines a las necesidades de los ciudadanos.

5

Sistemas de Información Geográfica

CAPÍTULO 5. SISTEMAS DE INFORMACION GEOGRAFICA

Brecha digital en la adopción de la tecnología SIG

17/05/2012
JDR

A pesar de su creciente popularidad, la innovación tecnológica que ha supuesto los sistemas de Información Geográfica, no se ha desarrollado cómo se había previsto inicialmente en las organizaciones. ¿Por qué?

En la imagen que acompaña esta nota tenemos un mapa, con los niveles de búsquedas sobre el tema SIG en *Google*. En líneas generales los países norteamericanos y asiáticos tiene un mayor interés por los SIG que los europeos, sudamericanos y africanos.

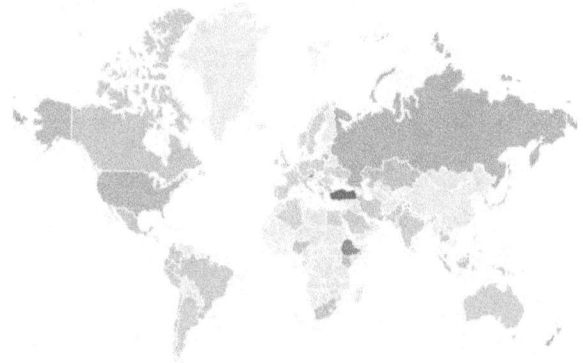

Ilustración 11 Búsqueda de tema SIG en el buscador de *Google*

La cuestión que planteamos es cómo promover esta innovación tecnológica concreta: la adopción de los Sistemas de Información Geográfica, en una organización. En este texto vamos a hacer un repaso a las dificultades y las posibles soluciones para fomentar un pensamiento innovador que integre y fomente el uso de los SIG .

La brecha existente en la adopción de la tecnología SIG

El análisis somero de la estructura, cultura y liderazgo de la organización son un potente termómetro que nos indica la propensión al «ardor innovador» de la organización. Si la cultura de innovación no forma parte de la organización es complejo promover la adopción de nuevas tecnologías.

Los motivos por los que se crean estas barreras son diversos, quizás porque no se concibe la tecnología SIG como necesaria para sobrevivir o crecer, bien por el elevado coste inicial de la implantación de un SIG, o por las dificultades de obtener información espacial de calidad y relevante. O bien por las carencias en bases de datos, flujos de información o análisis de minería de datos.

La adopción de los SIG será mayor en aquellos contextos donde la competencia obliga a que la supervivencia de la organización dependa de su mayor capacidad de hacer algo distinto o diferente de los demás competidores. Es decir, en entornos donde los SIG y los datos espaciales aportan un valor añadido que es percibido por usuarios, equipos directivos y encargados del mantenimiento del Sistema.

El éxito de la puesta en funcionamiento de nuevas tecnologías, como los Sistemas de Información Geográfica (SIG) en una organización depende en gran medida, no sólo de la amabilidad del sistema tecnológico, sino de la forma en la que la organización tenga interiorizado la tecnología y los datos como principio inspirador de su actividad. De tal forma que la incorporación del dato geográfico se convierta en parte de su funcionamiento cotidiano y no un producto esporádico de la innovación.

¿Cómo superar la brecha en la adopción de los SIG?

Las resistencias a la innovación mediante los SIG en las organizaciones crean, en poco tiempo, una brecha tecnológica que es difícil de soslayar. En estos casos una forma contundente de promover la adopción de la innovación tecnológica, como una política más de la organización, es realizar estimaciones del beneficio que conlleva adoptar la innovación, u ofrecer informes de los resultados de casos de éxito similares.

El beneficio se puede cuantificar en forma de retorno de inversión, con una evaluación de marcado carácter económico y financiero. Otra posible solución, cuando no es posible cuantificarlo, es acudir a la estimación del ahorro en recursos (humanos o materiales), o a la evaluación del incremento de la eficiencia del proceso, producto o servicio. Estas metodologías recurren en mayor o menor medida a modelos clásicos de coste beneficio, evalúan el tiempo ahorrado a particulares, empresas y a la propia administración por el conocimiento y análisis del territorio que ofrecen.

Con estos modelos de corte clásico se pretende promover la incorporación de la innovación tecnológica SIG en la organización. Todos ellos están apoyados en la idea de hacer lo mismo, lo cotidiano de manera más eficiente gracias a la tecnología. Al fin y al cabo, a priori ¿Qué precio tiene una buena o una mala decisión?

Muchos menos ejemplos de evaluación económica de los SIG tenemos disponibles cuando nos adentramos en el beneficio que reporta la tecnología por hacer algo distinto, un análisis o un dato que rompe con lo cotidiano. Aquí la cuestión es ¿Qué precio tiene adoptar una nueva decisión?

La segunda herramienta que comentábamos es la recomendación por pares. Un ejemplo muy habitual, es encontrarnos como los departamentos de márquetin de la industria geotecnológica crea y documenta estudios de casos similares al que tiene que enfrentarse la organización o el usuario que se resiste a adoptar la tecnología.

Este género de comunicación, el estudio de casos, es muy potente, está a caballo entre la formación y la exhibición, y adopta múltiples géneros. Es frecuente ver casos de éxito o casos de estudio en demos, talleres y laboratorios donde se muestran soluciones implantadas satisfactoriamente, con un argumento de urgencia que suele adoptar este mensaje: si ya lo tiene la competencia ¿por qué no nuestra organización? ¿queremos quedarnos atrás? Seguramente hay más factores y medios de solucionar esta brecha ¿opiniones?

Un mundo de mapas: del SIG al GIS y viceversa

12/02/2015
GB

Cuando comencé a estudiar geografía sabía que los mapas eran importantes, una herramienta imprescindible, un medio por el que plasmar la realidad de forma abstracta en varias dimensiones.

En segundo de carrera mientras aprendía a hacer mapas a rotring por las tardes comencé a leer el libro *Sistemas de Información Geográfica* de Bosque

Sendra y apasionarme por la posibilidad de utilizar los ordenadores para generar mapas.

Durante los siguientes años aprendí a usarlo en el Departamento de Geografía con la licencia de ArcInfo de *ESRI*, un programa bastante duro que mejoraría en su interface con la llegada de ArcView.

Una vez finalicé la carrera, mientras hacía el doctorado, decidí realizar la segunda edición del Postgrado en Sistemas de Información Geográfica por la Universitat de Girona para tener un título que validara lo que ya sabía hacer.

Profesionalmente lo he utilizado siempre como herramienta de visualización de datos espaciales más que como un fin y he visto como crecía y mejoraba hasta llegar a la revolución de Internet, donde la aparición de *Google Maps* y *Google Earth*, de los mapas en Internet, de los mapas colaborativos como *Openstreetmap*, de mapas sociales como los que se hacen con *CartoDB*, el protocolo WMS (*Web Map Server*), las Infraestructuras de datos Espaciales (IDEs), etc.

Hace dos años tuve la suerte de colaborar con el Institut Cartogràfic Valencià (ICV) en su estrategia de comunicación en la Red y a día de hoy gestiono y dinamizo sus redes sociales desde los distintos perfiles creados con la marca *Terrasit*.

Allí he podido conocer a grandes profesionales que desarrollan unos proyectos muy potentes y con la voluntad de llegar cada vez más a solucionar los problemas de los ciudadanos y profesionales o, al menos, de que mejore la información geográfica de la Comunitat Valenciana.

Uno de ellos es Alfonso Moya, un profesional tranquilo y metódico, dispuesto a ayudar y a resolver dudas, con un gran conocimiento de la cartografía y que siempre tiene el interés por aprender cosas nuevas y enfrentarse a nuevos retos, combinando su práctica diaria con la investigación y la docencia en la Universidad Politécnica de Valencia.

10 usos de los SIG

2/10/2018
GB

En diversas ocasiones he hablado de la importancia de los Sistemas de Información Geográfica (SIG) hoy en día, paralelamente a las campañas de promoción que se realizan desde hace más de tres años del Máster en Sistemas de Información Geográfica aplicados a la ordenación del territorio, el urbanismo y el paisaje, desarrollado por el departamento de Urbanismo de la Escuela Técnica Superior de Arquitectura de Valencia.

Este Máster está relacionado con otra serie de formaciones oficiales ofrecidas por esta organización, como los Títulos Propios de Postgrado y Cursos de Formación Específica Online, como el Diploma de Especialista Universitario en Sistemas de Información Geográfica aplicados a la ordenación del territorio, el urbanismo y el paisaje o el Curso Experto Universitario en "Análisis urbano y territorial a través del SIG y Gestión de datos para la administración de territorios y ciudades a través del SIG.

Hay numeras aplicaciones alrededor de esta herramienta, pero en este post he querido destacar 10 usos de los Sistemas de Información Geográfica que destacan hoy en día, a partir de la información con la que se trabaja en este Máster y en el que cada profesor es especialista en cada apartado:

1.- SIG y su uso en el urbanismo, la ordenación del territorio y el paisaje, elementos vinculados directamente al territorio y que han sido objeto de los estudios de SIG desde que se empezó a popularizar.

2.- Los SIG y el Geodiseño, un nuevo paradigma que abre la puerta a la participación y el diseño colaborativo con base tecnológica.

3.- SIG y el análisis de aptitud, los métodos de análisis multicriterio gestionados mediante sistemas de información son técnicas de uso frecuente en la valoración de alternativas de usos y actividades en el territorio.

4.- SIG para la extracción de geometrías y detección de cambios con cartografía raster, los SIG y su relación con la teledetección, aliados para la identificación automatizada de cambios entre cartografías

5.- SIG y Geomarketing, técnicas en las que tan presente están las componentes espaciales para la determinación de nichos de mercados y clientes.

6.- SIG y los riesgos de inundación, ya que los avances que en los análisis hidrológicos se han tenido en los últimos años gracias al uso de las herramientas SIG y la gestión de datos.

7.- SIG y vulnerabilidad, riesgo social y justicia espacial. Abordar la desigualdad y la pobreza desde una perspectiva socio espacial tiene especialmente sentido en una sociedad que ha dado un giro espacial en el pensamiento y comprensión de los fenómenos sociales.

8.- SIG y análisis morfológicos territoriales y urbanos, puesto que los SIG han permitido automatizar y sistematizar la medición de muchos parámetros distintivos de los entornos urbanos, como el análisis morfológico atendiendo a parámetros de densidad, compacidad, índices de ocupación, etc.

9.- SIG y dinámicas urbanas. Frente a la estaticidad de la cartografía tradicional, propia del planeamiento convencional y del *zonning*, las nuevas tecnologías nos permiten aproximaciones novedosas a las dinámicas urbanas, a la actividad de sus habitantes y a las diferentes energías que la ciudad es capaz de desprender a lo largo de una jornada.

10.- SIG y redes sociales, el intenso uso de estos medios personales de comunicación, en los que se transfiere información y en ocasiones, posiciones geográficas, permiten señalar a las redes sociales como una fuente de interés para describir determinados fenómenos.

SIG y geolocalización online[7]

15/01/2019
GB

A continuación, comparto la introducción a mi capítulo en el libro *SIG Revolution* para mostrar de qué hablo y cómo reflexiono sobre la relación entre los SIG y la geolocalización *online*:

En los años noventa, solo los científicos y profesionales podían usar los Sistemas de Información Geográfica (en adelante SIG) por el grado de conocimiento que requerían, así como su coste, lo que limitaba el acceso a ciertos grupos. En cambio, hoy en día, cualquier persona, con un mínimo de

---

[7] Extracto del capítulo del libro SIG Revolution, coordinado por Termes, Rafale R. y editado por Síntesis en el año 2020

conocimientos, puede hacer un mapa digital en la nube a un coste económico prácticamente nulo.

Este cambio tiene que ver con el desarrollo de la ciencia geográfica, que ha evolucionado en los últimos años alrededor de la geográfica global y de la nueva geografía, aglutinando una serie de enfoques como la geografía automatizada (Edin, 2014), la geografía colaborativa (Ruiz i Almar, 2010), cibergeografía (Barbachán, 2009), geografía virtual (Hudson-Smith et al., 2009), geografía voluntaria (Bosque Sendra, 2015) o geoinformática (Buzai, 2014b).

Por tanto, tal y como indica este último autor, coexisten dos enfoques: una geografía global desde la difusión científica y una nueva geografía o neogeografía desde la difusión social. Tradicionalmente, los SIG han pertenecido a esta geografía global y automatizada, pero, tras la aparición de internet y la web 2.0., es posible el desarrollo de SIG web por parte de cualquier usuario de la globosfera, en lo que se ha venido a denominar la neogeografía, con un claro componente social.

Este cambio entre los SIG tradicionales y los SIG web (*Web SIG*, en inglés) han hecho que el concepto de geolocalización tradicional, como la representación de un objeto o persona en unas coordenadas espaciales, se haya vuelto más complejo y con más posibilidades de desarrollo cuando se habla de geolocalización online, que permite conectar el mundo físico y el mundo digital en internet a través de ciertas herramientas.

Así pues, el presente texto se enmarca dentro del enfoque de la geografía global, en tanto que trabaja desde el impacto científico de esta ciencia, muy vinculado con las nuevas tecnologías, y de la nueva geografía, ya que las herramientas de estudio implican el conocimiento del impacto social y tienen que ver directamente con la capacidad de los ciudadanos de generar y compartir información geográfica.

A continuación, se analiza la importancia que tiene la geolocalización online en la etapa actual de los SIG, como la herramienta que permite la localización de la información geográfica en internet y que, a su vez, genera datos para su consumo por parte de los usuarios.

10 grandes ideas sobre cómo aplicar la geografía en tu mundo[8]

10/09/2015
GB

ESRI siempre ha sido una compañía puntera en el uso de los Sistemas de Información Geográfica (SIG o GIS). Allá por el año 1994 conocí ArcInfo con su programación básica, luego vino *ArcView* con sus mochilas y un entorno más agradecido, así como sus versiones de escritorio, de ahí se pasó al *ArcGis,* mucho más potente en la gestión de grandes bases de datos, hasta llegar al *ArcGis online* que permite trabajar directamente en la nube.

Ilustración 12 Portada del libro The arcGis Book

Pero además *ESRI* se ha ido actualizando y modernizando con este cambio de paradigma que vuelve a pensar en el usuario, ofreciendo productos cada vez más segmentados y concretos para un público cada vez más diverso. Y no, no me pagan por decir esto y ni siquiera soy usuario de pago pero hace unas semanas ha aparecido un e-book gratuito que está tanto en Internet como para descarga sobre la nueva geografía.

Me he permitido la osadía de extraer un resumen de cada capítulo y traducirlo al castellano para difundirlo porque me parece un manual de

---

[8] The ArcGis Book https://learn.arcgis.com/en/arcgis-book/

referencia sobre todos los cambios que se han dado en la cartografía en los últimos años. Un gran trabajo para leer, releer y utilizar, bienvenidos:

The ArcGIS Book: 10 grandes ideas sobre cómo aplicar la geografía en tu mundo

Explora las diez grandes ideas que agrupan las tendencias tecnológicas y sociales que han impulsado los sistemas de información geográfica (SIG) en Internet de una manera significativa. Aprende a aplicar estas ideas a su propio mundo. Abre los ojos a lo que es posible hacer con SIG Web, a poner la tecnología y los recursos de datos en sus manos a través de los *Quickstarts* y aprender las lecciones de *ArcGIS* que se incluyen en cada capítulo.

Capítulo 1: los mapas, la Web y tú: potencial y posibilidades de la Web GIS

El magnífico crecimiento de cartografía web del consumidor ha abierto los ojos al mundo por el valor que tienen los mapas y la geografía, creando un público preparado para el más sofisticado análisis espacial y la narración orientada geográficamente. Ahí es donde entras tú.

Capítulo 2: la cartografía es para todos: nuevas formas de hacer, ver y usar los mapas

SIG Web ha cambiado el cómo la gente crea y se implica con el uso de la información geográfica. Los mapas interactivos en línea son la experiencia del usuario principal, que sirve tanto como el medio de la creación, como el mecanismo para la entrega. El uso de mapas, explorar lugares y acceder a la información, descubrir nuevas relaciones, realizar la edición y análisis y compartir eficazmente sus resultados. En SIG Web, toda gira en torno a la socialización de su mapa.

Capítulo 3: cuenta tu historia usando un mapa: informa, participa e inspira a la gente con los *Storymaps*

Combina mapas y escenas interactivas con contenido multimedia para tejer historias que llamen la atención.

Capítulo 4: los grandes mapas necesitan grandes datos: creación y uso de datos geográficos de valor

ArcGIS Online está emergiendo rápidamente como la plataforma elegida para la creación y difusión de contenidos de datos geográficos. Este

Atlas del Mundo es una red muy activa de los contribuyentes *content curator* cuya producción se genera miles de millones de veces al mes. En este capítulo se explica cómo funciona este ecosistema de datos único, cómo acceder a esos datos, y de cómo contribuir con su propia pieza al rompecabezas.

Capítulo 5: la importancia del dónde: cómo el análisis espacial permite tener estadísticas

El análisis espacial le permite resolver problemas complejos y entender mejor lo que está ocurriendo en su mundo y dónde está ocurriendo. Va más allá de la cartografía individual para que pueda estudiar las características de los lugares y las relaciones entre ellos. Si el componente espacial es importante para el problema, el análisis espacial ofrece una perspectiva a su toma de decisiones.

Capítulo 6: mapeando la tercera dimensión: un cambio de perspectiva

3D es la forma en que vemos el mundo. Con SIG web 3D , le trae una nueva dimensión en la imagen. Ver sus datos en su verdadera perspectiva con detalle fotorrealista, o utilizar símbolos 3D para comunicar datos cuantitativos con formas imaginativas, la creación de un mejor entendimiento y comprensión visual atendiendo a problemas difíciles.

Capítulo 7: el poder de las aplicaciones: herramientas enfocadas a hacer el trabajo

Con miles de millones de usuarios en todo el mundo las aplicaciones son una tendencia tecnológica que ha captado la atención del mundo. Los mapas en línea proporcionan la información que alimenta el uso de los SIG. Y cada mapa tiene una interfaz de experiencia de usuario para poder usar ese mapa. Estas experiencias son aplicaciones y acercan a los SIG a la vida a los usuarios.

Capítulo 8: tu SIG es móvil: un SIG de todo el mundo además de un sensor de datos en tiempo real en tu bolsillo

SIG en los dispositivos móviles ha cambiado la forma en que interactuamos con la geografía. Con un teléfono inteligente se puede acceder a mapas y datos para cualquier lugar y cualquier tema, y como el teléfono puede grabar donde estás se pueden aprovechar las capacidades SIG completos en el trabajo de campo.

Capítulo 9: Cuadros de mando a tiempo real: la integración de datos en tiempo real se alimenta de la gestión de las operaciones

Los cuadros de mando en tiempo real proporcionan una manera de absorber y dar sentido a la cantidad de información en tiempo real que se utiliza para tomar tantas decisiones. Los paneles son su arma secreta para visualizar y poner significado detrás de todo esto alimentado en tiempo real.

Capítulo 10: SIG es social: la SIG Web es el GIS del mundo

Su propio SIG es simplemente su punto de vista en el sistema más grande. Es una calle de doble sentido. Usted consume información que necesita de los demás y, a su vez, alimenta de información al ecosistema más grande.

24 beneficios de los SIG

12/08/2012
JDR

El libro editado por ESRI *The Business Benefits of GIS: An ROI Approach*, que podemos traducir como ventajas comerciales de los SIG está realizado por David Maguire, Victoria Kouyoumjian y Ross Smith. El libro recopila y presenta 24 beneficios de un SIG.

La aplicación de los mismos a la gestión de datos geográficos en un proyecto SIG debe contextualizarse, pero sin lugar a dudas la lista de 24 beneficios de los SIG ofrece una valiosa guía para orientar al redactor de proyectos SIG y al equipo directivo de la organización que ha decidido implantar un SIG.

En el libro podemos hallar ejemplos, en forma de casos de estudio, muy ilustrativos de cómo adecuar estos descriptores de beneficio a una situación concreta.

1. Incrementar ingresos
2. Ingresos por protección y seguridad
3. Salud y seguridad
4. Evitar costes
5. Reducir costes
6. Aumentar la eficiencia y la productividad
7. Ahorrar tiempo
8. Aumentar el grado de cumplimiento normativo
9. Mejorar la imagen del servicio y la excelencia
10. Mejorar la satisfacción del cliente o del a ciudadanía

11. Mejorar el bienestar del personal
12. Aumentar la eficiencia y/o eficacia
13. Aumentar la precisión y/o exactitud
14. Aumentar la productividad
15. Aumentar la comunicación y la colaboración
16. Generar Ingresos
17. Apoyar la toma de decisiones
18. Ayudar en la formulación de Presupuesto
19. Mejorar el flujo de trabajo
20. Construir bases de información
21. Administrar recursos
22. Añadir nuevas capacidades
23. Mejorar la imagen de Servicio yla Excelencia
24. Reducir el impacto ambiental

De las Oportunidades SIG a los beneficios SIG

09/08/2012
JDR

ESRI edito el atractivo libro *The Business Benefits of GIS: An ROI Approach*, realizado por David Maguire, Victoria Kouyoumjian y Ross Smith y que podemos traducir como las ventajas comerciales de los SIG. El libro presenta un original enfoque del retorno de la inversión de los SIG basada en la identificación de oportunidades y en su vinculación con los beneficios de un SIG.

Las oportunidades se obtienen mediante un análisis DAFO y los beneficios se definen como cualquier tipo de valor material obtenido mediante un proyecto SIG.

Los autores del libro recomiendan que los beneficios de un SIG deban cumplir las siguientes condiciones:

- Específicos
- Mensurables
- Alcanzables
- Relevantes
- Oportunos

Tras las oportunidades y los beneficios, viene el análisis de la situación y las complicaciones para después dar paso a las peguntas y las respuestas, y concluir con la métrica, el valor para la organización y la evaluación de la facilidad de la implementación y el despliegue. Este esquema permite priorizar las soluciones y los beneficios de manera previa a la cuantificación de su valor económico.

Cerrando la brecha SIG: «Hecho con SIG»

20/07/2015
JDR

¿Existe la brecha SIG?

En la actualidad tenemos una serie de indicios que apuntan a que la adopción y uso de los datos espaciales ha alcanzado una cierta madurez, al menos mediática, por parte de la sociedad. Entre los indicios podemos destacar los más conocidos por todos:

1. Los altos porcentajes de búsquedas de mapas e información de localización en Internet.
2. Consolidación de las infraestructuras de datos espaciales
3. Incorporación de la geo localización al mundo empresarial
4. Movimientos neogeográficos
5. Voluntariado de información geográfica
6. *Smart city*
7. *Smart grid*

A pesar de estas tendencias, post, tuiteo, noticias y demás fauna de mensajes de la Red indican que los profesionales siguen haciendo esfuerzos para incrementar la comprensión de: la tecnología y la ciencia de la información geográfica, el esfuerzo que supone la creación y mantenimiento de los datos espaciales, la utilidad actual y potencial, los casos de éxito de su uso, o la definición de competencias educativas y profesionales. Llegados a este punto, surgen las preguntas:

¿Por qué los profesionales perciben que existen barreras en la adopción y desarrollo de los SIG o de la geomática en general? ¿Es esta brecha real o es una percepción subjetiva? Y en el caso de existir ¿Cuáles son las causas de la brecha SIG? Y ¿cómo se puede cerrar? Muchas cuestiones para delimitar la brecha SIG y que desde luego no son de respuesta inmediata.

¿Por qué estudiar la brecha SIG?

Si la brecha es sólo una cuestión de tiempo, ¿por qué molestarnos en cuantificar su intensidad? Este trabajo de cuantificación puede ser útil para varias cuestiones:

1. Disminuir los periodos de adopción
2. Lograr tasas altas de adopción
3. Incrementar la eficacia de las acciones dirigidas la reducción de la brecha
4. Favorecer el diálogo a través de toda la cadena de producción de valor con el dato espacial como protagonista.

Del estudio de la brecha SIG podemos obtener valiosas contribuciones que orienten el desarrollo de nuevas soluciones e implementaciones,

Definición de la brecha SIG

La definición de la brecha SIG, puede realizarse partir de la existencia de barreras en la adopción de la innovación. En concreto las brechas se centran en los siguientes obstáculos:

- Introducción, instalación y uso
- Decisión de hacer un uso completo de las posibilidades que ofrece
- Generación de desarrollos ajustados y personalizados a las necesidades particulares
- Implementación en la organización
- Aplicación en los procesos de toma de decisiones, negocio, o gestión de organizaciones o lugares

Causas de la percepción subjetiva de la brecha SIG

Naturalmente verificar la existencia la brecha SIG y cuantificar su alcance exige estudios detallados a la luz de los distintos modelos teóricos de adopción tecnológica. Estos análisis deberían de segregarse en los niveles clásicos de: individuos, grupos y organizaciones.

La literatura sobre innovación tecnológica estudia los factores que influyen en las organizaciones, el entorno, las características individuales del liderazgo, los factores de aceptación del usuario dentro de la organización a título individual para explicar la adopción tecnológica. Sin embargo, en esta nota vamos a avanzar unas cuantas hipótesis más genéricas de cuáles pueden ser las causas de la percepción subjetiva de la brecha SIG.

1. La mencionada con mayor frecuencia es la infrautilización de las posibilidades que nos ofrece la tecnología y la ciencia que quizás denota las carencias en percepción de su utilidad.

2. Los rápidos cambios tecnológicos provocan una sensación de reinicialización permanente y dificultad de uso.

3. La dificultad en muchas ocasiones de calcular los beneficios, el retorno y la rentabilidad de las inversiones, dificulta conocer si la adopción trae mejoras en el desempeño de la organización. En este campo, la brecha es motivacional, no se ve la urgencia, ni la necesidad, ni la ventaja de su uso.

4. La creencia de la virtualidad de los análisis que se muestran en pantallas de ordenador y mapas, su capacidad principalmente descriptiva con un nulo efecto en la realidad, o limitada capacidad predictiva.

5. Ausencia de presión social o sectorial.

Estas causas no son aplicables a todos los sectores de uso de los datos espaciales, ni lo son con el mismo peso, ya que cada sector se encuentra en distinto estado de madurez y adopción.

¿Cómo cerrar la brecha?

La solución al menos a nivel estratégico parece sencilla y al alcance de todos: Comunicar, difundir y educar para conseguir una sociedad habilitada y capacitada y habilitada geo-espacialmente.

Esta solución guarda analogías con la visión del SIG que proponen la mayoría de compañías y profesionales. Ahora bien, esta idea es de una escala que normalmente está alejada de la vida cotidiana.

Por este motivo el vídeo de @josephkerski titulado *Hecho con SIG* me ha resultado formidable, supone un cambio de escala, y además es un valioso ejemplo de cómo transmitir un mensaje cercano que nos muestra como mirando a través de una ventana podemos observar como el SIG nos rodea.

No hay mapas, ni flujos, ni geo-procesos, ni datos espaciales, sólo la realidad. Este vídeo es un salto adelante, una valiosa contribución para cerrar la brecha SIG en individuos, organizaciones y empresas. Si aún no lo has visto, no te lo debes perder.

Las bases de datos del Geomarketing

26/04/2018

El geomarketing es una disciplina que se utiliza desde hace muchos años, simplemente han ido evolucionando las herramientas que permiten hacerlo. Desde luego fueron los Sistemas de Información Geográfica los que permitieron trabajar con grandes bases de datos espaciales, lo que ha ayudado a la toma de decisiones a empresas e instituciones desde hace años. Ahora se habla de localización inteligente, de geo-tecnologías, los LBS (servicios basados en localización), etc, no es lo mismo, pero en el fondo hablamos siempre de la importancia del dónde, de la variable espacial, de información geográfica, en mi caso, de geografía.

Hay numerosas definiciones de geomarketing, más allá de las científicas, para que sea comprensivo este término, podríamos acudir a definiciones más aplicadas. Por ejemplo, la *Wikipedia* dice que El geomarketing es una disciplina de gran potencialidad que aporta información para la toma de decisiones de negocio apoyadas en el modelado de variables geo-referenciadas.

Hace unos meses, en el e-diccionario colaborativo, yo lo definí como una técnica del marketing que pone el enfoque en la variable espacial para ayudar a la toma de decisiones estratégicas de cara a su promoción y comercialización (dónde se encuentran las empresas, dónde están los clientes actuales y potenciales, cómo llegar a ellos, etc). En esta misma publicación Raúl Hernández habla de poner todas las herramientas analíticas y mucho sentido común para responder a las preguntas de ¿Aquí están mis clientes? ¿Aquí pueden estar mis clientes? ¿Hasta aquí pueden llegar mis clientes?, ¿Desde aquí puedo llegar a mis clientes? Hacer esto nunca fue tan fácil: *Google Maps* o con software libre gratis.

También David Piles dice que es una disciplina que busca explicar fenómenos y establecer relaciones entre los hechos que se dan en la interacción de los negocios o servicios con el espacio geográfico.

Pero antes de realizar cualquier acción vinculada con el geomarketing hay que atender a dos elementos clave:

1.- La base de datos: es la clave de todo, una base de datos, en un formato tradicional en tablas estadísticas con programas como el Excel, que se prepare y se exporte en formato csv para poder importarlo posteriormente en cualquier programa de cartografía digital, Además, se requieren algún elemento que permita relacionar estos datos con el espacio y para ello se debe disponer de una dirección física, un código postal o un nombre de municipio o ciudad o bien unas coordenadas x e y.

2.- La base espacial: se pueden utilizar diversas bases geográficas en Internet sobre las que poner estos datos, desde mapas públicos como los disponibles en la Infraestructura de Datos Espaciales públicas(IDE) , en España el IGN, comunidad autónomas, y admoniciones locales, mapas privados generados por empresas como *ESRI, Carto, Mapbox*, etc o mapas colaborativos como el famoso OSM (*OpenStreetMa*p).

Además de estos aspectos, hay otra dimensión básica, la temporal, los datos deben ser lo más actualizados posible para poder tomar las decisiones más adecuadas, o todo el trabajo deja de tener sentido y es, si no erróneo, menos eficaz.

Este artículo viene a colación de una acción que ha desarrollado mi compañero David Piles, de *Strageo*, con el que tengo diversos proyectos en común, un auténtico especialista en geomarketing que ha bajado al barro en numerosas ocasiones y tiene experiencia en poner valor a las empresas a través de esta técnica.

Tal y como indicaba en su cuenta de Twitter el pasado 4 de abril, decidió actualizar la base de datos de portales de España a la sección censal del callejero del Censo de enero 2018 del Instituto Nacional de Estadística (INE). De esta forma ha montado una grid de 100×100 metros que cubre todas las zonas urbanas como base sobre la que acumular los datos actualizados.

Él mismo responde a la pregunta que el lector se puede hacer de ¿Para qué sirve esto?, a lo cual contesta que, si necesitas, por ejemplo, conocer la población a 5 minutos alrededor de un lugar concreto, necesitas una base sobre la que cruzar esa área de 5 minutos para cuantificar que hay. Las secciones censales son de 2011 y, si no se tiene en cuenta esta actualización, podemos estar trabajando con bases de datos de hace 7 años, que, en estos tiempos, es completamente ineficiente.

Siguiendo el hilo de tuits de David comenta que realmente eso no es nada nuevo, hay multitud de herramientas y plataformas que ofrecen esta información. Pero, si se analizan detenidamente, son datos de años anteriores (2011, 2013, …), es decir, de hace más de cinco años. Eso implica que los niños que tenían 12 años ahora tienen 19, los de 17 tienen 24, es decir, que podemos estar trabajando con una población activa completamente equivocada, ya que el padrón actual ya no cuadra.

Si utilizamos un análisis de geomarketing con una estrategia adecuada, con una buena base de datos, representado en una buena herramienta en la Red, pero ponderamos los datos por la población equivocada, todo este trabajo no servirá. Si además ello tiene implicaciones directas en el estudio, entonces puede suponer un problema económico a corto plazo y lleva a tomar decisiones estratégicas erróneas a medio-largo plazo.

Un ejemplo de esta funcionalidad se puede ver en las siguientes imágenes de densidades de población en habitantes por hectárea, desde la base de Secciones Censales Enero 2018, sobre grid de 100×100 metros datos acumulados a portal.

Otro ejemplo nos lleva a observar los habitantes de entre 25 y 34 años y porcentaje sobre la población total, agrupados en grid de 100×100 metros datos acumulados a portal, según el Padrón 2018.

Por tanto, la base de datos del geomarketing no es sólo una buena base estadística, ni cartográfica, ni una herramienta en Internet potente, ni siquiera un Sistema de Información Geográfica (SIG), sino en tener datos actualizados que den valor al análisis. A partir de ahí se construye todo el sistema de análisis espacial y la inteligencia espacial, ya podemos hablar de *big data*, *smart data* y open data, los datos deben ser correctos en las dos dimensiones: la espacial, con una localización adecuada y la temporal, con una actualización adecuada igualmente. A partir de estos datos ya se puede generar información y ésta, con un análisis adecuado, transformarse en conocimiento.

Agradecerle a David que me haya permitido hablar sobre su trabajo y compartir la información que ha elaborado.

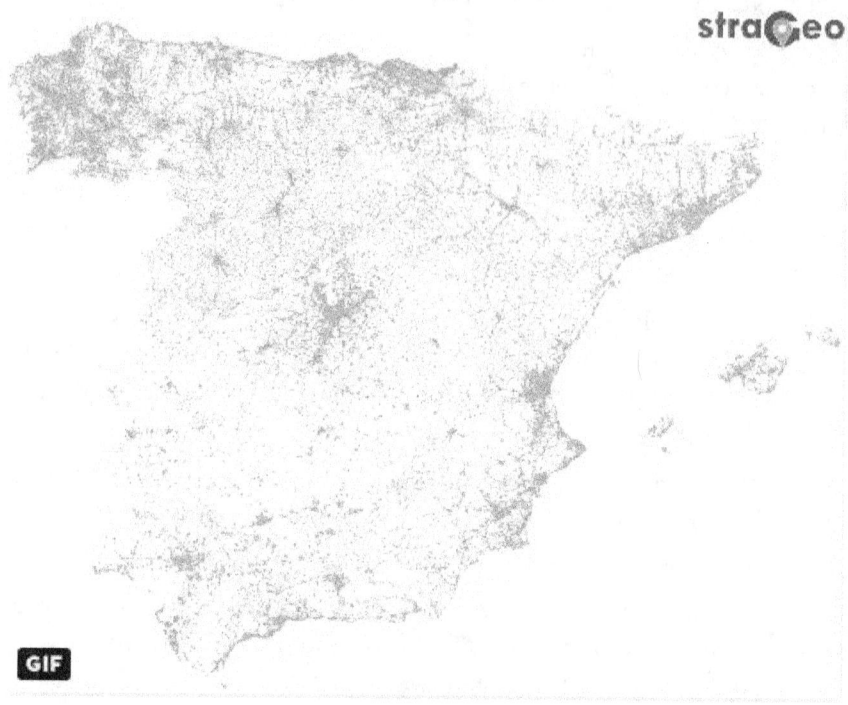

Ilustración 13 Mapa de población en España, fuente David Piles, *Strageo*

Segmentaciones sociodemográficas: Geogrupos Prizm

21/04/2008
JDR

En una entrada anterior veíamos como los Sistemas de Información Geográfica ayudan al geomarketing facilitando una segmentación de multiatributos, que es a la postre una división del mercado mediante la caracterización del cliente en función de una serie de atributos incluida su ubicación.

Kotler nos explica en el capítulo 9 de su libro *Dirección de marketing* uno de los geogrupos de mayor éxito en el marketing los basados en el índice de calificación potencial por mercados de zona postal PRIZM

Uno de los adelantos más prometedores en la segmentación multiatributos se llama geogrupos. Los geogrupos son segmentaciones, obtenidas mediante clasificaciones supervisadas o no que producen descripciones más detalladas de consumidores y vecindarios, que la visión demografica tradicional.

Claritas Inc. ha desarrollado un enfoque de geogrupos llamado PRIZM (*Potencial Rating Index by Zip Markets*, índice de calificación potencial por mercados de zona postal), que clasifica más de medio millón de vecindarios residenciales de Estados Unidos en 62 grupos según su estilo de vida, llamados Grupos PRIZM. Se crean con 39 factores en 5 categorías generales: (1) educación y nivel económico, (2) ciclo de vida familiar, (3) urbanización, (4) raza y origen étnico, y (5) movilidad. Los vecindarios se dividen por código postal, C.P. + 4, o distrito censual y grupo de manzanas. Los grupos tienen títulos descriptivos como Fincas de Sangre Azul, Círculo de Ganadores, Retirados en Pueblo Natal, Estados Unidos Latino, Escopetas y Pick-ups, y Gente de Campo. Los habitantes de un grupo tienden a vivir de forma similar, a conducir automóviles parecidos, a tener empleos similares y a leer los mismos tipos de revistas.

La importancia de los geogrupos como herramienta de segmentación va en aumento. Esta técnica captura la creciente diversidad de la población estadounidense, y el marketing a microsegmentos se ha vuelto accesible incluso para las organizaciones pequeñas a medida que bajan los costes de las bases de datos, las computadoras personales proliferan, el software se vuelve más fácil de usar, la integración de los datos aumenta, y el uso de Internet se extiende.

Sin embargo, la segmentación no es la solución definitiva es un paso intermedio para comprender las tareas que necesitan los consumidores, parafraseando el eslogan del anuncio de televisión de Pirelli, debemos recordar que *la potencia sin matemáticas no sirve de nada*. La utilización de los algoritmos de aprendizaje automatizado (#machinelearning) abre nuevas puertas a la segmentación con mayor potencia explicativa y predictiva que la ofrecida por los grupos prizm.

La segmentación que se enfrenta a otro limitante, la necesidad de disponer de gran cantidad de datos de calidad, muchos de los cuales están afortunadamente amparados por la Ley de protección de datos. En esta tarea del #geomarketing, la web 2.0 sus herramientas y su filosofía, abre a la oportunidad de establecer un necesario geo-dialogo con los clientes como posible solución a las técnicas más clásicas de segmentación.

Cartografía de las marcas

17/10/2008
JDR

El geomarketing va cobrando fuerza lentamente, pero de forma segura. Un interesante artículo sobre la geografía de las marcas publicado en *CNNexpansión* trae a la palestra los resultados de dos estudios llevados a cabo por la escuela de Negocios de la Univesidad de Chicago y la Universidad de California a partir de los datos de *ACnielsen*.

Dada la escaza divulgación que suelen tener este tipo de estudios a pesar de su gran interés cartográfico planteamos algunos esbozos y reseña sobre el interesante tema de la cartografía de las marcas y en concreto de las cuotas de mercado.

- Comenzamos con una cifra. Los autores encontraron que el componente geográfico explica 92% de la variación en las cuotas de mercado de un producto.

- Medir en el tiempo la penetración que tiene un producto en el mercado puede ser engañoso si no se analiza su arraigo a nivel local.

- Estudiar las variaciones de las cuotas mercado en el espacio, en vez de enfocarse en sus movimientos a lo largo del tiempo, puede ser más informativo sobre los efectos a largo plazo de las inversiones en acciones de márquetin. Estos resultados ahorra costes y por ese motivo, influyen en las decisiones sobre que estrategia de mercado desplegar respecto de un producto en una localización en función del posicionamiento o reconocimiento local de marca.

- Habitualmente se exploran los datos más que utilizarlos como medio de prueba. La sorpresa es encontrar que hay un componente geográfico relativamente grande en el funcionamiento de las marcas.

- En la dimensión geográfica, los autores encuentran muy escasa correlación entre la actividad promocional y la cuota de mercado de las marcas.

- Los resultados sugieren que las promociones sólo tienen efectos a corto plazo. La publicidad parece tener efectos de más larga duración, posiblemente porque permite construir una actitud duradera de buena voluntad hacia la marca, y refuerza las percepciones de la marca dentro de un mercado.

En el segundo estudio, los autores examinan varias explicaciones alternativas acerca de las fuentes subyacentes de los patrones geográficos. En particular, miran la cercanía de las plantas de producción (las posibles ventajas en los costes), relaciones con las grandes tiendas e, incluso, los efectos de la compañía matriz. Sin embargo, ninguna de estas fuentes alternativas parece explicar la variación geográfica en cuotas de mercado.

Un espacio geográfico es un crisol de grupos. La composición territorial de los mercados conduce a la necesidad de conocer la segmentación geográfica de los mismos y más allá de su ubicación geográfica para determinar su estructura red. Quizás ha llegado la hora de afinar la expresión *café para todos* y explorar los territorios del geomarketing.

¡Todavía nos preguntan el código postal!

28/07/2008
JDR

Una de las preguntas recurrentes en la línea de caja de supermercados, hipermercados, o cualquier otro tipo de superficie comercial. es ¿cuál es nuestro código postal?

El distrito censal nos arroja información espacial más detallada, pero ¿quién sabe cuál es el suyo?, además el código postal tiene otra ventaja nos permite aceptar la labor de prospección del marketing en nuestras vidas. Supera la barrera que tenemos a facilitar información como consumidores a las empresas. Permite que aceptemos ser dato.

La utilidad de la respuesta es indudable, pero seguramente el #geomarketing acaben evolucionando y en unos años intentarán conocer otros geoidentificadores que permitan posicionar mejor al cliente, usuario, o miembro de la comunidad: conocer sus coordenadas geográficas, su geoposicionamiento en móvil, sus coordenadas sociales en las redes sociales en las que participan.

Aunque un poco arcaico, el código postal sigue siendo una herramienta efectiva y atractiva para hacer segmentaciones territoriales en un grado de resolución espacial aceptable. Aunque su validez dependerá de los fines concretos del estudio que estamos haciendo. Además, debemos tener presente algunos limitantes geoestadísticos serios que acarrea para evitar sobresaltos en las conclusiones como la falacia ecológica o como el problema de la unidad mínima cartografiada (MAUP).

En la era de Internet la trazabilidad de nuestra navegación ha sido y todavía es la clave de la segmentación. Pero la resistencia a ser marcados es cada vez mayor, basta con ver las descargas de aplicaciones como *anti-spyware* que inhabilitan las cookies de seguimiento que emplean estas tecnologías. La evolución lógica que ha acarreado la web 2.0 apunta a que las empresas de larga duración refuerzan su branding, la transmisión de su valor al consumidor. Un medio para lograrlo es creando redes y comunidades de participación donde se refuerce el valor de sus productos, la afinidad por los valores de la marca, las expectativas de utilidad de los consumidores.

6

Tendencias geoespaciales

CAPÍTULO 6. TENDENCIAS GEOESPACIALES

Una aproximación a la industria geoespacial[9]

Que el mundo ha cambiado en los últimos 20 años es algo indiscutible. Muchos hablan de un cambio de paradigma, otros de un cambio de era, nada será igual que antes de Internet. Pero, como todo cambio, hay que mirarlo con perspectiva. Coincido con pensadores como Genís Roca en que estamos en la Edad de Piedra de Internet, todo lo que estamos viviendo es sólo el principio y no somos capaces de imaginar hasta dónde puede llevar todo esto. Cuando se descubrió el fuego o se inventó la rueda no se era consciente de las posibilidades, la evolución e influencia que tendría en la historia de la humanidad. Es por ello que, todos los cambios tecnológicos que observamos hoy en día, no hay que verlos como una moda o como algo pasajero, sino como herramientas que están transformando el mundo a tiempo real.

Los antecedentes de esta nueva eran ya fueron planteados por dos grandes genios del siglo XX: Isaac Asimov y Arthur C. Clarke, en 1982 y 1974 respectivamente ya hablaban de ordenadores personales, consolas, movilidad, teletrabajo, e-learning, *Wikipedia*, etc. (recomiendo mirar los videos enlazados a estos autores donde se comprueba la lucidez de sus planteamientos). Pero esto no es ciencia ficción, es la realidad, hay cosas que parecen del futuro y pertenecen al presente continuo.

Soy geógrafo y lo que estudié (y parte de las cosas que aún se estudian en la Universidad) aún tiene algo que ver con la realidad de hoy en día, pero sólo en el fondo, porque la forma ha cambiado totalmente y de hecho el fondo también está cambiando hacia una geografía global en el ciberespacio. Cuando hablamos de tecnología e información geográfica hablamos de

---

[9] Publicado en *MasScience*. https://www.masscience.com/2018/04/04/una-aproximacion-a-la-industria-geoespacial/

geotecnologías y son usadas por la industria geoespacial. Según la *Wikipedia* Geotecnología es el conjunto de herramientas, métodos, técnicas y procedimientos orientados a la gestión de la Información Geográfica Digital. Por tanto, estamos hablando de información geográfica vinculada al elemento digital, de cómo el mundo físico y el mundo en la Red están unidos e interrelacionados a través de las geotecnologías como las herramientas de comunicación entre el ser humano y el espacio.

Tal y como expone Gustavo D. Buzai (fig 1) todo depende de la escala de análisis que se utilice: si la física cuántica se encarga del ámbito de lo infinitamente pequeño (microscopio) y la astronomía lo hace de lo infinitamente grande (telescopio) la nueva geografía trabaja la escala humana a través de los Sistemas de Información Geográfica (SIG).

En este comienzo del año 2017, han aparecidos dos excelentes documentos que analizan y explican la industria geoespacial, se trata del *Global Geospatial Industry Outlook*, editado *por Geospatial Media and Communications* y el *AGI Foresight Report 2020* de la *Association for Geographic Information*, en el que se hace una revisión del estado actual de ésta alrededor de cuatro componentes, indicando el peso específico de cada uno de ellos: análisis espacial y Sistemas de Información Geográfica (SIG) con un 17%, posicionamiento y Sistemas de Navegación por Satélite (GNSS) con un 33%, observación de la Tierra (37%) y escaneado (13%).

Por otra parte, las tecnologías que conducen a la industria geoespacial y que conforman un ecosistema en el que se organizan y se relacionan son la nube (Cloud), *Internet of Things*, el *Big Data* (la clave está en los datos) y la automatización y robótica; de modo que impactan tanto en la gobernanza como en los negocios y la ciudadanía, generando un valor económico y una transformación en todo el mundo.

En resumen, hay numerosos hechos sobre la industria geoespacial que muestran y demuestran que es una realidad en el presente y una oportunidad del futuro, pudiendo resumirse en los datos que justifican dicha realidad a través de esta infografía basada en ocho puntos:

1.- En 2017 el 20% de las consultas en Internet comienzan por la palabra *where* (dónde).

2.- El 82% de las personas usan sus teléfonos para consultar mapas o por el GNSS

3.- El 69% de las consultas de *Google* implican una localización específica

4.- En el 2030 el 25% de los vehículos podrían ser autónomos

5.- En 2014 el valor de los productos y servicios en la industria agrícola era de 2 billones de dólares

6.- El 67% de las fotos subidas a Internet tienen una localización asociada

7.- Los datos geolocalizados (incluyendo el GNSS) generarán un valor de consumo de 500 billones de dólares en 2020.

8.- En 2020 la industria geoespacial crecerá hasta los 72 billones de dólares en 2020.

Por tanto, nos encontramos en un momento apasionante en la historia de la humanidad donde cada vez se hace más necesario combinar los elementos tecnológicos con los humanos. Parafraseando a Giner de la Fuente (2004): *En la sociedad de la información el conocimiento se convierte en combustible y la tecnología de la información y la comunicación en el motor*. La tecnología siempre es un medio al servicio del conocimiento para mejorar la vida de todos en el planeta Tierra y éste sólo se obtiene con más ciencia.

Geo-tendencias

¿Cuál es la geo-tendencia actual? Esta pregunta tiene sabor a Navidad. Es la típica cuestión que da origen a las notas de fin de año en nuestras bitácoras y que cada vez nos cuesta más abordar sin acabar aumentado la profusión terminológica que nos acompaña de manera cotidiana. En gran parte debido a los tiempos que tiene el ciclo de la geo-innovación y su difusión, y que impide muchas veces ganar perspectiva.

Para intentar contestar cuál es la geo-tendencia más destacada he buscado un paraguas lo más grande y genérico posible, que haga las veces de mínimo común múltiplo de la mayor parte de las geo-tendencias. La que propongo está centrada en la producción y consumo de datos, información y conocimiento sobre lo Geo.

Del lado de la producción: la trasformación de un sistema de producción artesanal a uno industrial del geo-dato, la información y el conocimiento en inteligencia, aplicada a la resolución de problemas, la toma de decisiones, la gestión, o la comunicación. Del lado del consumo: la creación de geo-comunidades, sean éstas sólidas o difusas.

Esta doble geo-tendencia tiene un mantra: «da automatización», un eslogan «da finalidad de la producción es el consumo», y un lema: «quien tiene una base de datos tiene un tesoro»

Quiero destacar algunas características de este proceso de industrialización: es invasivo, no espera y afecta a muchos sectores. Es heterogéneo con soluciones finales muy dispares en escala, metodología y técnica.

Además, es un proceso complejo en lo organizativo, como ejemplo basta seguir el desarrollo de cualquier solución GEO. Entre ellas quiero destacar la ardua tarea que están llevando a cabo las Infraestructuras de datos espaciales IDE que están haciendo visible los entresijos de la industrialización y están acumulando experiencia y un saber hacer que es extrapolable a otros ámbitos de lo GEO.

Para destacar el alcance de este proceso de industrialización citemos otro ejemplo, esta vez desde el ámbito geomático: La norma UNE 148002 de Metodología de evaluación de la exactitud posicional de la información geográfica. Esta norma UNE trae al mundo Geo, el muestreo de control por lotes y el plan de aceptación, recursos habituales en el sector industrial, con la ISO 2859.

Un fenómeno de este calibre no está exento de crisis, conflictos y brechas. Los estudios del mercado GEO apuntan a que el mundo SIG es tendencia. El crecimiento esperado del mercado mundial en los próximos 5 años se sitúa por encima del 10% anual. Otros estudios apuntan a cifras semejantes en otros campos incluidos en *lo GEO*, más allá del SIG.

Sin embargo, de manera simultánea, las estadísticas, medios de comunicación e instituciones nos ponen sobre la mesa otros fenómenos no tan positivos, que son sin lugar a duda es una interesante arena de estudio, previo a cualquier debate.

- La necesidad de demostrar el valor geoespacial (UNGGIM: Europe 2017)
- Sólo el 8,5% de las empresas españolas de 10 o más empleados realiza análisis big data (INE 2016)
- La baja elección por estudios universitarios STEM (Blog de INE 2014)
- Las bajas tasa de inserción laboral (INE 2015)
- El lento crecimiento de la actitud global ante la ciencia y tecnología (FECYT 2015).

Para ganar perspectiva demos un paso atrás en la historia. Situémonos en el Japón de la posguerra. Tras la II Guerra Mundial Japón no disponía de recursos. Carecía de espacio, materias primas y el capital necesario para reconstruir la industria del país. Además, el mercado imponía un precio fijo en los productos. Todas estas circunstancias impedían utilizar el enfoque de producción en masa imperante en las tendencias industriales de manufactura de la época.

La solución partió de reformular la cuestión. En vez de preguntarse hacia dónde va la industria se cuestionaron ¿hacia dónde querían y podían ir? Centrando su mirada en el consumidor y el flujo del valor. Así nació el sistema de producción de Toyota conocido como producción esbelta (lean manufacturing). 50 años después el sistema de producción japonés es el estándar de hecho que dirige la producción industrial mundial.

¿Podemos extraer alguna enseñanza de este episodio? Quizás sí.

No se trata de lo que hace la tecnología o lo que va a hacer, sino de plantearnos lo que podemos hacer con ella en cada contexto con la intención de crear valor a partir de su uso.

Una táctica para responder a preguntas complejas es convertirlas en otras más simples. La cuestión anterior podemos convertirla a ¿Cómo estamos creando valor en lo Geo? O ir más allá y cuestionarnos si ¿deseamos incorporar los datos en la toma de decisiones? ¿Queremos ser impulsados por datos? La respuesta es una cuestión de actitud y sobre ella no hay escalas de grises.

Como conclusión a esta nota: El comienzo para asumir geo-tendencias es una cuestión de decisión personal y corporativa, de actitud y esfuerzo por desaprender y aprender de manera permanente como algo cotidiano.

51 tendencias de geolocalización para los próximos 5 años[10]

01/12/2012
GB

¿Sabes que lo que sucede en el entorno geoespacial puede repercutir de manera crítica en las estrategias que te estás planteando actualmente en Social Media y también en tu estrategia de negocio?

La ubicación y el lugar son componentes vitales para la toma de decisiones eficaces. ¿No utilizas el móvil para indicar a tus amigos con *Foursquare* que te encuentras en un lugar determinado? Y si tienes negocio, ¿no te aportan esos check-ins una información que hasta el momento era difícil de controlar?

Según el reciente documento "Tendencias futuras en la gestión de la información geoespacial", que he querido traducir, adaptar y resumir aquí en 51 puntos para acercarte estas tendencias y poder reflexionar sobre ellas, en los próximos 5 años veremos cómo la geolocalización va a ir adquiriendo un protagonismo cada vez mayor en todo lo relativo a negocio, comunicación, legislación y mucho más.

Si trabajas en cualquiera de los siguientes ámbitos, seguro que entender estas tendencias te resultará de mucha utilidad:

- Comunicación
- Negocio
- Tecnología y desarrollo
- Formación
- Legislación

1. Comunicación

Se ofrecerán datos geoespaciales mucho más precisos gracias a la información en tiempo real que los usuarios comparten a través de los medios sociales

El vínculo, por tanto, entre la información geoespacial y los Social

---

[10] https://www.socialancer.com/51-tendencias-geolocalizacion-proximos-5-anos/

Media, junto con otras redes, será cada vez más y más importante

Los servicios basados en la localización permitirán que los usuarios estén cada vez más familiarizados con la información que tiene un aspecto espacial

La gente cambiará y se adaptará a medida que se familiarice con la tecnología y con los flujos de datos. Cada vez le resultará más fácil reconocer las tendencias espaciales, temporales y causales, a pesar de la gran cantidad de información de la que dispondrá

Se impulsará enormemente el acceso, por parte de los usuarios, tanto a imágenes como a aplicaciones en cualquier lugar y en cualquier momento

La cartografía basada en la comunidad seguirá creciendo

En 5 años habrá mercado para conjuntos de datos como los que se venden a los servicios de navegación y geolocalización, que serán superados por los datos procedentes de *OpenStreetMap*s y otras iniciativas

La demanda global de servicios de localización continuará aumentando y debería llevar a que la información geoespacial lograra ser ubicua

El uso generalizado y la creación de datos geoespaciales dará lugar a la creación de una infraestructura geoespacial, de la que la sociedad dependerá

En 10 años los smartphones podrán filmar vídeos en 3D con muy alta resolución y transmitir en tiempo real. Eso dará una perspectiva en vídeo del mundo en tiempo real

La información en tiempo real permitirá modelos más dinámicos y una mejor respuesta a las catástrofes

La norma será un acceso libre y abierto a la información, y la información geoespacial se entenderá cada vez más como un bien público

Conocer la ubicación será un componente esencial del Internet de las Cosas

Las organizaciones nacionales de cartografía harán outsourcing y crowdsourcing de muchas actividades

Los datos obtenidos del crowdsourcing llevarán a estas agencias hacia determinados nichos de mercado

Los datos procedentes del crowdsourcing se integrarán de forma creciente con los datos de los gobiernos en los próximos 5 a 10 años

El contenido procedente de crowdsourcing disminuirá los costes, mejorará la precisión y aumentará la disponibilidad de información geoespacial más valiosa

Se combinarán cada vez más las imágenes con los datos procedentes del crowdsourcing para crear conjuntos de datos que no se podrían haber creado por cuenta propia a un precio asequible

Se avanzará hacia una verdadera colaboración al reducirse la brecha entre datos fidedignos y datos procedentes de crowdsourcing

Durante los próximos 5 años se adoptará cada vez más rápidamente la información geográfica voluntaria

Dentro de 5 años, el nivel de detalle de los sistemas de transporte en de OpenStreetMap superará prácticamente a todas las demás fuentes de datos y será respetada y utilizada por las principales organizaciones y gobiernos de todo el mundo

2. Negocio

La nube será un mecanismo fundamental para hacer llegar datos geoespaciales. Tendrá un impacto significativo en los modelos de negocio actuales

Crecerá la demanda de aplicaciones que puedan ser utilizadas con imágenes de alta resolución

Los juegos pueden inspirar nuevos desarrollos frente a la información geoespacial tradicional

Los monopolios que actualmente están en poder de los organismos cartográficos nacionales en algunas áreas especializadas de los datos espaciales, desaparecerán por completo

Los organismos cartográficos nacionales deberán encontrar nuevos modelos de negocio para proporcionar licencias simplificadas y satisfacer las demandas, por parte de los usuarios, de que ofrezcan mayor cantidad de datos libres

No habrá más de diez proveedores globales de servicios de información geoespacial en el mundo

3. Tecnología y desarrollo

Aumentará la información geoespacial en 3D e incluso en 4D, pues se incorporará el tiempo como cuarta dimensión

Proliferarán los sensores tecnológicos de bajo coste

Los sistemas de observación de la Tierra serán cada vez mejores, y permitirán que las imágenes de satélite de cualquier lugar estén disponibles en cualquier momento

El software libre y el de código abierto continuarán creciendo como alternativas viables en términos de software, así como en términos de análisis y procesamiento

Las aplicaciones de realidad aumentada se irán generalizando, y se podrá ver toda una serie de superposiciones de datos sobre el mundo real

Veremos mucha más diversidad en el mercado geoespacial de la que hemos visto en las dos últimas décadas. Seguramente influirán mucho más los videojuegos en términos de gráficos dinámicos y visualización 3D. Esto representará otro elemento que conducirá hacia una nueva generación de software que reemplazará a los actores actuales

4. Formación

Gracias al desarrollo de la tecnología, aumentará la recogida y gestión de datos colaborativas, y se trabajarán aspectos distintos en diferentes lugares del mundo

La educación jugará un papel fundamental en este campo, ya que asegurará las habilidades que se requieren para hacer un buen uso de la información espacial. En consecuencia, quienes deban tomar decisiones serán conscientes del valor de esta información

El desarrollo de capacidades y los programas educativos deberán adaptarse a las necesidades particulares de cada país

La alfabetización espacial no versará sobre el aprendizaje de los sistemas de información geográfica en las escuelas, sino que estará más centrada en el aumento de la conciencia del espacio y en una comprensión de la importancia de entender la ubicación como contexto

El personal de los organismos cartográficos deberá recibir nueva formación para adquirir competencias multidisciplinares

5. Legislación

La tecnología se moverá más deprisa que las estructuras jurídicas y de gobierno

Será necesario que se regule el uso geoespacial a fin de discernir entre el mundo real y el mundo virtual que se encuentre en un entorno 3D geoespacial

La privacidad seguirá siendo un importante campo de batalla

El rápido crecimiento llevará a la confusión y a la falta de claridad sobre la propiedad de los datos, los derechos de distribución, las responsabilidades y otros aspectos

La protección de datos procedentes de procesos como el "raspado de datos" será un problema

La legislación reconocerá cada vez más las firmas digitales como una garantía escrita, que se convertirá en la norma

En 5 años, las comunidades legales y políticas de casi todo el mundo se enfrentarán con el poder de la tecnología espacial y con aspectos que tienen que ver con ella. Sin embargo, en muchas regiones del mundo no se habrá desarrollado todavía un marco legal y político consistente y transparente en lo relativo a privacidad, seguridad nacional, responsabilidades y propiedad intelectual. Esto causará muchos problemas

En 10 años se dividirá claramente entre naciones vencedoras y vencidas en relación con el desarrollo de los marcos legales y políticas apropiadas que permitan que surja una sociedad preparada para la geolocalización

Algunos Gobiernos utilizarán la tecnología geoespacial para controlar o restringir los movimientos y las interacciones personales de sus ciudadanos. Los individuos de estos países posiblemente no quieran utilizar servicios de geolocalización por miedo a que esta información sea entregada a las autoridades

La supervisión y regulación de la información geoespacial de acuerdo con la ley prevalecerá, y los Gobiernos prestarán mayor atención a la autoridad y exactitud de la información geoespacial

Las infraestructuras nacionales geoespaciales se planificarán, desarrollarán y mantendrán como infraestructuras legales

El despliegue de sensores y el mayor uso de información geoespacial en la sociedad obligará a las políticas públicas y a las leyes a moverse hacia la protección de los intereses y derechos de las personas

Además de jugar un papel fundamental en asegurar y garantizar la calidad de la información geoespacial básica, los Gobiernos y los organismos cartográficos nacionales deberán gestionar la información geoespacial y garantizar la calidad y fiabilidad del software que se utilice en la creación de realidades geoespaciales específicas para el usuario

Conclusión

Como has podido ver, el entorno geoespacial va a ser un factor clave en el futuro de la sociedad: desde el desarrollo de una nueva comunicación hasta la legislación y la gobernanza territorial, pasando por nuevos desarrollos tecnológicos, nuevas posibilidades de negocio, la gestión de la formación o la prevención de riesgos naturales.

Pero a pesar de todos estos avances, la clave de estas tendencias va a estar en el factor humano, en la capacidad que tengamos de aunar los tres sectores:

Una iniciativa pública que debe enfrentarse a la tarea de legislar y poner en marcha nuevos desarrollos geoespaciales

Una iniciativa privada que debe llevar estas tendencias al mundo empresarial para que sea un factor estratégico y práctico en el desarrollo de negocios

Una iniciativa ciudadana, la posibilidad que tiene la ciudadanía de generar cartografía colaborativa que complemente a la generada desde la Administración y la empresa privada

Así pues, de nuevo el ciudadano se configura como la clave de este triángulo y la llave que puede abrir las puertas a este nuevo futuro, más geoespacial que nunca.

Sin la geografía no estás en ningún sitio[11]

10/03/2016
GB

Without Geography you're nowhere, frase atribuida a Jimmy Buffett, firmada en una carretera en una región al norte de la India.

El pasado 18 de febrero de 2016 participé en el evento *Ignite Valencia 12* (#ignitevlc12), un evento donde se realizan charlas ultrarrápidas de 5 minutos exactos, apoyadas por 20 transparencias programadas para avanzar cada 15 segundos y donde tuve el placer de participar hablando de mi pasión por la geografía y por los mapas con el título *Sin la geografía no estás en ningún sitio*. A continuación, quiero compartir todo el material utilizado, desde el texto de la presentación hasta las frases más destacadas, el video de la charla, el material y el podcast, espero que os resulte tan apasionante como a mí:

1.- Cuando era pequeño no tenía claro lo que quería ser de mayor, lo que si tenía claro es que quería transformar el mundo, ayudar a los demás, quizás por eso una vez de mayor me convertí en geógrafo…¿Y qué hace un geógrafo? Se sabe los mares, las capitales, etc, pues no

De pequeño quería transformar el mundo, por eso me hice geógrafo

2.- Ese era el del Principito, ese sabio que se quedaba en su despacho analizando el planeta Tierra según lo que le contaban los exploradores, hoy, a través de las nuevas tecnologías, tenemos la capacidad de analizar y transformar el mundo.

Las nuevas tecnologías nos permiten analizar y transformar el mundo

3.- Hoy en día se genera mucha información a tiempo real y geolocalizada, la gente comparte tweets, imágenes, noticias y todo a través de sus móviles que generan mapas vivos y dinámicos

La información se genera y se geolocaliza a tiempo real

4.- Internet ha cambiado nuestras vidas y la pantalla es una ventana a un nuevo mundo fascinante. donde ya no podemos usar viejos mapas para descubrir un nuevo mundo.

---

[11] https://www.youtube.com/watch?v=TZQuhhGGH30

No podemos usar viejos mapas para descubrir un nuevo mundo vía @andytalman

Los mapas nos guían por el mundo

5.- Para ir de un sitio a otro, lo que todos conocemos es *Google Maps* y sobre todo lo utilizamos para guiarnos, para ir de un sitio a otro, por ejemplo, si queremos ir de repente a kagar nos indica una ruta sobre un mapa

6.- Y es que hay una auténtica guerra por ser el mapa más utilizado; *Google Maps* es el rey, pero también está *Bing Maps*, *Nokia Here*…o *Apple Maps* que tuvo que quitar su servicio de mapas donde salían edificios imposibles y carreteras voladoras

7.- ¿Y qué me decís del cochecito de *Google Street view*? Ese coche indiscreto que entra en nuestras calles y captura todo en 360 grados, algunas comprometidas y otras curiosas, haciendo que podamos viajar incluso al futuro

8.- Y desde el satélite vemos *Google Earth*, que ha permitido ver la tierra desde el aire y descubrir nuevas perspectivas, yacimientos arqueológicos, o esta Iglesia Evangélica de Illinois vista desde arriba que habréis reconocido enseguida

Los mapas nos vigilan

9.- Pero también hay un lado oscuro, el mapa no es el territorio, es una representación de la realidad y la realidad siempre depende de quien la observe y desde dónde lo haga. El mapa no es el territorio

10.- Lo que es indiscutible es que tenemos 14.000 satélites en el espacio, todos con su nombre y su apellido, que nos dan información y nos vigilan…y nos dejamos vigilar, si no quieres que algo se sepa no lo cuentes

11.- Si compartís algo en Internet tenéis que asumir que hacéis pública la información y se puede seguir el rastro como en el historial de ubicaciones de *Google*, *Google* se escribe con G de Gran Hermano.

12.- ¿Tenéis gato? En la web *se dónde vive tu gato* puedo saber dónde vives según las fotos que pones de tu gato en *Instagram* con la etiqueta *cat* o *cats* y con la localización activada.

Los mapas nos cuentan historias

13.- Todo el mundo tiene algo que contar, los *storymaps* utilizan los mapas como una herramienta de comunicación que cuenta historias, hasta las de una galaxia muy muy lejana como este mapa de localizaciones de la saga de *Star wars*

14.- Los mapas no transforman el mundo, pero cuentan historias y las historias sí que transforman el mundo porque las escriben las personas a través de sus emociones, es el arte de hacer mapas

15.- Podemos hacer mapas de olores de la ciudad como esta de Londres en función de los que dice la gente en *Twitter* y *Flickr*, huele a tráfico, a naturaleza, a comida, a animales… ¿a qué huele Valencia en fallas?

16.- También podemos ver, en función de las menciones de *Twitter*, si en EE. UU, se consumen más cervezas o iglesias, lo que no han hecho es analizar a la gente que toma cerveza en la iglesia o que ve a Dios después de muchas cervezas

Los mapas nos ayudan

17.- ¿Conocéis *Openstreetmap*?, es la *Wikipedia* de los mapas, hecha por todos y por nadie, un mapa colaborativo de la Tierra que sirve, por ejemplo, para ayudar en tareas humanitarias localizando los recursos.

18.- Los *geoinquietos* y otros colectivos organizan las *Mapping Party*, la fiesta de los mapas donde se juntan para mapear zonas y mejorar la información de forma altruista con datos abiertos y libres, eres lo que compartes

19.- En un futuro cercano la Realidad Aumentada, que añade información a la realidad conectando Internet con el mundo físico, podría ser algo parecido a esto…por tanto el futuro no es de los tecnólogos sino de los psicólogos.

20.- En definitiva, la geografía transforma el mundo y los mapas lo muestran, no olvidéis nunca que todo sucede en algún lugar y sobre todo que sin la geografía no estáis en ningún sitio.

El futuro de los mapas[12]

El futuro de los mapas depende del momento en que nos planteemos esta cuestión. La nueva geografía de los años ochenta no tiene nada que ver con la nueva geografía del siglo XXI. Todo cambia y a una velocidad vertiginosa, podríamos aplicar la Ley de Moore a cualquier disciplina y profesión, ya que los cambios se suceden casi de forma exponencial.

En este sentido realicé una reflexión sobre los nuevos mapas en la Red y cómo se diferencian de los mapas que estudié hace tan sólo dos décadas. Este artículo se llama el futuro de los mapas porque, en estos momentos, estos nuevos mapas conviven con los tradicionales (tanto en la formación universitaria como en algunos usos como el turismo, por ejemplo).

Como dice Bob Dylan en *The times they are a-changing. As the present now Will later be past* (el presente ahora será pasado después), por tanto, no podemos conocer el futuro de los mapas pero podemos observar de dónde venimos (el pasado), dónde estamos (presente) y así averiguar hacia dónde vamos (futuro).

El pasado 3 de marzo de este año 2017 tuve el honor de dar mi primera conferencia TEDx en el TEDXAlcoi *Los nuevos mapas: todo sucede en algún lugar*. De mi experiencia hablé en mi post *Mi experiencia en TEDxAlcoi 2017* y el resultado está publicado tanto en video en el canal oficial de TEDx como en pdf en *Slideshare*.

Fue un arduo trabajo que me llevó meses y donde intenté "jugar" con contrarios, es decir, confrontar ideas (en ocasiones forzándolo porque no siempre hay blancos y negros) para entender cómo han cambiado los mapas que conocíamos antes y después de Internet.

Por ello quiero compartir el texto íntegro de mi presentación, no se trata de un artículo científico ni divulgativo, sino de un guion con el texto que, más o menos, reproduje en mi conferencia.

---

[12] Los nuevos mapas, todo sucede en algún lugar, conferencia TEDxAlcoi2017: https://www.youtube.com/watch?v=fMIbEGkxM1Q

Ilustración 14 Gersón Beltrán en su charla en TEDxAlcoi titulada "Los nuevos mapas: todo sucede en algún lugar".

Antes del mismo pongo una breve introducción:

¿Alguien no ha utilizado un mapa en su vida? Todos hemos usado un mapa alguna vez porque todo sucede en algún lugar. Pero el mundo ha cambiado, con Internet hay una nueva forma de representar el mundo y los nuevos mapas son muy distintos a los de hace veinte años. Hoy en día los mapas se hacen en 3D, con imágenes de satélite, en 360 grados, con realidad aumentada, con realidad virtual y se pueden consultar en las *tablets*, en el móvil, en los relojes inteligentes, en pulseras, en gafas, en hologramas, etc. Ya no existe un mapa general que lo explique todo, ahora hora cada persona, al igual que construye su propia realidad, dispone de su propio mapa, personalizado e individual. En esta conferencia vamos a ver las diferencias entre los mapas de antes y los mapas de ahora que nos muestran cuál es nuestro lugar en el mundo.

Los nuevos mapas, todo sucede en algún lugar

Libros/mapas: ¿Conocéis al principito? Es ese chaval que va danzando por los planetas y cuando llega al sexto planeta estaba habitado por un geógrafo rodeado de mapas y libros, como yo de pequeño, era mi forma de viajar con la imaginación sin salir de casa. ¿Alguien no ha utilizado un mapa en su vida? Todos hemos usado un mapa alguna vez porque todo sucede en algún lugar, nos movemos entre dos dimensiones: el tiempo y el espacio, de hecho, hay gente que no sabe ni dónde está ni hacia dónde va.

Antiguo/nuevo: el mundo ha cambiado, hay herramientas que ya no sirven, un mapa en papel es romántico y hermoso, pero no podemos navegar con él por el océano de Internet, no podemos usar viejos mapas para explorar un nuevo mundo. Los mapas no son los mismos ahora que hace 20 años atrás y os lo voy a demostrar.

Papel/móvil: el papel ha sido substituido por el móvil, los mapas del Instituto Geográfico Nacional han sido substituidos por *Google Maps*, todo ha cambiado. Todo está ahora hiperconectado. Veamos los cambios en cinco pasos:

1.-Representación/realidad: antes, los mapas eran una representación gráfica del lugar donde estábamos, una interpretación de la realidad. Ahora, los nuevos mapas no son representación, son la propia realidad, el lugar donde estamos.

2.- Simple/complejo: antes, los mapas tendían a la simplificación, a reducir una realidad compleja en dos dimensiones, en puntos, líneas y polígonos. Ahora los nuevos mapas tienden a la complejidad, reproducen la realidad y además le incorporan más y más capas de información digitales.

3.- General/personal: antes los mapas eran algo objetivo porque buscaban un modelo general con ríos, montañas o comercios. Ahora, los mapas son subjetivos porque se adaptan a tu modelo personal. Antes en una ciudad teníamos 200 cosas para ver, ahora sólo aparecen los sitios que tenemos alrededor y que nos pueden gustar.

4.- Oficial/colaborativo: antes los mapas los hacían los gobiernos o las grandes empresas con grandes presupuestos, ahora los hacen las personas de forma altruista y los comparten de forma libre por la red como en *Openstreetmap,* el mayor mapa colaborativo de la historia

5.- Racional/emocional: antes los mapas eran algo abstracto, racional, pretendían entender el mundo. Ahora los nuevos mapas son algo concreto, emocional porque la relación con su entorno depende de cada persona y nos permite sentir el mundo.

Cielo/Tierra: la forma que tenemos de movernos en el mundo ha cambiado junto a la tecnología. En la actualidad hay 17.817 objetos orbitando alrededor de la Tierra, de esos 3.500 son satélites operativos. Desde un satélite podemos ver el universo y acercarnos la tierra, bajar a nuestro país con los mapas, pasear por nuestra ciudad con las imágenes de las calles, entrar en las tiendas con las vistas 360 y todo sin salir de casa. Cambian las herramientas y éstas son capaces de cambiar nuestra percepción del mundo.

Tierra/hogar: ¿Conocéis esa historia que narra como un niño se perdió con 5 años en la India, fue adoptado por una familia australiana y 25 años después encontró su casa y se reencontró con su familia gracias a *Google Earth*, ahora esta historia está en los cines en la película Lion? *Para saber quién eres debes saber de dónde vienes.*

Tinta/bits: y es que hemos cambiado hasta la forma de hacer los mapas. Hemos pasado de hacer los mapas a rotring, con tinta y en un papel a hacer mapas de bits con el ratón en un ordenador, ¿os acordáis alguno del rotring y de la tinta...?

2D/3D: hemos pasado de los mapas en 2D en un papel, donde teníamos que conocer el lenguaje cartográfico para entenderlo, al mapa aumentado en la realidad, donde no hace falta interpretar nada porque es la realidad la que está delante de nuestros ojos.

Escala/Zoom: ya nadie habla de la escala del mapa. Antes teníamos los mapas regionales a escala 1:200.000, los comarcales a 1:50.000, los urbanos a 1:10.000... ahora eso ya da igual hemos cambiado la escala por el más (+) y el menos (-) del zoom, con dos dedos podemos navegar por el mapa

Símbolos/capas: antes la información se organizaba en la Leyenda de los mapas, con símbolos de colores que nos explicaban el significado de cada cosa, los nuevos mapas no necesitan leyenda, esos símbolos están organizados por capas interactivas y dinámicas que se superpone unos a otros y se adaptan a nosotros

Norte/360: hemos «perdido» el Norte. El Norte estaba arriba en los mapas occidentales, pero ahora ya no existe arriba o abajo, Norte o Sur, ahora existe el «alrededor nuestro» en una vista en 360º.

Ficción/realidad: hoy en día los mapas se hacen en 2D, en 3D, imágenes de satélite, en 360 grados, con realidad aumentada, con realidad virtual y se pueden consultar en las *tablets*, en el móvil, en los relojes inteligentes, en pulseras, en gafas, en hologramas, incluso en superficies de arena, en fin, en cualquier parte. En un futuro cercano haremos y manejaremos los mapas con los ojos tan sólo con mirar una pantalla. ¿habéis visto *Minority Report*? Eso ya es una realidad.

Cartografiar/vivir: ya no existe un mapa general que lo explique todo. Ahora cada persona, al igual que construye su propia realidad, dispone de su propio mapa, personalizado, individual y subjetivo. En definitiva, hemos pasado de hacer los mapas a vivir los mapas, a integrarlos en nuestro día a día como algo natural y eso, para un geógrafo como yo, es fascinante.

Todos habéis sido viajeros y exploradores en algún momento y habéis usado un mapa para guiaros por tierras desconocidas. Y generalmente lo hacéis en tres etapas:

Antes/inspirados: antes de ir a un sitio podemos usar las vistas en 360º, de modo que cuando lo visitamos, ya estamos familiarizados con el lugar y por tanto nos sentimos más seguros porque reconocemos el entorno en el que nos movemos.

Ahora/conectados: cuando viajamos y conectamos el móvil, éste nos sitúa en el territorio a través de la geolocalización y nos aporta una información personalizada en función de dónde estamos, de cómo nos movemos, el tiempo que hace, si hay tráfico, los recursos que podemos visitar en función del tiempo que nos quedemos en ese sitio, los sitios donde comer en función de nuestros gustos, dónde dormir y todo en función de dónde han ido y de lo que han opinado nuestros amigos, es nuestra red social

Después/compartidos: después compartíamos el álbum de fotos tras el viaje (pobres amigos). Pero ahora el futuro se ha convertido en un presente continuo. Vamos a cenar con los amigos y ¿qué hacemos cuando sale el primer plato? Foto para Instagram para dar envidia, o no... (pausa). Somos nosotros los que opinamos sobre los sitios para que influya en los futuros viajeros y la rueda vuelve a empezar, ya no está en manos del destino turístico, el mapa no lo hace el destino, sino que lo hace el viajero y lo comparte con su red social y eso lo cambia todo porque el mapa pertenece a las personas, está en sus manos.

Ser/participar: por tanto, podemos usar las nuevas tecnologías y los mapas en la Red para movernos en este nuevo mundo, nuestra pertenencia a un lugar ya no depende de haber nacido o de vivir ahí, como dice Genis Roca *Soy de dónde participo.*

La Tierra/la nube: no hace falta estar en un sitio para sentirse parte de él, hace falta participar y compartir Lo más maravilloso es que, si el mapa desaparece, desaparecen las fronteras. Todos estamos conectados, el sitio donde vivimos, sentimos, amamos, construimos, soñamos es el Planeta Tierra, pero, paradójicamente, lo hacemos desde la nube

¿El futuro de la geografía depende de la tecnología? [13]

06/04/2020
GB

Yo soy geógrafo y estoy orgulloso de ello, me encanta mi profesión. Y no, siento decepcionaros, pero no me sé los nombres de todos los ríos, las montañas ni todos los países del mundo…no soy un Trivial con patas. La geografía es mucho más, es la ciencia que estudia las relaciones entre los seres humanos y el planeta, es una ciencia que describe, analiza, explica y transforma el mundo. Hace 10.000 años el ser humano se hizo sedentario: hemos pasado de ver lo que sucede a través de la ventana de nuestra cueva, lo más cercano a nosotros, a ver lo que sucede en la aldea global desde la ventana de nuestro móvil. La tecnología es lo que nos permite explorar y descubrir nuevos mundos y, a mí, me fascina la tecnología.

---

[13] TEDxUPValència 2020 https://www.youtube.com/watch?v=eQI9xiXa328

Ilustración 15 Gersón Beltrán en TEDxUPValència en su charla TED ¿El futuro de la geografía depende de la tecnología

Todo está cambiando y va muy deprisa. Según el Foro Económico Mundial en 5 años, en el año 2025, habrá más máquinas inteligentes trabajando que personas…, ¿os habéis planteado cómo será el futuro de vuestra profesión en la 5ª Revolución Industrial? Yo sí. Me pregunto en qué trabajarán los geógrafos, cuál será el futuro de la geografía, para ello, debemos imaginar cómo será la geografía del futuro. Os invito a acompañarme en este viaje y a que, cuando hable de geografía, cambiéis esa palabra por vuestra profesión, porque al fin y al cabo esta revolución nos afecta a todos.

No vivimos sólo en el planeta Tierra, sino, al mismo tiempo, vivimos en un mundo virtual y digital: el ciberespacio: estamos en varios sitios al mismo tiempo, nos relacionamos con gente a la que nunca veremos físicamente, usamos dinero digital, nos movemos por autopistas de la información… al mundo físico de las personas hemos de integrar el mundo digital y los robots ¿existe lugar para la geografía en este nuevo mundo?

Si unimos la palabra geografía y tecnología obtenemos la geotecnología, que está más presente de lo que pensamos en nuestro día a día: desde los satélites que sobrevuelan nuestras cabezas hasta el GNSS de los móviles en la palma de nuestra mano, pasando por los mapas digitales y la información geográfica…el 69% de las consultas de *Google* implican una localización específica y, este año, la industria geoespacial crecerá hasta los 72 billones de dólares en todo el mundo. Los datos geolocalizados generarán un valor de consumo de 500 billones de dólares.

Los datos…nos movemos pegados a nuestros móviles y todo queda registrado, ¿cuántas veces creéis que se graba nuestra geolocalización?… en algunos casos la localización se recolecta hasta 14.000 veces al día. Estamos pasando de un proceso de digitalización a un proceso de datificación, por ejemplo, el grupo Metallica elige dónde tocan y qué canciones en función de lo que la gente escucha en cada sitio. Spotify ya no vende canciones, sino los datos de los sentimientos y las emociones de las personas que escuchan música según cuándo las oyen y dónde las oyen. Todo esto también es geografía.

Pero además de la geotecnología, el resto de las tecnologías también impacta en la geografía: localización inteligente, Internet de las cosas, inteligencia artificial, realidad mixta, robots, etc. ¿todo esto tiene que ver con la geografía? ¿Cómo influirá la tecnología en la relación entre las personas y el espacio?

Estas preguntas son la que definirán la geografía del futuro, vamos a intentar responderlas hablando de 10 tecnologías en torno a 5 grandes ámbitos de trabajo del geógrafo profesional y, de paso, veremos con ejemplos que la geografía es mucho más que memorizar ríos, montañas y países.

Tecnologías de la información geográfica: un geógrafo trabaja con información geográfica y ésta se basa en datos. En el futuro le daremos mucho más valor a nuestros datos geolocalizados, todos los estudios confirman que un dato que incorpore una componente espacial aumenta considerablemente su valor.

Y hablando de valor, ¿cuánto valen nuestros datos? ¿lo sabéis? Las empresas de datos de ubicación venden los datos de un usuario durante un mes por 1€ cada uno, tus datos valen 1€, con 300 € podría comprar todos vuestros datos de dónde habéis estado este último mes.

También se trabaja con *big data*, grandes volúmenes de datos, smart data, que son datos inteligentes, el open data nos dice que los datos deben ser públicos, abiertos y compartidos. Al uso de los datos en el espacio le llamamos localización inteligente y sirve, por ejemplo, para predecir cómo se van a mover las personas y los coches autónomos.

La geografía del futuro deberá organizar todos esos datos para encontrar las soluciones más eficientes, por ejemplo, si predecimos cómo se va a mover la gente y los vehículos podemos evitar congestiones en las ciudades o reducir impactos medioambientales.

Planificación urbanística: el llamado Internet de las cosas implica que todos los objetos estarán conectados a la red, son como nodos de un sistema que emiten y reciben información de forma ininterrumpida y a tiempo real. Pero eso tiene su cara B, por ejemplo, el año 2016 se infectaron miles de aparatos domésticos con un pequeño software que dio a un hacker el control sobre los aparatos para atacar páginas web de *Amazon, Netflix, The Guardian* o la *CNN* entre otros.

La geografía del futuro se preguntará dónde están esos objetos, de qué tipo son, qué información emiten y reciben y como se relacionan e impactan en el medio, tanto medioambiental, como socioeconómico.

El Internet de las cosas se desarrollará gracias a la tecnología 5G, que implica la posibilidad futura de suministrar y consumir más datos, a tiempo real y por más usuarios al mismo tiempo. En caso de los mapas la tecnología 5G permitirá usar en nuestros móviles imágenes de satélite de alta resolución, una definición más exacta del GNSS y consumir gran cantidad de datos geolocalizados.

La geografía del futuro puede desembocar en una guerra por el 5G, dependerá de quien lo controle, quién domine el 5G…¿dominará el mundo?.

Desarrollo territorial: el concepto *Smart* aparece cada vez más en el vocabulario tecnológico. La inteligencia nos habla de transformar la información en conocimiento a partir de poner los datos obtenidos en un contexto espacial.

Se dice que la inteligencia artificial superará a la humana, los Emiratos Árabes Unidos ya tienen un ministro de Inteligencia Artificial, Vital es un algoritmo que pertenece al consejo de administración de una empresa de capital riesgo y Finlandia formará gratis a su población en Inteligencia Artificial básica.

La geografía del futuro se preguntará si veremos a una Inteligencia artificial gobernando una ciudad, ¿será más eficiente?, ¿tendrá emociones? y, en ese caso, ¿quién las programará? ¿Tendrá sesgos de raza, sexo o religiosos?…

Claro y todo esto nos hará preguntarnos si lo que vemos es real. La tecnología *blockchain* son protocolos de intercambio de información descentralizados y seguros, básicamente una tecnología que asegurará que una información geográfica es real. La geolocalización de estos intercambios debería ser una certificación digital de las coordenadas x,y,z con las que nos seguimos orientando en la actualidad, de manera que se pueda verificar desde dónde se ha realizado cada transacción.

La geografía del futuro se preguntará cuál es la mejor manera de diferenciar las coordenadas reales de los mapas falsos, porque igual que hay noticias falsas hay mapas falsos, ya que un mapa es algo subjetivo y responde siempre a unos intereses, ahora mismo hay mapas en zonas de conflicto en los que las fronteras son distintas según desde que país lo mires.

Medio ambiente: la realidad mixta une el concepto de realidad aumentada con el de realidad virtual, generando una nueva forma de ver el mundo donde, a la realidad, se le incorporan elementos digitales o creando nuevos mundos virtuales.

Podremos recrear el medio ambiente para saber cómo nos afectará el cambio climático en una zona, o una inundación y si podemos recrearlo podemos prever el impacto y anticiparnos para minimizarlo o evitarlo.

Podremos mirar un paisaje y ver cómo era antes y qué partes tiene, usar la Realidad Virtual para trasladarnos a otro lugar sin movernos y podremos interactuar sin impactar sobre el medio ambiente de ese lugar.

La geografía del futuro se preguntará si va a ser posible predecir riesgos naturales e impactos medioambientales del cambio climático viendo una representación de cómo podría suceder y evitándolo.

Las impresoras 3D permiten reproducir casi cualquier cosa en la realidad a partir de una construcción digital, desde pequeños objetos, hasta coches y casas, pasando por prótesis o elementos del cuerpo humano.

Igual que podemos recrear partes de nuestro cuerpo, ¿podremos recrear parte de una montaña en 3D? ¿O la montaña entera? ¿Podremos poner una especie de tiritas a la naturaleza para curar lo que nosotros mismos hemos herido?

La geografía del futuro usará esta tecnología para reconstruir partes de un terreno degradado o erosionado, construir maquetas en las que recreen fenómenos naturales, hacer mapas en 3D de los paisajes cuaternarios, etc.

Sociedad del conocimiento: en el futuro los robots tendrán un peso similar a los humanos en el desarrollo socioeconómico y territorial. Al igual que hoy en día se realizan censos de población, será necesario estudiar cuántos robots hay, de qué tipos, cómo se distribuyen en el territorio, cómo se mueven, qué producen, etc.

Los *chatbots* se relacionan directamente con servicios de comunicación que antes realizaban los humanos. Que las interacciones pasen de humano a humano, de ahí a de máquina a humano y, finalmente, de máquina a máquina, tiene consecuencias muy importantes en las relaciones sociales, económicas y, por ende, territoriales, por ejemplo ¿los *chatbots* podrán ser habilitados como guías locales que nos acompañen en las visitas turísticas?

La geografía del futuro analizará como afectará esto al mercado de trabajo, ya que los *chatbots* substituirán a trabajadores poco cualificados. Esto no significa que destruya puestos de trabajo, sino que hay que aprender a entenderse con los robots.

Para mi estas son algunas de las tecnologías que definirán la geografía del futuro y nos van a permitir imaginar el futuro de la geografía.

Horacio Capel, que el año 2008 recibió el equivalente al Nobel de Geografía, dice en sus memorias: *son muchos los futuros posibles y algunos son preferibles a otros, nosotros podemos ayudar a construirlos.*

La respuesta a la pregunta de cuál será la geografía del futuro es que la base de la geografía sigue siendo la misma: los ríos, las montañas y los países, nuestro querido planeta tierra, pero el futuro de la geografía dependerá del equilibrio entre lo físico y lo digital, entre personas y robots, entre emociones y algoritmos.

En definitiva, la tecnología dice que estamos hechos de bits, pero la geografía nos dice que estamos hechos de lugares.

Pasado, presente y futuro del geomarketing

25/09/2019
GB

El pasado

Según la *Wikipedia* El geomarketing es una disciplina que aporta información para la toma de decisiones de negocio apoyadas en el modelado de variables georreferenciadas. Es un concepto que, de alguna forma, se ha puesto de moda en los últimos años y, sobre todo, gracias a la aparición de Internet. Quizás por eso leemos en ocasiones afirmaciones tan poco fundadas e imprecisas como que *el GeoMarketing vió la luz en el año 2000 con la creación de "Google Adwords"*, nada más lejos de la realidad (no enlazo la fuente original por vergüenza ajena).

Y es que el Geomarketing comenzó hace mucho tiempo. Algunos hablan de que el primer análisis se hizo en 1854 y que podemos conocer a través de la historia de John Snow (no confundir con el personaje de Juego de Tronos). Os invito a leer el enlace donde cuenta cómo se logró mejorar la vida de la población de Londres gracias a situar unas variables sobre un mapa, identificar hechos objetivos y tomar las consecuentes decisiones. Por tanto, nada que ver con la mercadotecnia, tal y como se suele identificar hoy en día, sino que nació desde el ámbito de la medicina y, en todo caso, del urbanismo.

De este modo, simplificando el término, podríamos decir que el uso de la variable espacial para analizar un entorno y tomar decisiones con datos objetivos. Por tanto, bajo mi punto de vista, el geomarketing va mucho más allá de los estudios de mercado y de expansión de los negocios, pudiendo aplicarse a muchos más sectores y actividades.

Sin ánimo de ser muy científico, si me gustaría establecer una breve cronología, ya que para saber hacia dónde va es necesario saber de dónde viene. No lo divido en etapas propiamente, sino en algunos hechos que considero relevantes para entender cómo hemos llegado a la situación actual.

Aunque ya hay estudios durante todo el siglo XX, sobre todo vinculado al desarrollo de la geografía y la variable espacial, es en los años noventa cuando se empieza a trabajar y a hablar más de geomarketing. Al tratarse de una disciplina que exige la combinación de diversas variables sobre un ámbito espacial, su crecimiento va unido al desarrollo de los Sistemas de Información Geográfica.

En el año 1997 Internet se abre a toda la sociedad, lo que provoca un cambio decisivo que acabará afectando a todas las facetas de la sociedad y, desde luego, al geomarketing.

Posteriormente, a partir del año 2005, la aparición de *Google Earth* y *Google Maps* volvió a revolucionar el geomarketing, ya que hizo que la cartografía digital fuera accesible a todo el mundo y se convirtiera en un standard, popularizó los mapas en la Red. Además, aparecerían mapas libres como *OpenStreetMap* y comenzarían a popularizarse las Infraestructura de Datos Espaciales. También las redes sociales y el uso del móvil han multiplicado las posibilidades de desarrollo del geomarketing.

En los últimos años, la explosión de la industria geoespacial, vinculado con el cambio de modelo empresarial con la aparición de las *startups*, lleva a un nuevo cambio en el geomarketing, que en ocasiones transforma su nombre por el de *location intelligence*, aunque no es lo mismo, pero la sociedad lo identifica como similar.

El presente

La palabra geomarketing ofrece 2.220.000 resultados en el buscador *Google*, mientras que si realizamos la búsqueda en *Google Scholar* tenemos 5.520 referencias de libros y artículos científicos, lo que indica que es un término muy buscado en Internet, pero también muy trabajado desde las disciplinas científicas.

Por otra parte. analizando la evolución del término en *Google Trends* a nivel mundial se observa un descenso paulatino, en cambio, en España, se mantiene en equilibrio con algún repunte positivo puntual.

Existen otros términos que, si bien no son sinónimos, son similares, tales como localización inteligente, geolocalización o geoespacial. En el último año esta palabra ha tenido un repunte muy importante, por encima del resto de términos.

Así pues, nos encontramos en un escenario muy propicio para el desarrollo del geomarketing. Llegados a este punto, quizás sea necesario puntualizar algunos aspectos que puedan resultar útiles a las organizaciones a la hora de desarrollar estrategias espaciales:

Geomarketing se escribe con G de *Google*. Aprovecha todos los recursos que ofrece esta empresa, desde *Google Earth* hasta *Google Maps,* pasando por *Google Street view, Google Views, Google 360* y *Google My Business*

Geomarketing en la nube: aprovecha todas las posibilidades de mapas disponibles en la Red, desde las privadas (*Google*, *Carto*, *Arcgis*, Mapbox, *Here*, etc), hasta las públicas de las Infraestructuras de Datos Espaciales (IDEs) o las colaborativas como *OpenStreetMap* (OSM) y haz mapas con QGIS o GVSig.

Geomarketing es reputación: la reputación en Internet de las organizaciones es esencial, las personas opinan sobre los lugares e influyen en futuros clientes, convirtiéndose en prescriptores

Geomarketing es conocimiento: no se trata de saber programar sino de saber qué programar, no se trata de hacer mapas muy visuales, sino mapas muy sintéticos.

Geomarketing no son mapas: se trata de una forma de análisis espacial y la mejor forma de visualizarlo es un mapa, pero lo esencial es el análisis previo, el mapa es simplemente el resultado simplificado para su comprensión.

Geomarketing son datos: se trata de analizar variables que tienen un componente espacial, por tanto, la geolocalización ofrece un valor añadido a los datos, que se convierten en la moneda de cambio de la geotecnología.

Hoy en día, la mayoría de los estudios superiores de temática SIG incluyen asignaturas de geomarketing, como por ejemplo la de *Geomarketing, geocodificación, zonas de influencia y potencial de mercado*, que se da en el Máster en Sistemas de Información Geográfica aplicados a la ordenación del territorio, el urbanismo y el paisaje de la Universitat Politècnica de València (UPV)

El futuro

Analizando el documento sobre las principales tendencias en tecnología geoespacial para 2019, podemos identificar los aspectos más relevantes de esta tecnología. Teniendo en cuenta que el geomarketing utiliza las herramientas geoespaciales para su desarrollo, podemos hacer un análisis de dichas tendencias y cómo van a afectar a esta disciplina:

Miniaturización de sensores: el geomarketing requerirá de sensores que recojan la información espacial a tiempo real.

Disponibilidad perfecta de datos de observación de la Tierra: los satélites ofrecerán datos cada vez más precisos y el geomarketing deberá estar conectado con éstos para disponer de dichos datos.

Inteligencia artificial Geoespacial o geo.ai: el geomarketing se unirá a la inteligencia artificial como desarrollo natural, de hecho, se basa en transformar datos en información y ésta en conocimiento, sólo que sus capacidades se multiplicarán exponencialmente.

BIM: hasta ahora el geomarketing trabajaba a en la máxima escala de distrito, gracias al BIM se incorporarán análisis del interior de los edificios y de los perfiles de las personas que habitan en los mismos.

Vehículos autónomos: el geomarketing y la movilidad van unidos y las rutas a seguir por los vehículos autónomos se planificarán mediante técnicas de geomarketing.

Mapeo como servicio: los mapas dejan de ser un producto e igual le pasará al geomarketing, que se transforma en un servicio que será consumido de forma puntual para cosas concretas.

Ciudades inteligentes: la conexión entre personas, objetos y territorio en las ciudades requerirá de una visión espacial y el conocimiento desarrollado se dará a través del geomarketing.

Drones: los drones serán las herramientas más flexibles del geomarketing a la hora de obtener datos a tiempo real, filtrarlos a través de avanzados Sistemas de Información Geográfica y utilizados para mejorar la eficiencia y reducir la incertidumbre de los proyectos.

En definitiva, el geomarketing es una técnica consolidada hace más de 30 años que goza de muy buena salud, se ha renovado con el desarrollo de la tecnología geoespacial y será un elemento clave en el desarrollo de las organizaciones y los territorios, ya que, parafraseando a Alicia en el País de las maravillas: «si no sabes dónde vas, poco importa el camino que tomes», por tanto, lo importante no es el camino, sino saber dónde uno quiere ir, poner el foco en un objetivo concreto y medible. Conocimiento y geolocalización, eso es geomarketing.

Cómo estimar el tamaño de mercado de geodatos

La estimación del tamaño del mercado y su crecimiento en un futuro inmediato son indicadores que transmiten a la sociedad y a la organización el estado actual y la evolución futura del mercado en un intervalo de tiempo de corto (unos pocos años).

En este contexto el valor económico de los datos espaciales ya no se refiere a un único producto sino a una familia o conjunto de ellos. Esta información forma parte habitual de los estudios de mercado y facilita a inversores y directivos la posibilidad de conocer el atractivo del mercado, su distribución geográfica y los principales motores del mismo. A partir de esta información empresas y organizaciones pueden lograr una salida al mercado exitosa de productos basados en geodatos.

¿Para qué sirve conocer el tamaño del mercado?

El método se utiliza para comparar el precio de compra de bases de datos, decidir sobre externalización de una actividad, orientar la inversión en desarrollo, fijar un valor para los acuerdos de colaboración, asistir la elección de operaciones en plan de gestión de recursos de la fábrica de datos, o elaborar presupuestos de inversión. Se puede usar en valoraciones económicas estructurales o como parte de valoraciones funcionales.

Cuando se desconoce el tamaño del mercado se dificulta la industrialización de la producción del dato y como consecuencia se dificulta la reducción de los costes de producción de datos

El desconocimiento del tamaño del mercado dificulta la transferencia de patentes y estudios.

La ausencia de datos sobe el mercado es un obstáculo para atraer, acceder o planificar inversiones

La estimación del tamaño del mercado es compleja en mercados incipientes en los que se pretende introducir productos innovadores. La metodología TAM SAM SOM, permite conocer los tipos de merado que se están evaluando (Diresta et al., 2012; Blank & Dorf, 2012).

Método TAM SAM SOM

Los métodos de valoración de datos espaciales basado en coste permiten estandarizar y comparar las actividades relacionadas con la producción de los datos y las decisiones informadas por datos con independencia de la tecnología implicada en la operación evaluadas o el uso posterior o finalidad a la que destinemos el dato. Es el método que menos información requiere para la valoración.

En los mercados de productos innovadores no es fácil encontrar datos de organizaciones que comercialicen productos semejantes al que estamos desarrollando. En este supuesto la estimación del tamaño del mercado recurre habitualmente al modelo TAM-SAM-SOM con métodos de ratios en cadena, o aproximaciones de arriba –abajo.

El modelo TAM-SAM-SOM define tres tamaños de mercado para un producto o servicio. Estos tamaños de mercados se pueden aplicar en los análisis del sector de los geodatos.

El tamaño de mercado accesible (TAM) es la demanda potencial para el productor de un grupo de consumidores que tiene una restricción presupuestaria y preferencias dadas. En mercados maduros equivale al volumen de operaciones de un sector.

El tamaño de mercado servible (SAM) es la fracción del mercado accesible al que podemos proporcionar el producto en función del posicionamiento de la competencia y los canales de distribución que tengamos.

El tamaño de mercado obtenible (SOM) reduce el mercado servible en función de la intención o probabilidad de compra del consumidor.

Comunicación

La comunicación de los tamaños de mercado se resume en párrafos estandarizados que tiene la siguiente estructura:

Tamaño estimado del mercado internacional de NN mil millones USD en el año *AAAA*, a partir de un tamaño de NN mil millones (USD, $Int) en el año *AAAA*, con un CAGR de *PP,P* %

Tamaño del mercado europeo de la industria geoespacial 2020

09/04/2020
JDR

El valor del mercado europeo de la industria geoespacial 2020

El tamaño estimado del mercado europeo de la industria #Geospacial (#GIS #GNSS #EO #RemoteSensing) para el 2020 está cerca de los 94 mil millones euros con un CAGR del 11,65 % (2017-2020)

Este es el resumen ejecutivo del estudio del tamaño de mercado *European Geospatial Business Outlook 2020* realizado por *Geospatial Media and Communications,*

Sectores de la industria geoespacial

En el estudio el valor económico del dato espacial se desglosa el sector geoespacial en las siguientes áreas: GNSS y posicionamiento, GIS y análisis espacial, Observación de la Tierra, Escáner 3D.

GNSS y posicionamiento

El mercado total del segmento europeo de GNSS y posicionamiento es de € 42,99 mil millones euros en 2017, proyectándose crecer a una tasa compuesta anual del 12% entre 2017-2020 para alcanzar los € 60,33 mil millones euros en 2020. El sector de posicionamiento en interiores el de mayor crecimiento esperado.

GIS y análisis espacial

El mercado europeo de Análisis espacial y SIG está valorado en 13.86 mil millones de euros, con un CAGR del 6,8% entre 2017-2020. Los servicios y las soluciones serán el mercado de más rápido crecimiento, seguido del contenido y, por último, del segmento software.

Observación de la Tierra

El tamaño del mercado del segmento europeo de observación de la tierra aumentará de € 8,32 mil millones de euros en 2017 a € 13,25 mil millones de euros en 2020 en términos absolutos,

Escaner 3D

Para el año 2020 la estimación de este mercado es de 3,48 billones, predice el informe de Con un CAGR aproximado de 14,3%, este segmento de tecnología es el de más rápido crecimiento.

Tamaño del mercado global de GIS en la nube 2023

El mercado de SIG en la nube (*Gis cloud*) se estimó en $ 5.33 millones en 2016 y se espera que alcance $ 10,12 millones en 2023 y con un CAGR del 6% entre 2017 y 2023.

Este es el resumen ejecutivo del estudio del tamaño de mercado global de *GIS cloud* realizado por *QY Research*

Definición de GIS cloud o GIS en la nube

El Servicio en la nube de información geoespacial (GIS) es un sistema de información basado en la web que genera datos en forma de mapas, que ayuda a las empresas a analizar y optimizar sus operaciones, y proporciona información multimedia en cualquier lugar del mundo en cualquier momento. Este método requiere menos tiempo para compartir, analizar y publicar datos espaciales. La nube GIS utiliza una plataforma virtual que es beneficiosa para un entorno escalable y permanente.

La optimización de las operaciones en tiempo real es el principal beneficio de los SIG en la nube.

Tipos de GIS cloud

En el estudio de mercado realizado el valor económico del dato espacial considera tres segmentos: SaaS, PaaS, IaaS utilizados en los sectores de movilidad y tráfico, meteorológico y de investigación científica entre otros.

- Software como servicio *Software as a Service* (SaaS). En este modelo se ofrece los servicios SIG en la nube. Los usuarios acceden a la aplicación o al servicio y desatienden cualquier consideración sobre software o el mantenimiento de los datos. Los geoportales o los servicios OGC son un ejemplo de este modelo.
- Plataforma como servicio *Platform as a Service* (PaaS). La plataforma de escritorio SIG pasa la nube. Es el entorno en el que los desarrolladores crean las aplicaciones o la App.
- Infraestructura como servicio, *Infraestructure as a Service* (IaaS). El desarrollo debe encargarse de la gestión y administración de toda la infraestructura espacial.

Ventajas de GIS en la nube

- La recuperación de datos SIG en la nube ahorra tiempo y costes porque es más rápida y más fácil obtener datos que los sistemas SIG tradicionales.
- Se tarda menos tiempo en analizar, compartir y publicar datos, y es fácil actualizar y revisar los datos anteriores.
- En comparación con los SIG tradicionales, es fácil de usar porque la toma de decisiones y el flujo de trabajo se hacen efectivos al proporcionar información precisa.
- El fácil acceso a los datos, la facilidad de distribución y la entrada de datos en tiempo real son los principales beneficios de la implementación de un SIG basado en la nube.

Valor del mercado Internacional de geoinformación 2025

09/04/2019
JDR

El tamaño del mercado del Sistema de información geográfica (SIG) se valora en 5.4 mil millones USD en 2016 y se estima que esta cifra superará los 12,6 mil millones USD a finales de 2025. El CAGR estimado es del 9,85% durante el período considerado 2018 -2025.

Este es el resumen ejecutivo del completo estudio del tamaño de mercado *Geographic Information System (SIG) Market Analysis 2018*-2025 editado por *Bizwit Research & Consulting LLP*y

Definición de sistema de información geográfica SIG

Un sistema de información geográfica (SIG) captura, almacena, manipula, analiza, administra y presenta datos espaciales o geográfico

En el estudio el valor económico del dato espacial se desglosa por áreas de aplicación: transporte, logística, construcción, minería y geología, petróleo y gas, aeroespacial y defensa, servicios. Plantea segmentaciones del mercado por otros criterios como los componentes SIG (Hardware, software y servicios), dispositivo (escritorio o móvil), por uso (captura de datos, mapeo, navegación), tamaño del proyecto y región mundial.

Impulsores del crecimiento del mercado SIG

Los principales factores que impulsan el crecimiento del Mercado de sistemas de información (SIG) son:

La extensión de las capacidades de los SIG para el control remoto se ve favorecida por la implantación de la tecnología LIDAR y el uso creciente de la tecnología de la nube para el almacenamiento y la recopilación de datos espaciales.

El SIG se utiliza en servicios de redes y telecomunicaciones, análisis de accidentes y análisis de puntos calientes, planificación de transporte, mitigación y gestión de desastres.

La región de Europa representó una importante cuota de mercado en 2016. La región de Asia Pacífico será la zona geográfica con mayor crecimiento.

El valor del mercado internacional de IIoT 2025

18/04/2019
IDE

El tamaño del mercado de Internet de las cosas (IIoT) industrial está listo para alcanzar los USD 932.250 millones a finales de 2025. A partir de una tasa de crecimiento CAGR del 26,80% durante el período de previsión 2017-2025.

Este es el resumen ejecutivo del estudio de mercado realizado por *Bizwit Research & Consulting LLP*

Definición del Internet industrial de las cosas

Es el uso de la tecnología de información global y dinámica de objetos conectados a Internet en tiempo real para recolectar, analizar y compartir datos sobre materiales, máquinas y procesos en el ámbito de la producción industrial.

La aplicación de Internet al ámbito de la manufactura hace interoperable las tecnologías de automatización que ya han coexistido desde hace años en el medio industrial. Recurre a vincular máquinas capaces de aprender, tecnologías Big Data, tecnología de sensores, comunicación de máquina a máquina.

La transformación digital del Internet industrial de las cosas permite:

- Crea cocimiento predictivo que detecta cuellos de botella y evita la interrupción de la cadena productiva antes de que impacten la producción
- Impulsa la innovación
- Disminuye el tiempo de respuesta a contingencias
- Disminuye los costes y los desperdicios
- Aumenta la producción
- Aumenta la seguridad

Segmentación sectorial del Internet industrial de las cosas

En el estudio de mercado realizado el valor económico del dato espacial considera la siguiente segmentación del mercado

- Energía inteligente, salud, conectada y automatización de edificio son las aplicaciones más destacadas de IIot
- Por usuario final el estudio aborda los sectores de Fabricación, Gas y petróleo, Cuidado de la salud, Logística y Transportes, Agricultura

Factores de crecimiento del mercado de la Internet industrial de las cosas (IIoT)

El crecimiento del mercado se debe principalmente a la capacidad de IIoT para

- Minimizar costes,
- Desarrollo de tecnologías de computación en la nube
- Mejoras tecnológicas en la industria electrónica y los semiconductores.
- Alta demanda de varias industrias de usuarios finales como manufactura, energía y energía, petróleo y gas, salud, logística y transportes y agricultura.

Distribución geográfica

La región de América del Norte es la región que genera mayores ingresos en la actualidad, aunque es probable que sea superada por la región de Asia y el Pacífico en el periodo considerado en el estudio de mercado. La región ha sido testigo de importantes innovaciones tecnológicas y una adopción tecnológica ágil que están impulsando el crecimiento del mercado en esta área.

Valor del tamaño del mercado de análisis espacial y GIS 2020

El mercado de GIS y de análisis espacial crezca de USD$ 66,2 mil millones de USD$ en 2017 a 88,3 mil millones USD en 2020 con un CAGR del 12,4%.

Este es el resumen ejecutivo del informe *GeoBuiz 2018 Report Geospatial Industry Outlook and Readiness Index* realizado por *Geospatial Media & Communications* que estima que el mercado de GIS y *Spatial Analytics* es el segundo más grande después del mercado de GNSS y posicionamiento y se espera que el segmento de servicios y soluciones del mercado de análisis espacial y GIS crezca mucho más rápido que el negocio de software.

Relevancia del análisis espacial

El segmento de GIS y *Spatial Analytics* constituye el núcleo de la cadena de valor de la industria, recibiendo grandes cantidades de datos espaciales y no espaciales de todas las fuentes para obtener información procesable.

Impulsores del mercado de análisis espacial con GIS

En el estudio realizado sobre el valor económico del dato espacial considera los siguientes impulsores del mercado de posicionamiento:

Transición de mapas 2D a mapas 3D

La demanda de GIS 3D está en aumento. motivada por el desarrollo de las ciudades inteligentes y la creciente adopción de GIS para la cartografía urbana.

La nube GIS

la mayoría de los servicios SIG, como la base de datos de mapas, las imágenes y los mapas base, están disponibles en la nube. La tecnología y la arquitectura asociadas con la tecnología en la nube permiten al usuario la computación y el análisis en los sistemas de información geográfica con facilidad sin tener que preocuparse por el almacenamiento de datos, la seguridad de los datos y otras cuestiones de privacidad

Iot

IoT, dispositivos y aplicaciones, está comenzando a habilitar un gemelo digital en el que se puede aprovechar la computación para responder a nuevos tendencias y necesidades.

Distribución geográfica

El informe GeoBuiz-18. destaca que la región de América del Norte continuará siendo el principal accionista del mercado de análisis espacial con GIS en un futuro próximo con un ritmo de incremento del 7,7% frente al 6% europeo.

Valor del mercado global GNSS 2020

09/04/2019
JDR

La industria GNSS y de posicionamiento es la de mayor tamaño de la industria geoespacial. Se estima que el tamaño del mercado crezca con un CAGR de 13,5% para alcanzar los US $ 260,8 mil millones USD en 2020.

En el resumen ejecutivo del informe *GeoBuiz 2018 Report Geospatial Industry Outlook and Readiness Index* realizado por *Geospatial Media & Communications* desglosa el mercado ne geolocalización de interiores, captura de datos topográficos y sistemas GNSS incorporados a dispositivos de consumo.

Relevancia de los dispositivos de geolocalización

En la actualidad se estima que hay cerca de 5.800 millones de dispositivos GNSS en uso en 2017 y que esta cifra crezca a un número de receptores estimado de 8.000 millones para el año 2020.

Una gran parte de los ingresos del mercado generados por este segmento está acreditada en el segmento posterior del GNSS, los servicios de valor agregado que utilizan los datos geolocalizados.

Impulsores del mercado de geolocalización

Una gran parte de los ingresos del mercado de la geolocalización se origina en el segmento posterior del GNSS, en los servicios de valor agregado generados a partir de los datos espaciales capturados por el sistema GNSS

En el estudio realizado sobre el valor económico del dato espacial en el mercado de posicionamiento considera los siguientes impulsores son:

- Industria 4.0
- Iot
- Ciudades inteligentes
- Presencia de GNSS en la mayoría de los dispositivos de consumo
- Conducción autónoma
- Aplicaciones telemáticas

Distribución geográfica

El informe GeoBuiz-18. destaca que la región de la región de Asia y el Pacífico es la que tiene mayor cuota de mercado de geolocalización estimada en un 33,3% en 2017; seguida de Europa y América del Norte con un 27,8% y 27,6% respectivamente.

Valor del tamaño del mercado de los mapas digitales 2026

Mercado mapas digitales

Se espera que el mercado de mapas digitales alcance los 30.615,4 millones USD en 2026, frente a los 8.043,5 millones USD en 2017, con una tasa de crecimiento anual compuesta (CAGR) de 16.2% durante el período de pronóstico.

El estudio del tamaño de mercado de los mapas digitales realizado por *Research Cosmos* afirma que el mayor uso de la información geoespacial a nivel internacional está impulsando la demanda de cartografía digital principalmente dirigida al segmento de soluciones de software basadas en la web y destinadas a los dispositivos de telefonía móvil.

Definición de mapa digital

Un mapa digital es un sistema de mapa electrónico, diseñado principalmente para representar elementos área o ubicación geográfica específica de un territorio. Se basa en una combinación de elementos gráficos que se le atribuyen datos en forma de información electrónica. Su principal ventaja frente a los mapas tradicionales es que son interactivos, y se pueden actualizar y difundir con facilidad.

Factores que impulsan el mercado

En el estudio realizado sobre el el valor económico del dato espacial en el mercado de los mapas digitales los principales impulsores del crecimiento son: Las aplicaciones de navegación mediante teléfonos inteligentes y automoción. Aunque el estudio de mercado alerta de que la disponibilidad de mapas gratuitos puede ralentizar el desarrollo del sector.

Distribución geográfica

Se espera que el mercado norteamericano contribuya significativamente a las ventas en un futuro cercano debido a la gran cantidad de usuarios existentes en la región. El mercado en Europa y América del Sur debería seguir una tendencia similar entre 2018 y 2026. Además, se espera que el mercado en el Medio Oriente y África crezca a un CAGR sólido en los próximos años.

Valor de la información geográfica en 3D en 2018

09/04/2019
JDR

La información geográfica en 3D está recibiendo un fuerte impulso en los mapas en Internet. Los datos espaciales que forma parte de los Modelos como BIM o los Modelos digitales de elevaciones no pueden entenderse sin la presencia de la coordenada z.

Hay varios estudios sobre el valor económico del dato espacial en el mercado 3D

Valor del mercado de los datos espaciales en 3D frente al mercado 2D

El estudio descubrió la inclusión de los datos espaciales en 3D era potencialmente un retorno viable, con un retorno positivo de la inversión. El resumen ejecutivo declara que valor económico de la información geográfica, evaluada en términos de ratio Coste/beneficio en la gestión de inundaciones de 1:3,3. para los datos espaciales en 3D frente al ratio de 1:2,1 de la componente en 2D , por lo tanto añadir la coordenada z al dato espacial añade un valor de 1: 1,2 . Estudio similar se realizó en la planificación urbana obteniendo una ratio coste-beneficio de 2,2. El estudio *EuroSDR* concluye: *El análisis de coste-beneficio tanto en la planificación urbana como en la gestión de inundaciones demostró que los beneficios superan a los costes en un múltiplo de dos a tres veces, incluso cuando se considera cada caso de forma aislada.*

En el estudio participaron once agencias europeas de cartografía pública (PMA) que financiaron un proyecto de EuroSDR para explorar el valor económico de la geo información 3D.

Relevancia del dato espacial en 3D

El estudio afirma que el uso de la geo-información 3D es cada vez más rentable. Para las PMA, la investigación futura no consistirá tanto en si se debe hacer la transición a 3D sino en cómo hacerlo. Se ha identificado su utilidad en áreas tan dispares como la gestión forestal, gestión de inundaciones, catastro 3D valoración, emergencias, activos y planificación urbana.

Tamaño de mercado de datos geográficos en 3D

El tamaño del mercado global de cartografía y modelos en 3D aumenta de 2,8 mil millones USD en 2018 a 6,5 mil millones USD para 2023, a una tasa de crecimiento anual compuesta (CAGR) de 18,0% durante el período de pronóstico.

Factores que impulsan el mercado de datos en 3D

El creciente uso de la animación 3D en aplicaciones móviles, juegos y películas; avances en escáneres 3D sensores 3D y otros dispositivos de captura de datos ge-localizados aumentan la disponibilidad de contenido 3D asi como a llegada de los dispositivos habilitados para visualizar datos en 3D.

30 tendencias en el futuro de la tecnología geoespacial

28/06/2019
GB

El pasado día 27 de junio se celebró el II Encuentro de Geobloggers en la Escuela de Geomática y Topografía de Madrid, organizado por la Revista Maping, junto a Juan Toro, del blog Interés por la geomática, Roberto Matellanes, de Gis&Beers y yo mismo.

En este encuentro se planteó la cuestión de ¿Hacia dónde vamos? y que ha reunido a destacados ponentes de muy diversos ámbitos en torno a la tecnología geoespacial, reflexionando sobre lo que puede acontecer en los próximos años y cuál será el perfil de los futuros profesionales.

El I Encuentro de geobloggers marcó un antes y un después, aglutinando a gente muy diversa e interdisciplinar del mundo geo. Este año no he podido estar presente, pero he podido hablar en la distancia y contar cuales son mis 30 tendencias sobre el futuro de la tecnología geoespacial a corto y medio plazo. Es un listado muy personal, sin sistematizar y sin un orden concreto, pero creo que aporta elementos interesantes a modo de reflexión porque geobloggers es esto, un espacio físico y digital de reflexión continua.

1.- Habrá un crecimiento continuo y muy relevante de la industria geoespacial en términos económicos y de influencia a escala global

2.- Las profesiones del mundo geo serán transversales, ya no habrá monopolios de ciertas disciplinas científicas. El entorno geo o será interdisciplinar o no será

3.- Existe una amenaza de un peso excesivo de la informática y la programación, una suerte de dictadura del algoritmo

4.- Existe una oportunidad porque se necesitarán nuevos perfiles humanistas que aporten planificación estratégica e interpretación de la información geográfica

5.- El dato geoespacial se consolidará como una nueva moneda de cambio, somos los datos que generamos

6.- Habrá problemas crecientes con la privacidad asociada a los datos espaciales, entre la parálisis europea por ultrarregulación y el liberalismo americano y asiático por desregulación

7.- Importancia básica de la geopolítica como estamos viendo en la guerra por el 5G

8.- Incertidumbre y expectativa con la consolidación de la red de satélites Galileo al disponer de un sistema europeo de geoposicionamiento

9.- Amenaza de simplificación de todo en un mapa, sin interpretación del mismo, siendo algo meramente visual y superficial. El entorno geo es posmoderno: prima la forma frente al contenido

10.- La búsqueda de la precisión cartográfica al milímetro para, por ejemplo, el desarrollo del coche autónomo

11.- Uso creciente de la inteligencia artificial para cuestiones de planificación y ordenación del territorio

12.- El concepto smart se consolidará como una moda hasta perder su esencia

13.- Bipolarización del mercado entre los que se digitalicen y el resto operará en un mercado marginal (ya lo dijo hace muchos años el CEO de *Google*, vamos hacia un sistema de castas tecnológicas)

14.- Las Infraestructuras de Datos Espaciales (IDEs) seguirán siendo esenciales para la gestión territorial, pero invisibles para la sociedad, la gente no conoce sus posibilidades y, por tanto, no valora el esfuerzo público de desarrollar un estándar geo

15.- La consolidación de los mapas libres y de Open Street Map como standard del opensource, que tiene el problema de la fiabilidad. Es una herramienta increíble, pero hay que conocer sus límites

16.- Pasaremos de la digitalización a la datificación (informe Travelport digital)

17.- Necesidad del marketing en el mundo geo (que no del geomarketing), pero cuidado con el problema de promocionar a toda costa y priorizar el marketing frente a la necesidad

18.- El geomarketing es la nueva moda con el vestido de la localización inteligente

19.- Nuevos desarrollos que unen la gamificación y la geolocalización

20.- La reputación en Internet pierde relevancia al estar prostituida, últimos datos hablan de millones de cuentas falsas en *Google Maps* y compra-venta de reseñas

21.- *Google* es sinónimo de Geo: *Maps*, Earth, Views, StreetView, 360, Business, trips, etc

22.- Reagrupación de grandes compañías: Carto y Geographica, Tableau y Salesforce, Alandra y Urban Data Anaytics, data Centric y Tinsa

23.- La geolocalización como herramienta de control y manipulación

24.- La formación del entorno geo estará cada vez más dispersa, desde la formal a la informal, de la de pago a la gratuita, de la personal a la colaborativa

25.- El trabajo requerirá de elegir con qué herramientas vamos a hacerlo como quien elije un equipo deportivo

26.- Necesidad de puestos generalistas que sepan un poco de todo de la industria geoespacial (como los geógrafos, por ejemplo)

27.- El uso de datos cada vez más imprecisos puede generar un problema de fondo a futuro

28.- Saturación de información geográfica, necesidad de disponer de criterios para seleccionar lo verdaderamente relevante

29.- Comercialización frente a utilidad, el problema de vender a toda costa

30.- Frente al algoritmo, humanismo

7

Buenas prácticas

CAPITULO 7. BUENAS PRÁCTICAS

10 usos y 25 ejemplos de geomarketing para los negocios [14]

30/10/2012
GB

¿Sabes lo que es el geomarketing y los beneficios que te puede aportar si lo utilizas de forma estratégica en redes sociales?

A continuación te mostraré 10 usos y 25 ejemplos de geomarketing para hacer negocios, pero antes entendamos a qué nos referimos con este concepto.

Qué es el Geomarketing

Hay diversas definiciones de geomarketing, pero quizás una de las mejores sea la de Chasco (2003):

"Es un conjunto de técnicas que permiten analizar la realidad económico-social desde un punto de vista geográfico, a través de instrumentos cartográficos y herramientas de la estadística espacial".

La Wikipedia, en cambio, lo define del siguiente modo:

"Nacido de la confluencia del marketing y la geografía, [el geomarketing] permite analizar la situación de un negocio mediante la localización exacta de los clientes, puntos de venta, sucursales, competencia, etc., localizándolos sobre un mapa digital o impreso a través de símbolos y colores personalizados".

Por tanto, estamos hablando de que la empresa se encuentra dentro de un sistema mayor, que es el espacio donde se ubica; un espacio al que acude el cliente y que se convierte en un espacio de relación.

---

[14] Este artículo apareció publicado por primera vez en https://www.socialancer.com/10-usos-y-25-ejemplos-de-geomarketing-para-los-negocios/

Así pues, el geomarketing se convierte en una herramienta estratégica para el desarrollo de los negocios en un entorno determinado.

En qué te puede beneficiar el Geomarketing

Son muchos y muy variados los beneficios que te puede aportar el geormarketing. Aquí tienes algunos de los más interesantes:

- Optimización de la inversión en acciones de marketing
- Un mayor conocimiento de mercados y la habilidad de focalizar esfuerzos en determinados segmentos del mercado
- Diseñar zonas de ventas y rutas de marketing
- Identificar puntos de ventas
- Determinar el área de influencia para precisar la población que se está cubriendo
- Analizar el potencial del mercado
- Añadir valor en procesos de marketing directo o de atención al cliente

Beneficios del Geomarketing y las redes sociales

La unión del geomarketing tradicional con las redes sociales ha dado lugar a toda una serie de nuevas formas de analizar el territorio y ha permitido a los negocios obtener acceso a gran cantidad de información. Es lo que se llama "minería de datos", es decir, la capacidad que tenemos de analizar los datos en torno a nuestro negocio e interpretar dicha información para beneficio propio.

Por tanto, si aplicas el geomarketing al uso habitual que haces de las redes sociales, esos beneficios se multiplican considerablemente:

- Los clientes te dan presencia constante y se genera marketing viral
- Dispones de nuevas técnicas de promoción para recompensar a los clientes
- Puedes hacer un seguimiento del comportamiento del usuario, con la posibilidad de identificar y obtener información cuantitativa mediante completas estadísticas
- Conectas con los clientes digitales, gente que posiblemente tiene influencia en el círculo y sector en el que se mueve
- Aumentas la fidelización del cliente que ya tienes, pues desarrollas una relación más profunda y directa con él

- Consigues feedback constante: las buenas opiniones de los clientes favorecen nuevas incorporaciones
- Tendrás la posibilidad de medir el tráfico y te ayudará en la medición del ROI de tu negocio

Nuevas formas de geomarketing para los negocios

Aquí tienes 10 formas de geomarketing y 25 ejemplos que te pueden ayudar a obtener ideas para aplicarlo a tu propio negocio y, al mismo tiempo, sacarle el provecho necesario que mejore la toma de decisiones o que te permita establecer nuevas zonas de venta.

1. Conocer dónde se vende tu producto en tiempo real

La gente compra ropa todos los días, pero ¿y si pudiéramos ver dónde la compra la ropa en tiempo real? Es más, ¿y si pudiéramos saber qué compra en cada sitio, con qué frecuencia, cuánto cuestan las prendas, etc.?

Aquí tienes dos enlaces en los que se muestra el comportamiento de los clientes de Net-a-porter y de Zappos. Un estudio de mercado en tiempo real.

2. Saber qué están opinando sobre tu marca

La gente habla en Twitter sobre las empresas. ¿Y si pudieras saber qué están diciendo de tu marca en tiempo real y dónde se están compartiendo estas opiniones? Esto es lo que puedes ver con algunas de las grandes empresas de la zona de Detroit.

3. Contar historias alrededor de hechos puntuales: Storytelling basado en mapas

Hoy en día es fundamental llegar a la parte emocional de los clientes, y ¿qué mejor forma que contando historias? Si además de contar historias éstas pueden verse en mapas, entonces potencias la función que tiene el Storytelling de la marca o de la persona. Aquí 3 ejemplos:

Storymaps

Mapa de la vida de Steve Jobs

Mapa de Bruce Springsteen

4. Hacer seguimiento de tus eventos en Twitter

La empresa IDV Solutions hace seguimiento de los tuits que se producen en diversos eventos y genera un mapa muy visual del impacto de los tuits en una zona determinada y en un espacio determinado.

Manhattan on MayDay 2012

Olympic Torch London 2012

5. Conocer dónde se concentran las Startups que te interesan

Cada vez surgen más empresas, y el emprendimiento es la raíz de su nacimiento. Hay numerosos mapas en Internet que nos lo muestran. Si quieres invertir en una Startup o conocer qué tipologías de empresas existen, tan sólo tienes que observar algunos de estos mapas: Berlín Startupmap, Mapped in World, Startup Genome, Techcitymaps y Mappedinny.

6. Ver los comercios y personas de tu ciudad desde otro punto de vista

Las ciudades son espacios vivos. Y sobre ciudades puedes encontrar ejemplos como los siguientes:

Livehoods o mapas en función de los checkins que hace la gente

CityMaps o mapas donde lo que destaca es la marca (unido a los comentarios sociales que se hacen sobre ella)

Gathering Point o mapas que incorporan personas y contenidos geoposicionados para cada uno en función de las redes sociales con las que te relacionas

7. Encontrar los servicios sociales agrupados en un mapa

¿Trabajas en el ámbito de la salud? ¿Necesitas saber qué servicios de salud e infraestructuras hay en tu ciudad y dónde se encuentran? ¿Te interesa comparar las estadísticas de obesidad y diabetes en EE. UU.? En mapas como éstos encontrarás toda la información a golpe de clic:

Unidos por la salud

Obesidad y diabetes

8. Potenciar el acceso a la literatura y la música

¿Te gusta la literatura? Desde recrear historias que han aparecido en los libros como en Pin a tale hasta ver los libros que se venden en tiempo real en todo el mundo en Book Depository.

Pin-a-tale

Book Depository

¿Te gusta la música? ¿Buscas artistas para contratar, para colaborar, para venderles instrumentos? En mapas colaborativos como Musomap podrás encontrar músicos en todo el mundo.

Musomap

9. Determinar características demográficas de una población por zonas

Lejos quedaron ya los mapas estáticos de estadísticas de población; ahora puedes ver mapas de calor e identificar de un solo vistazo numerosas variables demográficas como en estos mapas de población.

Mapserver.nrc

10. Obtener información geográfica ciudadana a través de mapas colaborativos

En OpenStreetMap puedes encontrar numerosa información muy detallada de algunas zonas, no sólo de la estructura topográfica sino también de comercios y servicios. Se trata de un mapa abierto y colaborativo que se actualiza constantemente y que posiblemente sea uno de los mapas con más información geográfica del mundo.

OpenStreetMap

Cómo analizar y utilizar los datos obtenidos

Podemos clasificar en 4 categorías las formas de analizar y de utilizar los datos que obtenemos con el geomarketing:

Desde el lado de la demanda. Las personas llegan a un sitio y efectúan lo que se llama un checkin, es decir, dicen dónde están exactamente, hacen comentarios sobre ese sitio y lo comunican a sus seguidores

Desde el lado de la oferta. Las empresas identifican qué clientes hacen este checkin, cuántos son y qué opinan

Como mapa de puntos. El hecho de hacer un checkin implica colocar un punto concreto en el mapa que, recuperado, permite crear un mapa de puntos

Como canal de comunicación. Cuando se realiza un checkin y se comunica a los seguidores, éste se convierte en un canal de comunicación

Empresas de Geomarketing

En España, empresas como Cabsa o Esri han entendido claramente esta nueva forma de hacer geomarketing y la aplican a través de sus servicios. Nos permiten trabajar de manera sencilla con nuestras bases de datos en cualquier territorio.

Geolocalización como herramienta de posicionamiento[15]

Google es ahora mismo la entrada a Internet de la mayor parte de la gente y de los negocios. Es bien sabido que la mayoría de las búsquedas que se realizan no pasan de la primera página de buscadores y dentro de ésta otra gran parte se queda en los primeros resultados.

Por tanto, *Google* se convierte así en el centro de la urbe de Internet: hace años, para que un negocio fuera visible, tenía que estar en el centro de una ciudad o en la calle principal y por la propia ley de mercado ese era el sitio con el suelo más caro, bien por la propia accesibilidad al centro de la ciudad, bien por estar situado en una calle o carretera de gran afluencia y, en consecuencia, por el tráfico y los clientes potenciales.

Hoy en día el centro de la ciudad, la calle principal, el sitio donde más clientes potenciales hay es *Google*. Por ello, en las estrategias de los negocios hay que buscar ser visible de la mejor forma posible (si no estás en *Google*, no existes).

La forma de aparecer en esa primera página de resultados puede ser

---

[15] Artículo del blog Think Big de Telefónica *La geolocalización como herramienta de posicionamiento en Google: Google My Business*
https://empresas.blogthinkbig.com/la-geolocalizacion-como-herramienta-de-posicionamiento-en-google/

distinta, en función de la estrategia que usemos y, de entrada, lo ideal es combinar varias acciones:

Posicionamiento natural (SEO): Se trata de aparecer por el trabajo realizado en la optimización de la web, la obtención de enlaces, las conversaciones generadas y el contenido publicado.

Posicionamiento de pago (SEM): Consiste en realizar publicidad, que aparece bajo el epígrafe de anuncios en las partes más visibles de la web, la superior izquierda y la columna de la derecha.

Posicionamiento por geolocalización (GEO): Esto es, localizar los negocios que disponen de una dirección física y que aparecen con el marcador de *Google* o bien en la parte superior derecha a través de un mapa.

Nos centraremos en la parte de la geolocalización como estrategia de posicionamiento en *Google*. Lo primero que se ha de tener en cuenta es la importancia creciente de *Google* My Business, del que hemos hablado en varias ocasiones: simplemente recordar que el hecho de tener nuestro negocio *reclamado* nos da acceso a tres elementos básicos:

El buscador *Google*, donde aparecerá en toda la parte derecha de la pantalla la ficha del negocio y con el marcador de geolocalización en la zona central.

El mapa de *Google*, donde aparecerá nuestro negocio localizado y con la posibilidad de saber cómo llegar a él.

La capa social *Google* Plus, donde aparecerá el negocio en forma de Página local.

El posicionamiento, es decir, el lugar que ocupan los negocios, depende de muchos factores, pero sobre todo de dos elementos vinculados con la reputación en Internet: las puntuaciones con las estrellas y las opiniones con los comentarios.

Pero además hay redes sociales que sirven para posicionar tu negocio en *Google* de forma natural:

Facebook *Places*: el hecho de generar conversaciones y de tener el negocio geolocalizado (con dirección física) hace que se posicione mejor en *Google*, aunque la intención de Facebook es que se utilice su propio buscador y que funciona de forma muy similar a *Google* My Business, primando la reputación en Internet.

Foursquare y *Yelp*: tener lugares reclamados como negocios en ambas herramientas y de usarlo haciendo *check-in* y fomentando la participación hace que aparezca en los primeros resultados de búsqueda.

Pinterest: la opción de crear tableros con pines geolocalizados con la herramienta *Place Pins* o bien sin geolocalizar. pero poniendo un enlace desde la foto hace que se logre un posicionamiento muy bueno en *Google*.

YouTube: al tratarse de una herramienta de *Google*, basta con trabajar un poco el canal y etiquetar y posicionar bien los vídeos para aparecer en la primera página de *Google*.

Instagram: de momento no se obtienen tan buenos resultados, pero es cierto que esta herramienta permite compartir su contenido de forma automática en *Facebook, Twitter, Tumblr, Flickr y Foursquare*, lo que influye positivamente a su posicionamiento.

Twitter: con el anuncio de *Google* de que aparecerán algunos tweets en los resultados de búsqueda puede haber un cambio significativo. Mientras tanto, el uso de esta herramienta también es un factor de posicionamiento.

Aprende a usar *Google* My Business como una página web[16]

12.05.2015
GB

En diversas ocasiones hemos hablado de *Google My Business*, la herramienta de *Google* para gestionar tu negocio en Internet. Parece ser que desde hace unos meses no hay nuevos movimientos y, por tanto, nos permite respirar de tantos cambios y centrarnos en su uso.

---

[16] Las referencias a *Google* Plus ya no son válidas, puesto que esta red social fue cerrada en abril del año 2019

En muchos cursos y talleres planteo la cuestión de este título: ¿Por qué no usas *Google My Business* como una página web de tu negocio? Está claro que esta frase tiene algo de provocadora, pero no por ello deja de ser cierta.

La mayoría de los negocios en España son pymes de menos de cinco trabajadores, a los que les supone un esfuerzo tener una web que, además, suele quedarse obsoleta cada vez más pronto y que no se mantiene como se debería.

Las herramientas están para usarlas y muchas veces no es tanto una cuestión económica, sino de interés y de voluntad, y por eso te propongo que, si tienes un negocio, sigas unos sencillos pasos que te permitan usar *Google* My Business como la parte visible de tu negocio en Internet, independientemente de que tengas o no web (desde luego esto no sustituye a una web ni tiene sus funcionalidades, pero depende de las necesidades puede cumplir perfectamente y dar visibilidad en Internet a tu negocio).

- Busca si tu negocio está dado de alta en *Google My Business*

Si está dado de alta, reclámalo y podrás gestionarlo; si no está, dalo de alta e igualmente toma el control para gestionarlo

Con esta acción tu negocio va a tener una presencia en *Google Maps* (localizándolo), en el buscador *Google* (en la parte derecha del mismo) y en *Google Plus* (como *Google Local*).

- Incorpora información

Añade toda la información que te pide: el nombre del negocio, una frase que defina a qué se dedica, la categoría en la que se adscribe, el teléfono, la dirección, la página web, el horario, fotografías del negocio y, en su caso, visita virtual si la hubiera.

Con esta acción estás diciendo a tus clientes en Internet a qué te dedicas y cómo contactar contigo de diversas formas.

- Habla con tus clientes

Google My Business trabaja en *Google Plus* y puedes generar información del negocio y compartirla con tus seguidores (agrupados y segmentados en círculos) o con clientes potenciales. Esta información puede estar en forma escrita, en fotografía, en vídeo, con enlaces, etc.)

Con esta acción ya tienes una red social con la que empezar a trabajar y puede ir aumentando día a día con esfuerzo y constancia.

- Haz participar a tus clientes

Ahora puedes pedir a tus clientes que den su opinión sobre tu negocio, a modo de puntuaciones o de opiniones que se denominan reseñas, no olvides responder a todas desde tu panel de control.

Con esta acción no sólo tendrás una consultoría gratuita sobre tu negocio, sino que cuantas más opiniones positivas tengas, más mejorará tu reputación en Internet y el posicionamiento natural en *Google*.

- Muestra tus vídeos

Esta herramienta ha integrado el canal *Youtube* (también de *Google*) y, por tanto, puedes hacer vídeos sobre el negocio o acerca de lo que se hace en él y mostrarlo a todo el mundo.

Con esta acción tu negocio cobrará vida en Internet y podrás mostrar lo que quieras, para que la gente lo compre o vaya a verlo.

- Haz publicidad

Puedes usar *Google Adwords Express* para hacer publicidad de tu negocio, para las personas que estén alrededor del mismo y atraerlos a tu tienda física desde la web, el móvil y la tablet al mismo tiempo.

Con esta acción tienes la posibilidad de invertir pequeñas cantidades e ir probando la efectividad de tus campañas publicitarias.

- Haz vídeollamadas

Puedes utilizar los *hangouts* para hacer vídeollamadas sin coste alguno con tus seguidores, para que te hagan consultas o pedidos.

Con esta acción darás confianza a tus clientes y una posibilidad de interacción única.

- Observa si es útil

A través de las estadísticas (*Insights*), podrás saber cuál es la visibilidad de tus publicaciones, cómo es la interacción con los usuarios y qué tipo de público tienes.

Con esa acción podrás modificar tus publicaciones o conocer a tu público para ofrecerle lo que necesita y cada cambio que hagas, mejorará la eficiencia de tu negocio.

En conclusión, tan sólo con dar de alta tu negocio en esta herramienta y aprender a gestionarlo, tendrás cubiertas todas las necesidades básicas de desarrollo de un negocio online a coste cero. Una vez empieces a sacar provecho de esta plataforma, se plantearán nuevas cuestiones que puede que te exijan crear un site, pero mientras tanto usa *Google My Business* como una página web.

12 razones para que tu negocio esté en *Google* My Business

22/06/2015
GB

En numerosas ocasiones hemos reiterado la importancia que un negocio esté en *Google*. Tal como comentaba en otras ocasiones, es cierto que los negocios en general desconocen *Google My Business* y su uso puede parecer limitado, recuerda que es una forma muy sencilla y gratuita de tener un buen posicionamiento en *Google*, sin necesidad de tener una página web ni numerosas redes sociales.

Si hace dos semanas hablábamos de la llegada de *Google My Business*, con el cambio que supone la integración casi total de los servicios de empresa de *Google*, y la semana pasada parlaba de otros conceptos de *Google* My Busisness con los que interactuar en Internet , en esta ocasión completamos esta trilogía de *Google* My Business explicando doce razones por las que un negocio debe utilizar esta herramienta.

El hecho de dar de alta nuestro negocio en *Google My Busisness* supone estas ventajas que, al mismo tiempo, se convierten en doce razones convincentes:

1.-Es muy sencillo de utilizar, basta con acceder al enlace del propio *Google: Como tener presencia en Internet con Google My Business* y seguir los pasos indicados.

2.-Es muy barato. Tienes dos opciones: hacerlo tú mismo, con ayuda de estos artículos y la propia ayuda de *Google* y un poco de tiempo e interés; o bien contratar a alguien externo, en este caso no es caro, porque no requiere un excesivo gasto en tiempo (aunque sí en conocimiento).

3.-Presencia en el buscador *Google*: Tu negocio aparecerá en forma de ficha con la descripción, las puntuaciones, las fotos, el mapa y *Google Street*

202

view de manera destacada y ocupando todo el espacio de la derecha de la pantalla.

4.-Presencia en las búsquedas de *Google*: En función de los contenidos que se generen y de la interacción que se realice con los usuarios, el hecho de utilizar *Google Plus* con tu negocio favorecerá el posicionamiento natural en las dos primeras páginas de las entradas de *Google Plus*.

5.-Presencia en *Google Hotel Finder*: En caso de ser un hotel aparecerá como enlace patrocinado en el buscador *Google* bajo los anuncios y antes de las páginas web de contenidos.

6.-Presencia en *Google Maps*: Aparecerá geolocalizada cuando se busque en el mapa con el despliegue de una ficha similar a la anterior en la parte superior izquierda de la pantalla y que da a su vez acceso, a través de las reseñas, en *Google* Plus.

7.-Presencia en *Google Plus*: Tanto si es una empresa local verificada como si es una página, aparecerá en las búsquedas de esta red social.

8.-Presencia en dispositivos móviles: No sólo aparece en la web, sino que tu negocio estará inmediatamente en los móviles y *tablets* con las mismas funcionalidades que en el ordenador.

9.-Acceso a estadísticas: Cada movimiento que hagan tus seguidores en tus páginas será monitorizado por *Google Plus* y te ofrecerá estadísticas sobre su comportamiento, ayudando a mejorar tu presencia en Internet

10.-Gestión de comentarios: Si tus clientes interactúan con la marca o negocio podrás responder como propietario, mejorando tu reputación en Internet si sabes manejar las conversaciones.

11.-Integración con el mundo *Google*: Cada vez se integran más las herramientas de *Google*, como por ejemplo *YouTub*e y *Google Analytics*, que ya aparecen directamente en el panel de control de tu negocio en *Google* Plus.

12.-*Google* Fotos: Si contratas a un fotógrafo de confianza de *Google* para hacer una visión 360º de tu negocio, las fotos que realice, además de tener gran calidad, aparecerán muy bien posicionadas en *Google* y serán la carta de presentación visual del tu negocio en *Google*.

¿Un mapa turístico o una experiencia turística?

22/06/2015
JDR

Los mapas turísticos tradicionales

Los mapas turísticos que podemos conseguir en la oficina de turismo de cualquier ciudad tienen características conocidas por todos. Algunas de ellas son casi signo distintivo de este tipo de cartografía, hasta el punto de casi definir un estándar consuetudinario formado por: callejeros con monumentos destacados mediante el uso del color, etiquetado detallado, sistemas de cuadrículas para ayuda en la localización, leyendas con la iconografía de los distintos puntos de interés, y directorios con información auxiliar. El producto elaborado con estas especificaciones suele ser impecable. Sin embargo, si nos fijamos en algún grupo de turistas es frecuente observar a alguno que no está con el mapa en una mano y el teléfono móvil en la otra. El motivo suele ser simple: el turista está consultando datos espaciales que amplían la información y la funcionalidad ofrecida en el mapa turístico. La geo web semántica es una necesidad.

El factor molestia

No conozco ningún estudio que haya encuestado a estos turistas, sean usuarios del móvil o de las tabletas, y les haya preguntado qué aplicaciones están consultado, pero casi con seguridad manifestarán que es una molestia tener que ir saltando de una app a otra para satisfacer sus necesidades de geolocalización, mientras hacen turismo, y funden la batería del móvil en apenas unas horas.

Este «factor de molestia», tan propio del vocabulario del pensamiento cartográfico *lean*, puede ser la base para conocer que desean experimentar los usuarios de los mapas turísticos. ¿Qué tipo de datos espaciales necesitan? y ¿Qué funcionalidad requieren sobre la información? Es decir ¿Dónde se encuentra el valor en la cartografía para el turista?

La experiencia de la geolocalización en el turismo

No es posible definir en qué consiste una experiencia cartográfica turística sin molestias y satisfactoria sin realizar una investigación de mercado, pero a modo de hipótesis, y en modo beta, vamos a proponer desde este blog una lista con algunas de ellas.

1. Localización. Al fin y al cabo, una de las ocupaciones principales del turista es saber dónde está.

2. Navegación. La segunda actividad más demandada es cómo llegar al sitio que se desea visitar. Además, es recomendable que la funcionalidad de la navegación sea multitransporte y con condicionado horario e Hipermedia, con códigos QR por ejemplo.

3. Personalización de las capas de información. En cada momento se puede necesitar capas cartográficas distintas. Alojamiento o restauración entre otras

4. Configuración de idiomas

5. Rutas, rutas y más rutas. Por qué el mismo espacio alberga muchos lugares

6. Reconocimiento de voz. Estamos en exteriores donde las pantallas y el sol no son buenos amigos.

7. Realidad aumentada o códigos QR que identifiquen y cuenten lo que estás viendo.

8. Gestionar reservas en hoteles y restaurantes

9. Conocer y compartir la opinión de otros turistas sobre servicios turísticos como hoteles, restaurantes

10. Saber dónde se encuentran los puntos de interés más cercanos, su horario, como contactar y llegar a ellos

11. Conocer y gestionar actividades y ofertas de ocio.

12. Compartir contenido en redes sociales

13. Hibridación *online* y *offline* en el espacio físico.

14. Mapas en papel con conectividad web que permitan el acceso a información web

Casi todas las que acabamos de enumerar ya están cubiertas por webs, redes sociales, o apps. Seguro que la mente de muchos ha acudido algunos nombres como *Google maps, Here, Foursquare, Trip advisor, booking, Wikipedia* entre otros muchos, más las desarrolladas por las propias ciudades o por los sectores más dinámicos de la misma. Sin embargo, el factor molestia perdura. La información está dispersa y lo que es peor habitualmente aislada, sin que exista comunicación e interoperabilidad entre ellas, por lo que hay que tener abiertas varias aplicaciones e ir saltando de servicio en servicio, con el riesgo de consultar información desactualizada, y con una buena dosis de paciencia.

El valor de los mapas turísticos

Quizás estemos ante la necesidad de disponer de Infraestructuras de

Datos Espaciales especializadas en servicios turísticos o bien estemos ante el nacimiento de un tipo de producto cartográfico bien distinto como el mapa inteligente (*smart map*)

Tecnología, contenido e integración parece que son el motor para lograr el valor de los datos espaciales que demandan los turistas a la cartografía y a la información turística. La producción de valor no puede ser un esfuerzo aislado de un ente, organismo o empresa. El camino que nos han enseñado las IDEs muestra la necesidad de crear geo-comunidades que gestionen, organicen y lleguen acuerdos para mantener este flujo de datos, y obtener además la opinión de los usuarios para mantener y aumentar el valor asociado al dato espacial.

Los Geo-micromomentos

Quizás lo más interesante sea preguntarnos ¿Por qué hacerlo?, ¿Dónde está el beneficio? La respuesta es simple. Estamos ante lo que *Think with Google* denominó un micromomento. En esos momentos breves de tiempo los usuarios buscan información en el móvil para realizar una tarea específica: hacer, comprar, ir, o saber algo. Identificar estos micromomentos y ser capaces de ofrecer valor en ellos puede ser la clave para lograr una diferenciación y excelencia turística. Esta oportunidad parece interesante de poner en marcha en el tercer país más visitado del mundo, ya que cómo afirmaba un artículo hace unos días el turismo en España necesita más que sol y playa.

El marketing de ciudades o el marketing de lugares tan en boga hoy en día, debe utilizar esta nueva forma de consumo de datos espaciales. La razón es simple, por definición los micromomentos son escasos y valiosos por las altas expectativas y receptividad que tiene el consumidor de datos. Tenemos su atención.

Los Geo-micro-momentos turísticos no sólo son útiles para diferenciar la imagen de marca de la ciudad o del territorio, sino también para incentivar un *call to action*.

Pero no debemos quedarnos solamente con la idea de que existe un nuevo beneficio. También hay que replantearse el modelo de financiación que debe adaptarse a estos nuevos tiempos. Para ello los indicadores de éxito, o el ROI asociado a este tipo de inversiones está obligado a evolucionar debido al gran número e importancia de las externalidades que ofrecen los datos espaciales.

La visión de cartodroid

Nos hemos acostumbrado en los últimos años a observar lanzamientos de tecnologías alrededor del Sistema de Información Geográfica. Desde dispositivos GNSS en los Smartphone, gis-webs, programas de escritorio hasta app para nuestros móviles. Esta proliferación ha provocado una cierta sensación de insensibilidad que en muchas ocasiones se traduce en que el primer y único acercamiento que hacemos a los nuevos lanzamientos tecnologías sobre GIS sea observar su funcionalidad, estructura, clasificarla y ver que nicho ocupan. Condesando en una frase es frecuente que sólo preguntemos ¿pero esta herramienta qué hace de nuevo o diferente?

Hace ya unas semanas se presentó en Valladolid (España) *Cartodroid.*

Cartodroid es una herramienta GIS muy completa, de gran amabilidad y facilidad de uso para todo tipo de públicos. La aplicación ha sido realizada por ITACYL de la Junta de Castilla y león. La herramienta ideada para su uso en dispositivos Android tiene una hoja de ruta sobre próximas actualizaciones y desarrollos más que interesante.

Cartodroid es distinta, no se puede etiquetar sólo bajo ese prisma simplista: como una herramienta GIS en Android que permite la edición desconectada para trabajar en el campo directamente en el móvil: *Cartodoid* va un paso más allá. La presentación de la aplicación consiguió transmitir este sutil matiz. Para entender porque es especial hay que hacer zoom para verla con una perspectiva más amplia y captar su visión sobre los GIS y la geo-información

Las intervenciones mostraron algunos de los pilares de la visión de *Cartodroid* sobre la producción y consumo de datos espaciales

- Potencial de *Cartodroid* para popularizar los SIG y usarlos en el terreno.
- Integración de la información elaborada, actualmente dispersa, y ofrecerla en este caso a agricultor, para que reciba la información contextualizada del territorio que necesita: lo que necesita y cuando lo necesita. El GIS como sistema cartográfico RSS es otro de los potentes conceptos que explota esta aplicación.

- Posibilita que cualquiera pueda crear, mantener y poseer una base de datos espaciales. Esta última característica es crucial:

Hoy en día quien tiene una base de datos tiene un tesoro, puede explotar los geo-datos mediante cualquier técnica de análisis de datos para crear conocimiento y *Cartodroid* acerca la posibilidad de obtener valor de la información para cualquiera que esté interesado en marcar la diferencia a través de los geodatos.

Estas ideas no son no son originales, pero la diferencia está en que ahora los tenemos condesadas en una aplicación GIS para móviles por eso cuando se describe *Cartodroid* no se trata de lo que hace sino lo que se puede hacer con ella.

Cartodroid tiene un largo e interesante camino por delante para popularizar los GIS y la geo-información, les deseo suerte en el desarrollo, formación y divulgación y como diría Hughes que el sistema sociotécnico siga apoyando e impulsando su visión. ¡Enhorabuena!

Mapas persuasivos

07/01/2014
JDR

Los mapas son herramientas de Geo-comunicación que construye argumentos específicos sobre el estado del entorno espacial. En la cartografía persuasiva la exactitud es sacrificada para lograr un mayor impacto del mensaje del mapa, la claridad, la exageración y la manipulación del mensaje suelen ser sus grandes protagonistas.

Tradicionalmente estos mapas han sido mostrados por la ortodoxia como ejemplos de «malos mapas», casi tildados como «el lado oscuro de la fuerza» y frecuentemente tratados como los «bastardos de la cartografía». Se les ha considerados superfluos, anómalos, e incorrectos, principalmente por la manipulación que hacen de los datos y del diseño. Sin embargo, los mapas persuasivos son frecuentes, tienen una gran aceptación en la audiencia, y una gran difusión social. ¿Cuáles son las claves de su éxito?

Una línea de trabajo muy interesante que ayuda a comprender las claves del funcionamiento de la Geo-comunicación persuasiva son los estudios del cartógrafo Muehlenhaus.

Sus trabajos buscan desentrañar los mecanismos empleados en la cartografía persuasiva para convencer a la audiencia del mensaje del mapa

Ilustración 16 Mapa de National Highways Association (1918) *soliciting support for road building in the United States: "Some for War! Some for Defenses! Some for Peace!!!"* Fuente: AGS *Map Library*

Los estilos de geo-comunicación persuasiva.

Muehlenhaus, plantea la hipótesis de que existen diferentes estilos retóricos de Geo-comunicación persuasiva.

La finalidad de estos estilos es persuadir a la audiencia de observar un argumento desde una perspectiva concreta y en un contexto dado. En definitiva, los estilos cartográficos persuasivos intentan convencer de ver las cosas desde una determinada perspectiva a una audiencia.

El objetivo de la investigación de Muehlenhaus es construir una taxonomía inicial o básica, de estilos de mapas persuasivos. Para abordarlo analiza las diferentes técnicas utilizadas para generar mapas persuasivos:

- Manipulación del modelo de datos
- Simbología
- Representación
- Diseño gráfico y la composición

Las escalas de Likert aplicadas al análisis cartográfico

El método se desarrolló a través del análisis de más 200 mapas. Los cuales fueron analizados mediante escalas de Likert que exploran 14 dimensiones de los mapas, basadas en las variables de diseño gráfico de Dondi. Las dimensiones están definidas por sus categorías extremas, pudiendo tomar valores del 1 al 7 entre ellas:

1. Composición: balanceada o no
2. Mapa único o serie de mapas
3. Composición: fragmentada o fluida
4. Vista oblicua o de planos acotados
5. No cartográfico o cartográfico
6. Dinámico o estático
7. Jerarquía acentuada a plana
8. Contraste extremo o minimizado
9. Jerarquía compleja o simple
10. Simbología multivariante a univariante
11. Simbolización emotiva a geométrica
12. Simbolización aleatoria a repetitiva
13. Datos sin generalizar a generalizados
14. Mapa base específico a mapa base generalizado

Eficacia de los estilos de Geo-comunicación persuasiva

Los resultados del estudio han permitido definir cuatro estilos retóricos de Geo-comunicación persuasiva. Los estilos hallados por fueron denominados:

- Autoritario
- Sensacionalista
- Propagandístico
- Sutil, discreta, o disimulada.

Diseño, perspectiva y volumen de datos

Ilustración 17 Eventos climáticos intensos desde 1951 por Nelson para *IDV solutions,*

La elaboración de un mapa trasciende el volcado de los datos en un mapa, es necesario explorar el punto de vista más adecuado para mostrarlos.

En esta línea el diseño de mapas, sobre todo cuando muestra un gran volumen de datos se torna esencial. Un ejemplo es el mapa de huracanes elaborado por Nelson para *IDV solutions*, el cartógrafo nos habla de la decepción inicial de la primera visualización de datos y cómo el diseño y la búsqueda de perspectiva le permitió salvar el trabajo y ofrecer este espectacular mapa sobre el registro de huracanes.

Cuadernos de viaje en la geonube

04/08/2012
JDR

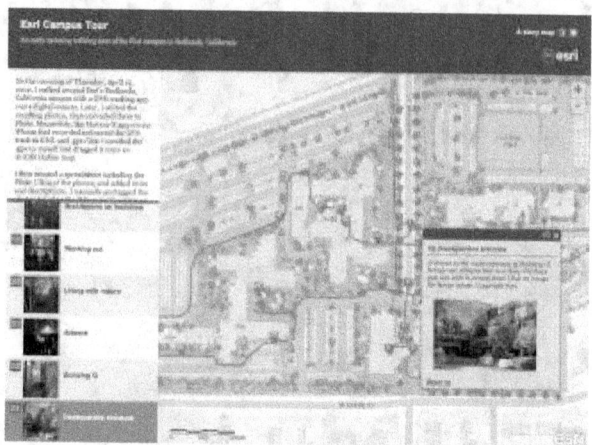

Ilustración 18 *Storymap* de *ESRI*

Tienen múltiples nombres y peculiaridades: Mapas de recorrido, mapas de cuenta cuentos, cuadernos de viaje, geo-narraciones, mapas de historias. Sin embargo, todos ellos comparten un denominador en común: el mapa.

Son agendas de un recorrido geográfico con anotaciones al estilo de las tradicionales *moleskines*.

También este uso de los mapas tiene su traducción en la geonube. De la mano de *ESRI* tenemos a nuestra disposición diversas plantillas para organizar y compartir estos contenidos en arcgis.com o en nuestra web. Los mapas comunican diferentes historias dependiendo de cómo estén diseñados.

No hay un mapa sino muchos mapas

AE 08, 2012
JDR

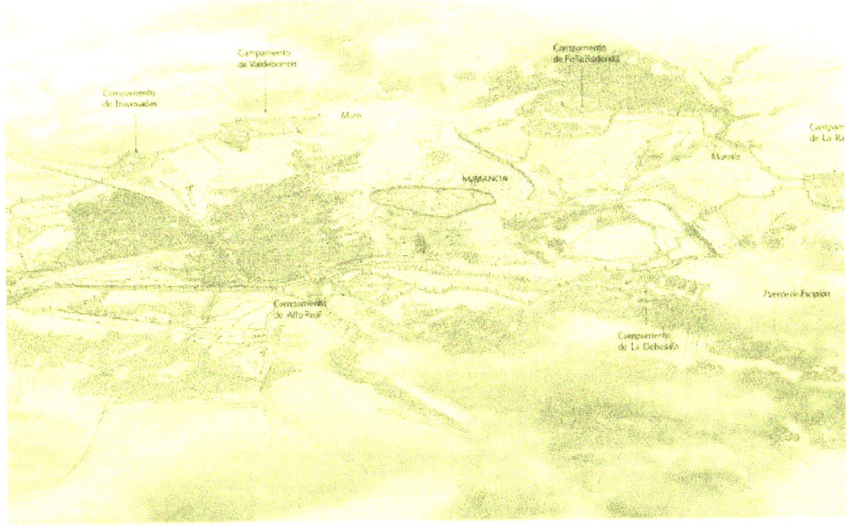

Ilustración 19 Mapa del sitio de Numancia Fernando Sánchez desde *EOSGIS*

La cartografía puede tener varias maneras de mostrar un mapa utilizando datos reales.

Una de las soluciones a la componente más tecnológica de la paradoja de los mapas invisibles pasa por el diseño como herramienta de producción de marca que huya de los mapas clonados. Se puede contar cartográficamente lo mismo, pero de una forma mucho más llamativa y atractiva para el lector.

Para ilustrar cómo se pueden hacer mapas que gestionen la economía de la atracción, traemos un claro ejemplo práctico en este mapa de Numancia.

Fernando Sánchez desde *EOSGIS* ha elaborado un mapa sobre el sitio de Numancia por los romanos, partiendo de un MDE como base, acompañado de mapas arqueológicos e imágenes de satélite. El mapa crea una bella composición con una vista sorprendente y poco usual en nuestros días, que recuerda la perspectiva de las ciudades tan popular en los mapas del siglo XIX.

Arte y mapas: Descomposición urbana

14/07/2012
JDR

Ilustración 20 Descomposición urbana de Armelle Caron

Entre el arte y el análisis Armelle Caron nos propone una sorprendente Fragmentación de la ciudad y descomposición urbana que nos ofrece una nueva e inquietante mirada sobre el espacio de las ciudades.

Popularidad de las redes sociales profesionales

Las redes sociales profesionales son un tipo de servicio de red social que se enfoca en la interacción y relacionamiento de naturaleza comercial y profesional, en vez de las relaciones personales.

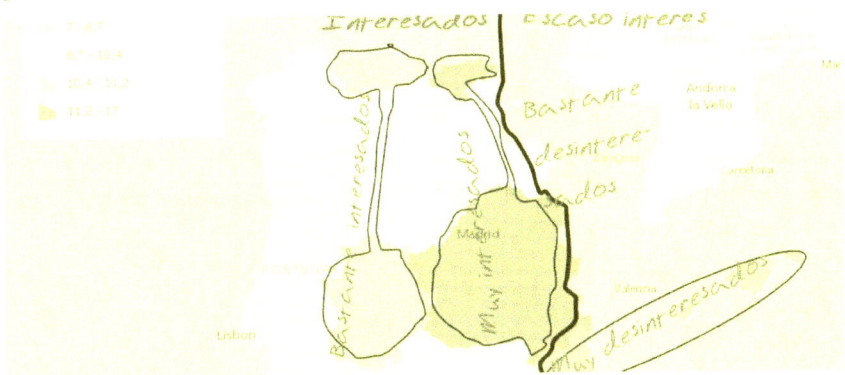

Ilustración 21 Popularidad de las redes sociales profesionales (orbemapa.com)

En anteriores notas hemos comentado el creciente interés y variada tipología de la cartografía de las rede sociales como *Facebook, Twitter* y mucho se ha hablado sobre la extensión de su uso entre la población. Pero la situación de las redes sociales profesionales como *LinkedIn* o *Xing* es un poco más desconocida. ¿Cuál es numéricamente su grado de implantación?, ¿Dónde se han desarrollado más?

Mapa de popularidad de las redes sociales profesionales entre los internautas en España

Para responder a estas cuestiones se ha elaborado el Mapa de popularidad de las redes sociales profesionales en entre los internautas en España, elaborando dos indicadores a partir de los datos de la *Encuesta sobre Equipamiento y Uso de Tecnologías de la Información y Comunicación en los hogares 2011* elaborada por el INE

Según datos del 2011, en España la población que utiliza redes sociales profesionales en Internet en España es de un 7% del total de la población del país. Lo que supone un 10,4% de los internautas.

La implantación de las redes sociales profesionales es sólida, con cerca de 2.500.000 de españoles que usan habitualmente los servicios de estas redes profesionales como *LinkedIn* o *Xing*, entre otros.

Geográficamente la gran mayoría de los usuarios de las redes profesionales, más de un 60%, está concentrado en Madrid, Andalucía, Cataluña y la Comunidad Valenciana, lugares donde ya de por sí, existe un mayor población y densidad. Si eliminamos este efecto la mayor penetración de estas redes en la sociedad, medida como el número de usuarios entre el total de la población, ocurre en Ceuta, Madrid, Cantabria y Castilla la Mancha, mientras que corresponde a Melilla, Murcia, Baleares, Canarias y País Vasco el furgón de cola.

Entre los internautas, la popularidad por este tipo de servicios de Internet es mayor en Ceuta, Madrid, Castilla la Mancha seguidas por Cantabria, Extremadura, Asturias y Galicia con un valor superior a la media nacional. En el lado opuesto Mellilla, Baleares, Murcia y País Vasco seguidas por Aragón, la Rioja, Canarias y Navarra son los lugares donde menos interés despierta.

Datos

- Número de habitantes que usan las redes profesionales
- Número de usuarios de Internet

Fuente INE

Indicadores

• Penetración en la sociedad: Número de usuarios redes profesionales/total de la población

• Popularidad entre los internautas: Número de usuarios redes profesionales/usuarios de Internet (variable representada en el mapa)

Simbología: cortes naturales (5 clases)

Regiones creadoras de contenido en Internet

Hace ya cuatro años presentamos el atlas de la comunicación blog en el que se recogía la evolución del fenómeno blog en España. Las estadísticas disponibles hoy en día han evolucionado en estos últimos años. Actualmente no diferencian el tipo de sitio donde se aloja el contenido web, sea este formato bitácora o un sitio más tradicional, y han creado la categoría creación de webs que engloba a la anterior y permite que sean englobados otros tipos de sitios.

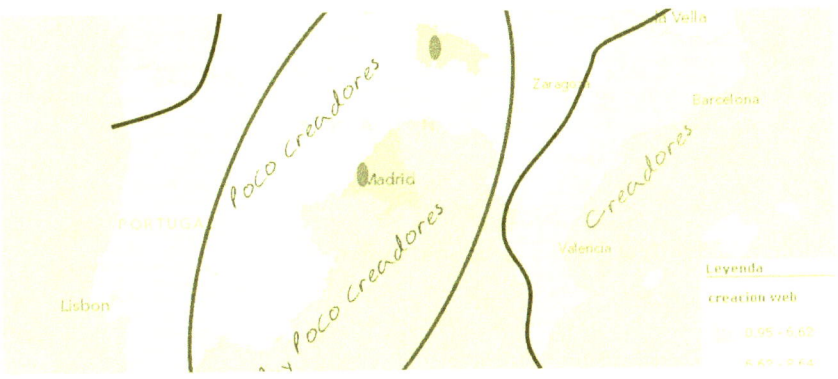

Ilustración 22 regiones creadoras de contenido en Internet (orbemapa.com)

Planteando la hipótesis de que la creación de webs es un termómetro plausible de cómo evoluciona la creación de contenidos en Internet, con independencia de cuál sea su frecuencia de actualización, se ha elaborado el mapa de regiones creadoras de contenidos web. Se segrega de esta manera el contenido multimedia compartido en las redes sociales. Planteado en estos términos, la pregunta que se intenta responder es ¿Quiénes son los más inquietos en la producción de contenidos en Internet en España?

Para responder a estas cuestiones se ha elaborado este mapa tomado los datos de las encuestas del INE

En España la población que realiza creación de webs en Internet en España es de un 8,9% del total de la población del país. Lo que supone un 12,5% de los internautas.

La implantación de la creación de webs es sólida, con algo más de 3.000.000 de españoles.

Geográficamente la gran mayoría de los usuarios creadores de contenido, cerca del 70 % está concentrado en Madrid, Cataluña, Andalucía, Comunidad Valenciana y Galicia lugares donde ya de por si, existe un mayor población y densidad.

Si eliminamos este efecto, el desarrollo en la creación de contenido web más destacado, medido como el número de usuarios entre el total de la población, ocurre en Madrid seguido por la Rioja y Cantabria, mientras que Melilla, y Castilla la mancha, Murcia y Andalucía son las menos activas.

Entre los internautas, el espectro cambia, la popularidad en la creación de webs en Internet es mayor en Galicia, con un valor muy superior a la media nacional seguido de la Rioja y Madrid. En el lado opuesto Melilla, Castilla la Mancha y Murcia son las comunidades autónomas donde menos interés despierta la creación de contenidos.

Datos

- Número de habitantes que crean web
- Número de usuarios de Internet

Fuente

- INE

Indicadores

- Desarrollo en la sociedad: Número de usuarios creadores de web /total de la población. (variable representada en el mapa)
- Popularidad entre los internautas: Número de usuarios creadores de web /usuarios de Internet

Simbología: cortes naturales (5 clases)

8

Casos de uso

CAPÍTULO 8. CASOS DE USO

El geoportal turístico de Peñíscola

Mapas para disfrutar de las experiencias turísticas de Peñíscola

Ilustración 23 Geoportal de Peñíscola

Antecedentes

El año pasado publiqué un artículo sobre *La información geográfica en las páginas web de los destinos turísticos de España: de la geolocalización online a los geoportales* en el que, entre otras cosas, llegaba a las siguientes conclusiones:

— No hay ninguna integración de los portales analizados en las nuevas herramientas como *Apple Watch*, *Google Cadboard*, Realidad Aumentada, *Google Glass*, etc, todas ellas basadas en la localización del usuario a la hora de integrar la información desde Internet.

— No hay ninguna integración con *Google My Business*, una herramienta básica para el turismo hoy en día, ya que permite a negocios y recursos estar presentes en *Google Maps* y bien posicionados de forma natural en el buscador *Google*.

— Todos los mapas analizados utilizan la base de *Google Maps* y en ningún caso se aprecia el uso de las Infraestructuras de Datos Espaciales (IDE), que son mapas oficiales de los distintos organismos en un lenguaje homogéneo, ni de mapas colaborativos como *Openstreetmap*.

— Estos portales siempre analizan el territorio desde el lado de la

221

oferta del destino y no de la demanda, para lo que se aconseja el uso de la metodología de proceso de viaje del turista, que habla de tres fases principales en el proceso de viaje del turista de forma cronológica: antes del mismo, durante el viaje y después del viaje.

La apuesta de Peñíscola

Hace unos meses el Ayuntamiento de Peñíscola contrató a *Marketingeo* para desarrollar unos mapas turísticos que enriquecieran la experiencia del municipio. Tomando como base las conclusiones de este estudio mi socio Bul y yo decidimos apostar por una solución sencilla pero efectiva. Podríamos haber hecho un geoportal muy potente, con un gran Sistema de Información Geográfica (SIG) detrás, con muchas capas de información y cientos de recursos geolocalizados y con un gran presupuesto.

En este sentido es cierto que no es un geoportal al uso, pero sí que sigue las últimas tendencias en la presentación de la información geográfica en Internet, más centrado en generar mapas sobre temas concretos que en un gran mapa general como herramienta de comunicación entre el turista conectado y el destino inteligente. De esta forma, trasladamos la importancia de la comunicación al turista siendo éste el que decide cómo acercarse al mismo y sin estar dirigido ni obligado a usar una herramienta en particular.

Todo este proyecto se enmarca dentro de la voluntad del Ayuntamiento de Peñíscola de convertirse en un destino turístico inteligente, desde luego que no se basa en este geoportal, pero es un elemento más que ayuda al desarrollo de este proyecto mediante el uso de la tecnología como herramienta de conexión con los turistas conectados.

Sin embargo, preferimos analizar bien el entorno y poner en práctica lo indicado en el artículo, analizando el comportamiento de la demanda del turista en Peñíscola e identificando qué soluciones había en el mercado para atender a esa demanda de forma sencilla, flexible, práctica y efectiva. Tuvimos la suerte de contar con grandes profesionales en el Ayuntamiento y el Patronato de Turismo, Laura y Belén, que desde el primer momento confiaron en nosotros y por ello teníamos una gran responsabilidad para responder de forma profesional a esa confianza que nos habían depositado; así como la integración en las páginas web gracias a Jaume Simó *y Dobleessa.*

El geoportal turístico de Peñíscola

De esta forma nació el proyecto de geoportal turístico de Peñíscola, con una serie de características que me gustaría destacar: personalización, usabilidad, herramientas, flexibilidad, experiencias e integración.

Personalización

Adaptación del logotipo: el proyecto debía llevar un logotipo, pero no se quiso hacer un nuevo logotipo con el coste que ello supone y la dispersión en la imagen turística de la ciudad, por ello se optó por adaptar el logotipo oficial de turismo de Peñíscola cambiando el sol por un marcador de geolocalización ligeramente más grande. De esta forma no se pierde la imagen corporativa, pero se le dota al proyecto de personalidad.

Experiencias en un mapa: se trata de un geoportal centrado en experiencias turísticas que se han convertido en dos productos del destino: Peñíscola de cine y familiar, es decir, no se trata de geolocalizar recursos sino de mostrar exactamente los recursos asociados a un producto muy concreto que, a su vez, está dirigido a un público concreto, de modo que se atiende a una segmentación de la demanda.

Página de aterrizaje: se planteó crear una página que agrupara todos los mapas y guiara al turista para usar el que le fuera más útil, para ello no se contrató un hosting ni se compró una url, sencillamente se usó *Google Sites* con la explicación del geoportal y dos pestañas que llevaban a su vez a los dos productos trabajados y éstos a los mapas disponibles.

Usabilidad

Medir, medir y medir: todas las herramientas utilizadas disponen de un sistema de medición, de modo que se puede saber si están siendo visitados esos mapas y en qué períodos. Igualmente se puede conocer qué fotos 360 son más vistas por los usuarios. Además, la página creada tiene incorporado el código de *Google Analytics* para medir el comportamiento y las visitas de los usuarios.

Compartir: todos los mapas tienen abierta la opción de compartirlos en medios sociales, a través de la url e incluso de embeber los mapas, de modo que las empresas de la localidad pueden incorporar estos mapas a sus páginas web y disponer de una información del destino.

Descargar: también se ofrecen los archivos originales para que el turista se los pueda descargar y poner en su navegador, en su GNSS o en el sistema que prefiera. Para ello se han compartido los archivos en formato kml (*Google*), gpx (para GNSS) y cvs (tabla de datos).

Herramientas

Las herramientas utilizadas han sido todas gratuitas y de uso muy sencillo, de modo que el turista reconozca la información geográfica sin necesidad de complicados sistemas para interactuar ni de descargarse aplicaciones.

Fotos 360: se han localizado más de 30 fotografías en 360° para que se puedan ver desde cualquier dispositivo y en cualquier momento. Además, se han incorporado a *Google Maps* y se ha generado un Tour Virtual para que el turista elija el modo en el que quiere acercarse a las experiencias turísticas de Peñíscola de forma virtual.

Storymaps: los mapas cuentan historias, se ha utilizado esta herramienta de la compañía *ESRI* para mostrar los recursos de cada experiencia de forma muy sencilla y visual.

My maps: *Google Maps* en la herramienta más usada hoy en día, si bien es cierto que tiene bastantes limitaciones en este caso se ha usado porque el turista familiar es lo que más reconoce y le sirve para moverse por el destino y encontrar los recursos de forma rápida y sencilla.

Flexibilidad

El turista de hoy en día es muy heterogéneo y cambiante, no se le puede ofrecer una única solución porque cada uno tiene una forma de moverse por el destino y utiliza unas herramientas determinadas. Por ello se decidió ofrecer la información geográfica de diversas formas para ofrecer la máxima flexibilidad en el uso que fueran a hacer los turistas:

Cuando prefieras: los mapas pueden ser consultados antes de ir al destino, durante su visita en el mismo o incluso después

Cómo quieras: los mapas pueden verse en el ordenador, en un portátil, en la *tablet,* en los dispositivos móviles e incluso con unas gafas 360.

Dónde quieras: se pueden ver los mapas desde cualquier sitio, ya sea tu casa, en el mismo sitio que estés visitando o desde la playa.

Experiencias

Una vez el turista entra en la página de cada experiencia obtiene tres formas de visualizarla:

Descubre: un *storymap* que ofrece la información de forma visual y accesible, pudiendo interactuar con capas de información, muy útil para ver desde el ordenador.

Encuentra: un mapa de *Google* que ofrece la información muy clara, se visualiza perfectamente en el móvil y permite al turista moverse por Peñíscola y llegar a los sitios con facilidad.

Visita: un tour virtual con fotos 360° que permite al turista observar los sitios antes de visitarlos y elegir dónde va a querer ir o qué características tiene cada lugar de forma inmersiva.

Integración

Además de la página web del geoportal se han integrado estos mapas en las respectivas páginas web de las experiencias turísticas de Peñíscola, tanto en la propia página web, como en el apartado de Peñíscola familiar y en Peñíscola de cine.

Conclusiones

En definitiva, el proyecto de mapas turísticos de Peñíscola responde a las necesidades de los turistas y cumple con la conclusión del artículo al que hacía referencia al comienzo de este post, haciendo de este destino un ejemplo de innovación turística y de uso eficiente de la administración pública: En definitiva queda mucho por hacer en este sentido pero la solución no pasa tanto por costosos y complejos sistemas sino por la identificación de las soluciones ya existentes en el mercado y su integración en nuevas webs flexibles y dinámicas que se adapten a un entorno cambiante con información geográfica de gran complejidad. La verdadera innovación parte de la integración de soluciones en el mercado y del análisis del comportamiento de la demanda en su paso de un entorno online en el que decide su viaje al consumo físico del destino, pero siempre como un turista conectado.

Impacto

Este proyecto ha generado una gran expectativa, tras la presentación del pasado jueves 15 de junio, numerosos medios de comunicación se han hecho eco del proyecto:

- Europa Press (Peñíscola impulsa el primer geoportal de mapas turísticos de la Comunitat Valenciana)
- Actualitat Diaria (Peñíscola es pionera en la Comunitat Valenciana amb el seu geoportal de mapes turístics)
- Las Provincias (Peñíscola presenta su geoportal de mapas turísticos, primero en la Comunitat)

- La Vanguardia (Peñíscola presenta su geoportal de mapas turísticos, primero en la Comunitat)
- 20 minutos (Peñíscola impulsa su primer geoportal de mapas turísticos de la Comunitat Valenciana)
- El economista (Peñíscola impulsa el primer geoportal de mapas turísticos de la Comunitat Valenciana)
- Levante EMV (Peñíscola desarrolla el Geoportal turístico para innovar y convertirse en «Smart City»)
- Castellón Información (Peñíscola, pionera en la Comunitat Valenciana con su Geoportal de mapas turísticos)
- Finanzas (Peñíscola presenta su geoportal de mapas turísticos, primero en la Comunitat)
- La Calamanda (Peníscola es situa com a localitat pionera en mapes turístics amb un innovador Geoportal)
- Diari Millars (Peníscola presenta el seu Geoportal de mapes turístics, el primer a la Comunitat Valenciana)
- Además también ha aparecido la noticia en la cadena SER , en su programa *Viajeros* que se hizo desde Peñíscola.

Identificación de nuevos clientes potenciales a través del geomarketing[17]

La Asociación Valenciana de *Startups* puso en contacto a la empresa del sector industrial Alondra, con la *startup Play&go experience* Cliente para desarrollar una prueba de concepto como proyecto piloto de los 10 seleccionados en la I edición del Programa «Retos de Digitalización de la industria valenciana», durante los meses de octubre y diciembre de 2020, en los que tuvieron reuniones periódicas, mentorizadas por Jaime Esteban, para definir el alcance.

Introducción

Este proyecto ha consistido en la unión de dos empresas valencianas, una tradicional e industrial del sector infantil (*Alondra*) y una *startup* de gamificación y geolocalización (*Play&go experience*), con el objetivo de encontrar sinergias entre ambas y presentar un reto que se desarrolle a través de una prueba de concepto. Tras diversas reuniones en las que se presentó una serie de servicios que podían mejorar la competitividad de Alondra, ésta decidió que se desarrollara una prueba de concepto para identificar nuevos clientes potenciales a través de la gamificación.

Uno de los elementos diferenciadores de *Play&go* es el uso de la variable espacial. Se trata de un componente de negocio que aporta un valor añadido esencial: conocer las rutas óptimas para realizar repartos, saber dónde localizar futuras tiendas, identificar nuevos nichos de mercado, conocer la distribución de la competencia, identificar las zonas de venta más eficientes, etc. A este análisis geoespacial se le denomina geomarketing y, en los últimos años, ha derivado en la denominada localización inteligente.

Alondra es una empresa que tiene diversos elementos en donde interviene directamente la variable espacial:

• Localización de tiendas en las que distribuyen sus productos

---

[17] Nota publicada en *Play&go experience*
https://playgoxp.com/geomarketing/identificacion-de-nuevos-clientes-potenciales-a-traves-del-geomarketing/

227

- Transporte de productos por todo el territorio
- Cualificación de los clientes actuales conociendo de dónde son y sus características
- Identificación de futuros clientes buscado "gemelos" en el territorio con similares características y perfiles
- Campañas segmentadas por localización de email marketing y *Ads*.

Desarrollo:

Objetivo: el objetivo de esta prueba de concepto ha sido analizar un nuevo método innovador para la captación de clientes gracias a las posibilidades que ofrece el geomarketing.

Metodología:

1.- Identificar bases de datos geoespaciales (primarias): en primer lugar, es necesario identificar las bases de datos primarias que aporten información relevante y la escala de trabajo como, por ejemplo el número de mujeres entre 30 y 34 años (la media de tener un primer hijo en España está en 32 años, según datos del Instituto Nacional de Estadística (INE).

2.- Identificar otras bases de datos (secundarias): en segundo lugar, identificar bases de datos secundarias que obtengan información relevante a partir de las fuentes primarias, por ejemplo, el crecimiento vegetativo de la población de 1996 a 2018 en España (escala municipal).

3.- Identificar bases de datos de la compañía: por último, bases de datos que aporte la compañía y considere relevantes como, por ejemplo, ventas por tienda, compras online o visitas a la web por localización.

4.- De los datos al conocimiento: una vez se identifican las fuentes de información a utilizar, se deberá analizar qué conocimiento se quiere obtener a partir de estos datos como, por ejemplo, los municipios con presencia de tiendas en España y potencial demográfico a la hora de segmentar campañas online.

Resultados: prueba de concepto

A la hora de analizar las posibilidades del uso de la localización inteligente en la empresa industrial Alondra, se plantea realizar una prueba de concepto, teniendo en cuenta que existen dos posibilidades de desarrollo:

1.- Datos: a la hora de trabajar con datos se pueden establecer una jerarquía: en primer lugar se realiza una geolocalización de los datos de Alondra sobre un mapa (datos geolocalizados) , en segundo lugar se incorporan datos de otras fuentes y se realiza un primer análisis (información), en tercer lugar, se buscan patrones que aporten un valor añadido al análisis (conocimiento) y, por último, se analizan otras zonas con patrones similares para prever otros escenarios de crecimiento (inteligencia).

2.- Escala: se puede trabajar a escala europea, estatal, regional (CC.AA.), provincial, municipal y distrito postal. Cuanto mayor sea el nivel de desagregación más difícil es obtener datos, pero son más valiosos y de mayor calidad.

Piloto:

En esta prueba se decide trabajar sobre el segundo nivel de análisis de datos (información) y en dos provincias piloto (Islas Baleares y Málaga) a escala municipal.

Para ello se han elaborado dos mapas: uno que ofrece las capas de información para que puedan ser analizadas por Alondra y otro con la información ya contrastada para intentar responder a las preguntas de negocio establecidas.

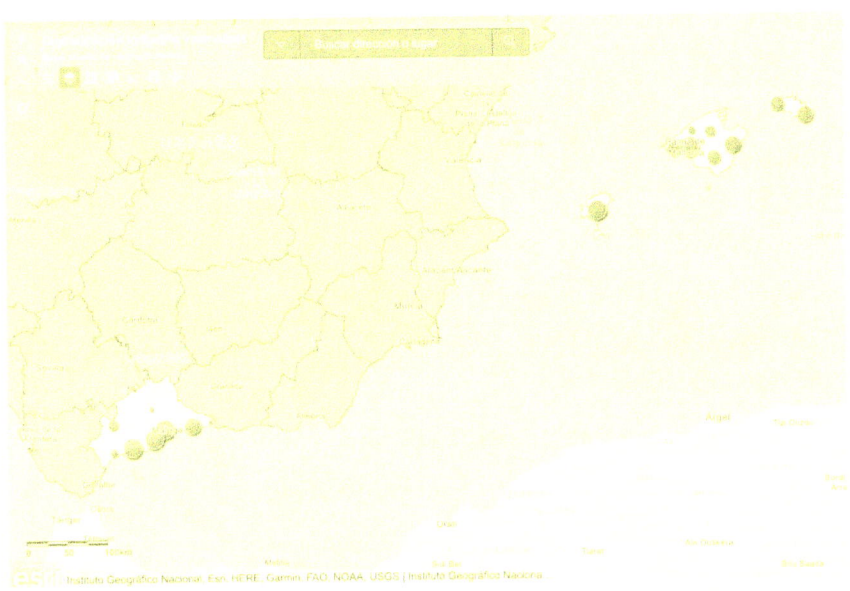

Ilustración 24 Mapa de análisis de la prueba de concepto de Alondra

Capas de información de Alondra:

- Visitas *online*: número de nuevos usuarios que han accedido a la web de Alondra por primera vez.
- Compra online, número de usuarios que han comprado en la web de Alondra y desde donde lo han hecho.
- Venta tiendas: volumen de ventas por tiendas físicas.
- Capas de información públicas:
- Renta disponible media: a escala de distrito, pero sólo en las capitales de provincia y grandes ciudades.
- Mujeres de 30 a 34 años: a escala municipal, como público potencial a la hora de comprar los productos
- Crecimiento vegetativo (1996-2018): a escala municipal, que indica aquellos que tienen mayor crecimiento demográfico natural (nacimientos - defunciones) y migratorios (inmigración - emigración).

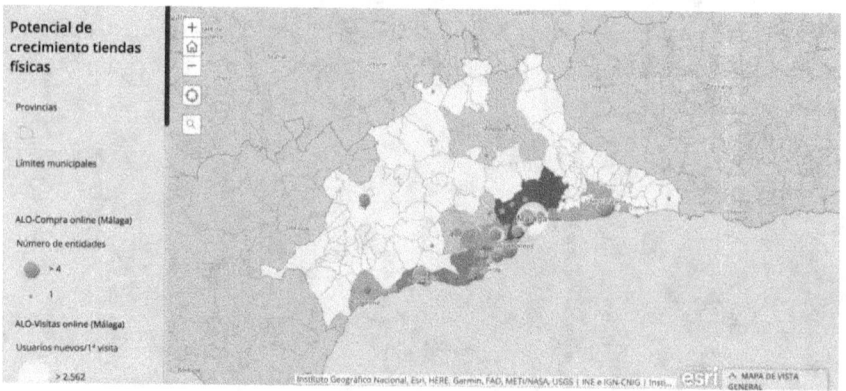

Ilustración 25 Mapa 2: visualización de la prueba de concepto de Alondra

El objetivo ha sido poder ayudar a la toma de decisiones estratégica sobre tres preguntas de negocio:

1.- Segmentación de campañas de marketing online

2.- Localización potencial de nuevas tiendas físicas

3.- Potencial de crecimiento en tiendas físicas

Conclusiones:

Una vez presentada la prueba de concepto, Alondra confirma que será una herramienta muy útil a la hora de definir la estrategia de la compañía, pero que además este proyecto le ha permitido cambiar su forma de analizar la compañía incorporando la importancia de la variable espacial. Además, lo identifica como una ventaja competitiva con su competencia, ya que nos disponen de esta herramienta de análisis.

Por su parte, Play&go ha logrado desarrollar en muy poco tiempo un piloto útil para una compañía tradicional, demostrando la importancia de los datos geolocalizados. Este proyecto le va a permitir escalar de dos formas: con la propia empresa de Alondra y de este sector, desde el nivel regional hasta el local y en otros sectores en los que el geomarketing puede aportar un valor añadido.

Plataforma inteligente aforos playas[18]

21-07-2020
GB

Zones de Bany CV, la plataforma valenciana de información de aforos de playas y zonas de baño en tiempo real

La Comunitat Valenciana es una de las regiones que está recibiendo, en estos momentos, más visitantes y turistas tras la fase de desescalada de la pandemia del Covid-19. Uno de los aspectos esenciales es el de ofrecer información a los visitantes para que se sientan seguros y puedan volver a disfrutar de esta región.

Para ello, la Dirección General para el Avance de la Sociedad Digital encargó a la empresa valenciana *Play&go experience*, una aplicación web/app con el objetivo de proporcionar a la ciudadanía un sistema de visualización, disponible en sus dispositivos móviles, del grado de ocupación de las playas y otras zonas de baño de la Comunitat Valenciana, para afrontar la temporada turística Post Covid-19 con las máximas garantías de seguridad a los visitantes. Se trata de un proyecto de la Generalitat Valenciana en el que han colaborado diversos organismos como la Conselleria de Innovación, junto

---

[18] Nota publicada en Play&go experience
https://playgoxp.com/geolocalizacion/zones-de-bany-cv-la-plataforma-de-aforos-de-playas-y-zonas-de-bano/

con Turismo, Justicia, Hacienda y la Dirección General de Costas.

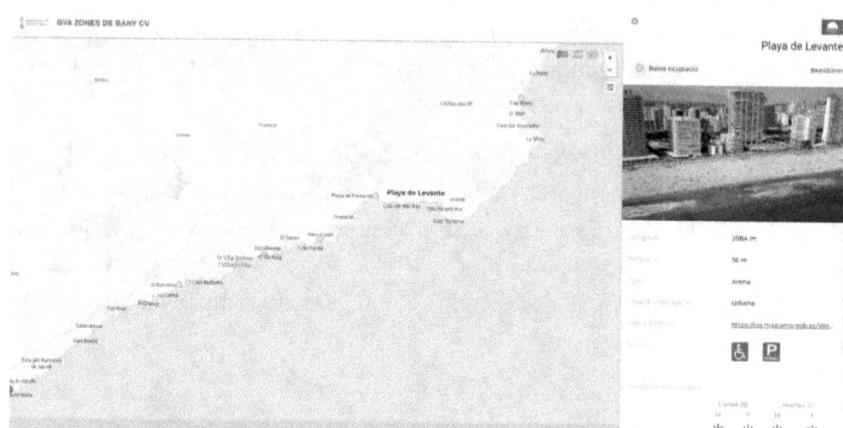

Ilustración 26Plataforma valenciana de información de aforos de playas y zonas de baño en tiempo real

Para el desarrollo de la plataforma se necesitaba trabajar con una tecnología que diera las suficientes garantías para el desarrollo. Por ello, desde *Play&go experience* se apostó por colaborar con *dotGIS*, empresa con la que coincidimos en la 5ª edición del Programa Lanzadera y con gran experiencia en el sector geoespacial. Al mismo tiempo, se decidió utilizar la tecnología de la exitosa empresa española *Carto* para disponer de los mapas online y soluciones de *location intelligence*

La plataforma "Zones de bany CV" geolocaliza las 340 playas y calas de la costa de la Comunitat Valenciana, así como las zonas de baño interiores y ofrece toda la información necesaria para que el visitante se sienta seguro a la hora de disfrutar una zona de baño, e incluso para que pueda descubrir otras zonas. Para ello, al pulsar en el punto del mapa, se despliega información específica:

- Estado diario de aforo: se indica, con un sencillo código de colores similar a los de las banderas de las playas, si éstas tienen una baja ocupación (verde), ocupación media (amarillo) o plena ocupación (rojo), así como si no hay datos (blanca) o está cerrada (negra). Esta información se actualiza diariamente durante todo el día mediante un sistema de recogida de datos manual, en el que los encargados de la misma disponen de este mismo mapa en el móvil para indicar el estado de ocupación y que se muestre a tiempo real.

- Características: municipio a la que pertenece, si dispone de bandera azul, longitud, anchura, tipo de arena, grados de urbanización, así como si dispone de servicios de accesibilidad y parking y un enlace a más información de esa zona en la web del Ministerio de Transición Ecológica, que es quien provee de esta información.

- Previsión meteorológica: para los próximos dos días, con el estado del cielo, viento, oleaje, temperatura máxima, sensación térmica, temperatura del agua e índice de UV máximo, todo ello directamente desde la web oficial de la Agencia Estatal de Meteorología (AEMET).

- Reserva de plaza: en el caso de que la zona de baño disponga de una web de reserva de plaza o una web turística se mostrará igualmente con dos botones para acceder directamente.

Con esta herramienta se atiende a uno de los aspectos esenciales en la era Post Covid 19 para dar una completa seguridad a los turistas y favorecer que nos vuelva a visitar y la Comunitat Valenciana se posicione como uno de los destinos de referencia a nivel mundial.

Una startup en un mundo SoLoMo (social, local y móvil)[19]

15/06/2018
GB

El mundo se ha vuelto SoLoMo (social, local y móvil). Aunque la palabra suene rara tiene mucho sentido, vivimos en un mundo donde se genera información cada segundo y se comparte en redes sociales, se hace desde un sitio concreto donde nos encontramos, de modo que esa información está asociada a las características de ese lugar, pero además se hace en movimiento, ya que los dispositivos móviles nos permiten generar información en movilidad.

Este acrónimo no es nuevo, ya en el año 2011 se creó el Manifiesto SoLoMo, que sentaba las bases teóricas de este concepto basándose en el LBS (*Location Based Inteligence*), posteriormente ha sido adoptado en España por diversos autores. La última evolución la ha desarrollado Buhalis, quien

---

[19] Nota publicada en Play&go experience
https://playgoxp.com/gamificacion/un-mundo-solomo-social-local-y-movil/

233

afirma que la Lo de Local está siendo substituida por la Co de Contextual, de decir, no importa tanto el sitio concreto en el que se genera y comparte información, sino el área de alrededor, la información tiene sentido en su contexto geográfico.

Todo esto suena muy teórico, pero va más allá de estos estudios, ya que SoLoMo permite usar la geolocalización como herramienta de comunicación, uniendo los mundos físico y online. De este modo, cuando una persona está en un sitio y lo comparte mediante su móvil, lo que está haciendo es, a través de la nube, pasar del mundo físico al mundo online, de estar en contacto con las personas que tiene a su alrededor a acceder a los millones de usuarios de Internet en el mundo.

Por tanto, las redes sociales geolocalizadas se convierten en la marca que visibiliza los negocios físicos, bien para poder tener visibilidad online, bien para que esos usuarios lo vean en Internet y acudan al mundo físico al negocio para consumir sus productos o servicios.

Una herramienta SoLoMo

Desde *Play&go experience* son conscientes de que vivimos en este mundo social, local y móvil, pero también de que hemos de pasar de la teoría a la práctica. Esta herramienta participa de estos elementos (social, local y móvil):

- Social, porque se trata de una herramienta en la que el usuario se relaciona con el resto, a través del juego y compitiendo en un ranking, pero también con el espacio en el que se encuentra, ya que todas las interacciones que realiza con los recursos, así como los premios obtenidos, los puede compartir en sus redes sociales.
- Local, porque se basa en la geolocalización, las interacciones con el entorno dependen de dónde esté el usuario en cada momento, aunque también contextual, apareciendo los recursos a visitar en su área más próxima.
- Móvil, somos una herramienta de movilidad sostenible, los usuarios sólo pueden usarla en movilidad, desplazándose andando por el espacio y tan sólo cuando se encuentra cerca de un recurso puede hacer un *ckeck-in* o desbloquear la interacción con el mismo.

Beneficios SoLoMo

Todo ello da como resultado una serie de beneficios para el destino u organización, que pueden agruparse en torno a estos tres elementos:

- Social: se puede obtener información del usuario, conocer su perfil sociodemográfico, una mejora de la reputación en Internet mediante las valoraciones de los usuarios y promoción en redes sociales cuando comparten esa información en Internet.
- Local: promociona el negocio que ofrece descuentos y promociones, identifica los lugares más visitados, aumenta en tiempo de estancia y fomenta la visita a lugares concretos.
- Móvil: redistribuye a los visitantes a lugares concretos, lo que permite gestionar la saturación en algunos de ellos.

Indicadores SoLoMo

Pero en *Play&go experience* van un paso más allá, no sólo dicen los beneficios que supone el uso de su herramienta, sino que lo miden a través de unos indicadores propios, porque lo que no se mide no se puede mejorar, porque hay que pasar de un elemento subjetivo como es el beneficio a otro objetivo y tangible a través de datos concretos.

En este sentido, sus indicadores permiten establecer objetivos de uso de la herramienta, medir los impactos de las mismas, lo que permite tomar decisiones en futuras acciones y mejorar la eficiencia de las acciones. Se basan siempre en la estrategia como eje fundamental y el *game data* como elemento instrumental para la implementación de dicha estrategia.

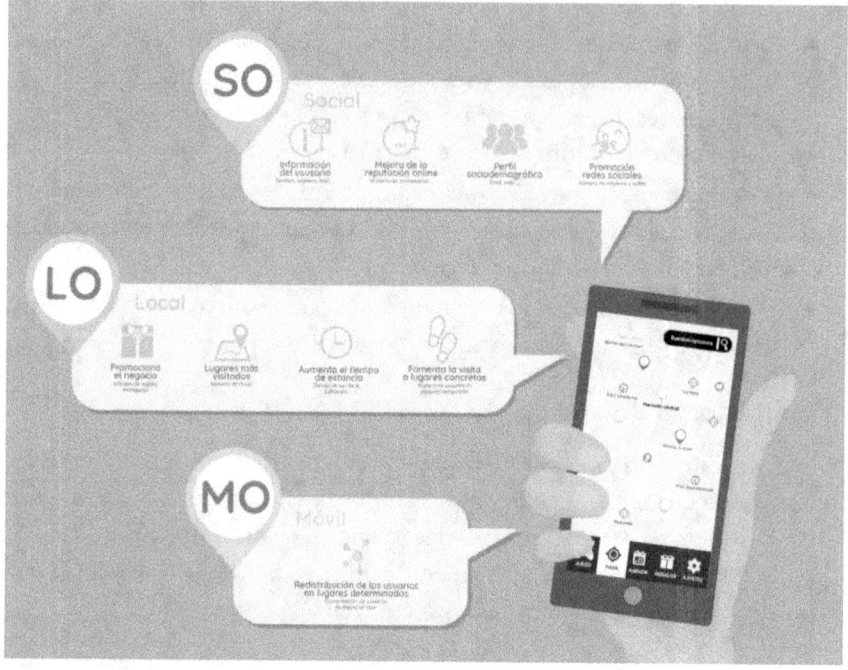

Ilustración 27 SOLOMO.

Datos SoLoMo

Por tanto, los datos con los que trabajan son:

- Sociales: nombre, teléfono, mail, Edad, sexo, valoraciones, comentarios, número de *check-in*, número de *selfies*, número de interacciones de realidad aumentada y número de cuestiones respondidas.
- Locales: número de regalos entregados, número de visitas, tiempo de uso de la aplicación y número de usuarios en misiones.
- Móviles: concentración de usuarios en mapas de calor

En definitiva, el mundo cambia constantemente y las compañías deben hacerlo con él, adaptarse y, para ello, es necesario hacer un esfuerzo de formación continua, de reflexión, de estrategia, no se trata de una cuestión tecnológica, sino cultural, de la cultura del cambio y de la innovación.

9

Preguntas y respuestas

CAPÍTULO 9. PREGUNTAS Y RESPUESTAS

como la geografía, geolocalización, cartografía y mapas, sistemas de información geográfica, geomarketing y tecnología geoespacial. La finalidad de esta disposición es facilitar la consulta al lector por bloques temáticos.

Geoentrevistas

Marzo 2020
GB

A lo largo de mi vida profesional me han realizado numerosas entrevistas, aquí se exponen las respuestas a algunas cuestiones planteadas en 10 entrevistas que me han hecho en los últimos años.

Hay que indicar que este tipo de entrevistas, para medios escritos (digitales u offline), son enviadas previamente para contestar, es decir, no es como en la TV o en la radio, por los que se puede reflexionar más en las respuestas. Precisamente esto es lo que aporta un valor, ya que son un ejercicio de reflexión, una comunicación entre las inquietudes periodísticas del entrevistador y los conocimientos y experiencia del entrevistado.

Agradezco a estos medios el haberme permitido publicarla en este libro, en este caso se ha puesto la referencia y la URL de la web, pero en el Libro I se pueden ver las respuestas organizadas y distribuidas alrededor de términos

Geografía[20]

¿Cómo considerás que se puede definir la Geografía en 2020? (no más de 10 líneas)

La ciencia que estudia la relación del ser humano con su entorno espacial

¿Qué aporta unidad a la disciplina? y ¿qué elementos de diferenciación interna podríamos establecer en la misma?

La unidad viene dada por la palabra donde, aplicar siempre la variable espacial a cualquier ámbito científico hace que sea susceptible de estudiar por la Geografía. A nivel interno no debería haber diferenciación, superar la tradicional dicotomía entre física y humana y el intento de unificación a través del análisis geográfico regional. Es geografía en general y luego están las especializaciones por elementos técnicos, metodológicos, conceptuales, etc., pero como partes de un puzle que, en ningún caso, deben sustituir al concepto genérico de Geografía.

---

[20] Entrevista realizada por la Asociación de Geógrafos Españoles (AGE)

Tal y como la he definido debería estar entre las ciencias sociales (ser humano) y las ciencias de la Tierra (entorno espacial). Esa capacidad de integración y transversalidad entre ambas es nuestro elemento diferenciador.

En mi opinión deberíamos unificar esta pregunta de forma científica. En mi caso, siempre me remito al estudio del Colegio de Geógrafos sobre los 5 ámbitos de actuación del geógrafo: tecnologías de información geográfica, planificación territorial y urbanística, desarrollo territorial, medio ambiente y sociedad del conocimiento.

Análisis espacial, tecnología geoespacial, integración, comunicación y aplicabilidad.

Geolocalización en red

Es imprescindible que nos vean y nos encuentren[21]

En mi opinión son dos caras de una misma moneda, es lo que denominó «geolocalización social»: el uso de determinadas herramientas sociales (social media) de la geolocalización como elemento clave para generar y compartir información. Por tanto, la geolocalización se convierte aquí en una herramienta de comunicación entre lo local, lo físico con lo global, lo online, a través de Internet y la nube (*cloud*).

Hay que tener en cuenta que la forma en que los negocios físicos se presentan en Internet con herramientas como Google My Business, *Facebook Places*, *Place Pins* de Pinterest, Twitter, Instagram o Foursquare indicando su dirección física para esa comunicación off-online.

Además de ello ayuda mucho al posicionamiento en *Google*, a la reputación en Internet o a la publicidad geolocalizada (*ads*), entre otras funcionalidades.

---

[21] ESRI blog (entrevista). https://esriblog.wordpress.com/tag/entrevistas-gis/

¿El mundo social, local y móvil está hoy en día más interconectado que nunca?

Pues sí, en la historia de la humanidad nunca se había producido una capacidad de conexión tan grande a escala global. Hoy en día somos nodos de un gran sistema que generamos información y nos comunicamos con cualquier persona del mundo a través de múltiples herramientas. Pero, paradójicamente, el elemento local tiene más importancia que nunca.

La frase más repetida es "piensa globalmente, actúa localmente" y a mí me gusta darle la vuelta y decir "piensa localmente, actúa globalmente", hay que pensar en clave local, en nuestro vecino, en la persona que está al lado, en los problemas ambientales de nuestro entorno, pero podemos actuar en todo el planeta.

Estoy convencido de que la suma de pequeños actos desde lo local, a través de Internet y las nuevas tecnologías, mejoran al planeta de forma holística.

¿Por qué es importante que nos vean e imprescindible que nos encuentren?

La visibilidad en Internet está clara, aparecer en la primera página de resultados de *Google* es esencial.

Al decir que te encuentren, además de un juego de palabras con la geolocalización, estoy diciendo que tienen que saber dónde estás, pero también quién eres, qué ofreces, que sientes, que necesitas.

La geolocalización es la forma de conectar el offline y el online pero también es la que permite encontrar nuestro lugar en el mundo.

¿Qué oportunidades ofrece la geolocalización online a los territorios?

Todas, por ejemplo, en turismo. El turista es online, antes de irse de viaje se informa en Internet, cuando acude al destino se comunica con éste a través de los medios sociales y, al finalizar su experiencia, la comparte en medios sociales, ejerciendo un papel crucial porque de su recomendación depende en gran medida que otras personas vayan al mismo sitio.

Por tanto, la geolocalización es una herramienta de comunicación entre el usuario online y el territorio conectado.

¿Y a las empresas?

Como el territorio, la mecánica es similar: una empresa situada en una dirección concreta en el espacio genera información en Internet y, de esa forma, pasa del offline al online haciendo que sea un solo mundo.

Una vez en Internet puede vender allí sus productos o servicios o puede hacer que los usuarios acudan al negocio físico a comprar. En cualquier caso, sigue siendo esencial como herramienta de comunicación.

Uff, muchos, pero de los últimos que he hecho yo destacaría dos que han sido muy satisfactorios:

Uno es el geoportal turístico de Peñíscola, en el que ofrecemos información geolocalizada de dos productos turísticos muy concretos: de cine y familiar.

El turista puede ver la misma información de tres formas distintas: en unos mapas denominados Story*maps*, en los mapas de *Google* (que es la herramienta más común) o mediante fotos 360. Y todo eso lo podemos medir para conocer el uso e impacto de los mapas en Internet y, en este caso, supera las 40.000 visitas en apenas cuatro meses.

El otro es uno en el que estoy trabajando actualmente: *Play&go experiencie*, una herramienta que mejora la experiencia del visitante a través de la gamificación, la geolocalización y la realidad aumentada.

Se trata de una guía gamificada, una aplicación que ofrece al usuario información geolocalizada pero también un juego con el que conseguir regalos y promociones. Pero, en realidad, es una herramienta para destinos y empresas y, en este caso, lo que obtienen son unos grandes

beneficios en lo que denominamos *game data*, es decir, qué perfil tienen los usuarios, por dónde se mueven, qué gustos e intereses tienen. Al fin y al cabo, ofrecemos datos de gran valor para ser analizados y tomar decisiones.

Una empresa que tiene datos de calidad tiene información, la información en su contexto espacial aporta conocimiento y éste lleva a reducir riesgos y maximizar oportunidades, de modo que es mucho más eficiente y rentable.

Sin la geografía no estás en ningún sitio[22]

Es la ubicación de una persona, objeto o cosa en el espacio y que evoluciona a la geolocalización 'online' con Internet, de forma que se transforma en las aplicaciones que permiten conectar esa localización física con la localización 'online'.

La geolocalización nos habla de la importancia del dónde, porque nos manejamos entre las dos dimensiones: la temporal y la espacial, que es la que nos permite situarnos en el espacio y contextualizarnos en un entorno físico, pero también social.

---

[22] https://www.geografiainfinita.com/2016/04/entrevista-a-gerson-beltran-sin-la-geografia-no-estas-en-ningun-sitio/

¿La geolocalización ha cambiado el mundo?

No, el mundo lo cambian las personas que actúan en un sitio concreto de una forma concreta, la geolocalización sólo nos dice dónde se producen esas transformaciones, pero lo importante siempre son las personas y lo que comparten. Como dice Genís Roca "eres de dónde compartes".

En la era del GNSS y la Geolocalización ¿sabemos encontrar nuestro sitio o hemos perdido capacidad de orientación?, ¿somos más vagos?

Todo apunta que sí recientes estudios hablan de que estamos perdiendo una capacidad humana que teníamos y que llaman "GNSS interno", al no usar nuestra capacidad de orientación estamos perdiendo esa habilidad, igual que la de memorizar, etc.

De todas formas, yo soy positivo y pienso que se trata de una evolución y una adaptación darwiniana a los nuevos tiempos, es como perder la capacidad de escribir por la de teclear, pues sí, pero también superamos la época del pergamino y ¿no nos ha ido mal no?

El geomarketing se utiliza sin saber que se está utilizando (entrevista) [23]

¿Qué ejemplo de empresa destacarías en cuanto a uso de la geolocalización?

Siempre me han gustado ejemplos pequeños.

A nivel de grandes, *ESRI*, una empresa de cartografía muy potente, que hace los story*maps*: mapas contando historias (historia del asesinato de Abraham Lincoln…) Historias interesantes como elemento de transmisión. Me gusta mucho el concepto. Luego, lógicamente, *Cartodb* es una empresa española que ha levantado un montón de dinero en inversión, y que permite acercar mucho la geografía al geomarketing, también para hacer mapas de *tweets*

por ejemplo, por dónde pasa la antorcha olímpica, de tweets de olores, de cómo huele la ciudad en función de lo que la gente dice, y con eso se generan mapas en Londres, cosas muy interesantes.

A nivel pequeño me gusta ir a pequeñas empresas que sin estar en el centro de una ciudad y sin tener mucha capacidad económica generan grandes resultados. Restaurantes pequeños como el *Bar Marvi* en Valencia, El Hotel *la Fábrica de Solfa* en Beceite…Empresas muy pequeñas que consiguen posicionarse en el mercado gracias a la geolocalización.

Hacer que la gente que lo ve en Internet acabe yendo a la tienda física

23 https://www.sesamelime.com/blog/el-geomarketing-se-utiliza-sin-saber-que-se-esta-utilizando/

a comprar. El retorno de inversión.

Es básico, lo que pasa es que la gente no lo acaba de entender. Al final SoLoMo lo que está diciendo es que la geolocalización funciona como una herramienta de comunicación. Comunicar el espacio offline con el online. Esto a través de decir dónde estás, a través del móvil o la *tablet*, estás transmitiendo una información local y social, la compartes con el móvil a través de la nube a un elemento global, dónde hay miles de millones de internautas, con lo cual amplifica mucho más. Da visibilidad en internet a las marcas que tienen una dirección física. Hacer que la gente que lo ve en Internet acabe yendo a la tienda física a comprar. El retorno de inversión.

El problema son las personas. La geolocalización es solo una herramienta

Sí, pero siempre lo hemos estado En cualquier cosa, en Carrefour cuándo te piden el código postal o cuando das tu tarjeta de crédito. El problema son las personas. La geolocalización es una herramienta, entonces dependiendo del uso nos geolocalizamos a cambio de algo.

Si un producto es gratuito, el producto eres tú. Las herramientas te permiten decidir si quieres compartir tu geolocalización o no. Al final es un tema de sentido común y de regulación, no es tan complicado.

Sí, desde luego. De momento se está obteniendo información espacial, y al obtener esos datos (*Big Data*) y a partir de obtener esos datos se puede empezar a gestionar y a plasmarlo en un mapa y ver visualmente cómo está funcionando una empresa, los flujos de trabajo, el movimiento del mismo o al lugar de residencia, o ver cómo se están realizando ciertas tareas de reparto. Lo importante es la base, es tener esa información, a partir de ahí saber trabajar esa información.

Ahora primero captamos el lead, vemos qué está haciendo la gente, cómo se mueve, qué dice y a partir de esa información le vendemos y luego de la venta sacamos el dato

Bueno, sí, decía Genís Roca, uno de los grandes especialistas de este país en temas de datos y de Social Media Turismo, dice que hemos pasado de vender y capturar el dato a capturar el dato para luego vender.

Tú lo que hacías es que cuando llegan a tu tienda dices: ¿me das tu mail? y ahí tienes un lead, y a partir de ahí obtienes fidelización. Ahora le hemos dado la vuelta. Ahora primero captamos el lead, vemos qué está haciendo la gente, cómo se mueve, qué dice y a partir de esa información le vendemos y luego de la venta sacamos el dato.

La parte online nos permite captar toda esa información previamente sin tener que salir de casa. Así segmentamos a los clientes que nos interesen.

Cartografía y mapas

La perspectiva geoespacial del geógrafo[24]

Desde los inicios el geógrafo está siendo encasillado en el ámbito de acción de la cartografía, en este siglo todavía encontramos personas no entienden que puede hacer un geógrafo, y generalmente hacen la afirmación "Oh, serás profesor". Pero podría explicar la importancia del geógrafo, es decir, ¿estamos únicamente limitados a "hacer mapas"?

Obviamente no, de hecho, en un sentido estricto, los que hacen mapas son los antiguos topógrafos o ingenieros en geomática, los geógrafos los interpretamos, para nosotros nunca son un fin, sino un medio, es nuestro lenguaje de comunicación. Un geógrafo trabaja en cinco grandes ámbitos: planificación urbanística, desarrollo territorial, tecnologías de información geográfica, medio ambiente y sociedad del conocimiento. A partir de ahí podríamos decir que somos la ciencia del dónde y, por tanto, trabajamos en todos aquellos aspectos en los que se relaciona al ser humano con el entorno que le rodea y que tiene una componente eminentemente espacial. Tenemos la capacidad de ver los proyectos desde una perspectiva global a integrar las sensibilidades de otras disciplinas para poder analizar, gestionar y transformar el territorio.

Como profesionales tenemos el interés de entender la dinámica geoespacial de forma nata, sin embargo, en estos últimos 10 años la inclusión del estudio geoespacial se ha hecho presente en otras disciplinas. Por ejemplo, vemos empresas como *Bentley Systems* que no solamente están creando productos orientados a la ingeniería, sino que han definido la importancia del estudio del entorno para cualquier proyecto.

---

[24] https://www.geofumadas.com/remgeo-5th-edition-the-geospatial-perspective/

Sin la geografía no estás en ningún sitio[25]

El desarrollo de Internet y de la Web 2.0 está haciendo que los mapas cobren cada vez más importancia y ya si hablamos de 'Big Data' y de 'Smart Cities', el uso de mapas, gestionados a través de Sistemas de Información Geográfica (SIG), es básico", explica. Y añade: "Los mapas nos ayudan a entender el mundo". En este sentido rescata una cifra de Andy Stalman: "no podemos explorar el nuevo mundo con viejos mapas". ¿A qué crees que se debe este auge?

Bajo mi punto de vista se debe a dos aspectos. Por una parte, a la complejidad de la sociedad líquida en que hay tantas variables espaciales y tan dinámicas que sólo pueden ser analizadas con sistemas más complejos y los mapas permiten simplificar esa información para poder interpretarla. Por otra parte, se debe a lo contrario, las nuevas tecnologías y los medios sociales han posibilitado a todas las personas generar mapas de todo tipo y compartir su ubicación y el ejemplo más claro es *Google Maps* y *Google Earth* que han conseguido popularizar la cartografía en Internet y hacerla cercana y usable.

¿Hacia dónde crees que está evolucionando la cartografía?

Está evolucionando por diversas líneas interrelacionadas y fascinantes: hacia la gestión de la privacidad, la integración del big data, la inmersión en los 360°, la cartografía colaborativa, la realidad virtual, la realidad aumentada, los 'gadgets' como los relojes y pulseras inteligentes, los drones, los *iBeacons*, etc.

Todo lleva un componente de geolocalización que puede plasmarse y gestionarse desde la cartografía.

¿Cuáles son los primeros recuerdos que guardas de los mapas?

Pues el Atlas de Geografía que nos enseñaban en clase y que mis padres me compraban y donde empezaba a entender lo que era el mundo en el que vivía.

¿Si hay que elegir una proyección?, ¿con cuál te quedarías?

¿Con ninguna? Hace poco oí que estamos pasando del concepto de proyección al concepto de zoom, me temo que la proyección se va a quedar para algo muy de geomática.

Los jóvenes no distinguen entre Mercator y Peters porque su móvil le enseña la ortofoto y nuestros hijos a través de la realidad virtual verán el mapa en 3 ó 4 dimensiones y se

[25]   https://www.geografiainfinita.com/2016/04/entrevista-a-gerson-beltran-sin-la-geografia-no-estas-en-ningun-sitio/

trasladarán por él, haciendo que el centro del mapa sea el individuo el mapa se configure y personalice a su alrededor, de modo que cada persona verá un mapa distinto.

Webinar "Mapas, geografía informal y divulgación en red"[26]

¿Por qué te apasionan los mapas? ¿Qué potencial les ves? ¿Cuándo surgió esa pasión?

Los mapas son el lenguaje natural del geógrafo que nos une con el entorno social y ambiental que nos rodea, pero también son una forma de expresión artística, una tecnología de información geográfica, un medio para encontrar nuestro lugar en el mundo.

El potencial que se le quiera dar, pero para mí el esencial es que permite contextualizarnos en el espacio a cualquier escala y en cualquier momento (dimensión espacio temporal), convierte la información geográfica en conocimiento y en inteligencia para tomar decisiones más racionales que nos ayuden a mejorar y transformar el mundo.

Supongo que, como todos, de pequeño con los atlas de geografía y la bola del mundo, como dice Mafalda, viajando sin salir de casa, explorando y descubriendo que hay muchos países y fronteras, pero que al final hay un solo Planeta Tierra y una humanidad que lo habita, Gaia entiende de vida, no de fronteras

Ser cartógrafo en un mundo ya cartografiado[27]

¿Qué es para ti un mapa? ¿Para qué sirven? ¿Qué utilidades tienen…?

Un mapa es una representación de la realidad, una proyección de la misma que sirve para conocer nuestro entorno.

Las utilidades son múltiples, desde saber dónde estamos, a guiarnos por el territorio, planificar las ciudades, que nuestro desarrollo sea sostenible, localizar recursos, planificar actuaciones, hacer previsiones, etc.

¿Cómo ha ayudado a la cartografía el avance de la tecnología?

La expansión del ser humano en el planeta Tierra se ha realizado gracias a la tecnología desde que se empezó a usar el sílex como herramienta hasta los satélites de la actualidad.

Las primeras civilizaciones siempre han realizado representaciones del espacio que ayudaba a, por ejemplo, la navegación y con ello al comercio. La exploración del planeta Tierra está

---

26 https://www.youtube.com/watch?v=bZ9BGPB8SPI

27 https://magnet.xataka.com/en-diez-minutos/ser-cartografo-en-un-mundo-ya-cartografiado-asi-muere-la-profesion-en-plena-edad-de-oro-del-mapa/

indiscutiblemente unida a los mapas.

¿Tienen los mapas ahora más relevancia que en la antigüedad?

No, tienen la misma, pero ahora se tiene más acceso a los mismos, antiguamente sólo los cartógrafos hacían mapas, hoy en día cualquier persona puede realizarlos, es lo que llamamos neogeografía. En estos momentos hay que diferenciar claramente los mapas topográficos, que siguen siendo realizados por profesionales, de los mapas temáticos, que pueden ser realizados por cualquier ciudadano.

¿Cuál es la diferencia entre los mapas de antes y los de ahora?

En mi charla de TEDx Alcoi hablé de diferencias entre los mapas de antes y los de ahora en cinco puntos, aunque hay que indicar que se trata de una visión personal en la que "juego" con contrarios, ya que la realidad tiene múltiples visiones.

Por tanto, no se trata de indicar las diferencias desde un punto de vista científico sino desde un punto de vista de la comunicación, de expresar cómo ha cambiado todo.

1.- De la representación a la realidad: antes, los mapas eran una representación gráfica del lugar donde estábamos, una interpretación de la realidad. Ahora, los nuevos mapas no son representación, son la propia realidad, el lugar donde estamos.

2.- De lo simple a lo complejo: antes, los mapas tendían a la simplificación, a reducir una realidad compleja en dos dimensiones, en puntos, líneas y polígonos. Ahora los nuevos mapas tienden a la complejidad, reproducen la realidad y además le incorporan más capas de información digitales.

3.- De lo general a lo particular: antes los mapas eran algo objetivo porque buscaban un modelo general con ríos, montañas o comercios. Ahora, los mapas son subjetivos porque se adaptan a tu modelo personal. Antes en una ciudad teníamos 200 cosas para ver, ahora sólo aparecen los sitios que tenemos alrededor y que nos pueden gustar.

4.- De lo oficial a lo colaborativo: antes los mapas los hacían los gobiernos o las grandes empresas con grandes presupuestos, ahora los hacen las personas de forma altruista y los comparten de forma libre por la red como en Openstreetmap, el mayor mapa colaborativo de la historia

5.- De lo racional a lo emocional: antes los mapas eran algo abstracto, racional, pretendían entender el mundo. Ahora los nuevos mapas son algo concreto, emocional porque la relación con su entorno depende de cada persona y nos permite sentir el mundo.

¿Estamos en un buen momento para la cartografía?

Estamos en el mejor momento porque hay todo tipo de herramientas para generar mapas, desde las más sencillas hasta las tecnologías geoespaciales más complejas.

Hay dos hechos que apoyan esta "edad de oro" de la cartografía: la capacidad de conectar todo gracias a Internet y a los dispositivos móviles, y la capacidad de compartir toda esa información en todo el planeta.

De este modo, nos encontramos en un mundo donde se generan multitud de datos cada minuto, muchos de ellos son geolocalizados y transformados en información geográfica y, a través de su análisis, se convierten en conocimiento. Los mapas siguen siendo las herramientas que permiten encontrar nuestro lugar en el mundo.

SIG[28]

Gersón, ¿en qué momento se encuentra, desde tu punto de vista, el SIG?

En mi opinión se encuentra en un momento espléndido. Tras muchos años de trabajo en los despachos y entre profesionales, con el desarrollo de Internet, con la geoweb y el Big Data, los SIG han dado un salto cualitativo y cuantitativo y se han convertido en una herramienta fundamental e imprescindible para el desarrollo de análisis territoriales.

Eres experto en geolocalización, un aspecto vital actualmente en nuestras vidas a través de nuevas apps, nuevas funcionalidades y nuevas necesidades.

¿Qué papel están jugando los GIS?

Los GIS siguen funcionando en un ámbito muy funcional pero la base de éstos (la geolocalización) y el resultado (su uso en las apps) sólo se entienden con herramientas GIS por detrás. Por tanto, el papel no es tanto estar presente como una herramienta popular o una app sino trabajar en un segundo plano como una capa básica que permite analizar una realidad compleja, usar datos geolocalizados y obtener soluciones geoespaciales.

¿Qué supone para los expertos en Geografía que los GIS estén ampliando sus dominios a otros ámbitos como el geomarketing o el geoturismo?

Bueno realmente no creo que esté ampliando los dominios, éstos siempre han estado ahí. El geomarketing se consolidó en los años noventa gracias a los GIS, que permitían análisis complejos y multivariables.

En el caso del geoturismo, con la acepción que yo lo trabajo como el "turismo de los lugares" (según *National Geographic*), sí que es muy distinto. Acabo de realizar un análisis de los portales turísticos de las 17 CC.AA. de España y en ninguno hay un GIS detrás o, en su defecto, lo que hay es muy flojo para las posibilidades y funcionalidades que ofrecen los GIS. Por último, indicar que para un geógrafo un GIS es su herramienta por excelencia que nos ayuda a interpretar

[28] ESRI blog (entrevista). https://esriblog.wordpress.com/tag/entrevistas-gis/

el mundo que nos rodea integrando lo offline y lo online.

Los GIS suponen un factor estratégico en el proceso de Transformación Digital de una organización, ya que permiten descubrir la variable geo (algo que hasta ahora no se ha tenido siempre en cuenta). ¿Cómo prevés esta evolución?

Sigue siendo una cuestión de enfoque. Las disciplinas espaciales como la Geografía ponemos en acento en el "dónde", no es lo más importante, sino una forma distinta de ver a realidad (otros lo hacen desde la economía, la sociología, la ingeniería, etc.). En determinados ámbitos el análisis espacial es clave (en la ordenación del territorio o las Smart Cities por ejemplo); y en el resto lo que se trata es de enseñar a los usuarios a que, analizando determinados problemas desde el ámbito espacial, ofrece soluciones clave. Por tanto, la evolución será positiva a medida que se dé respuesta a estos problemas y la sociedad lo reconozca como tal y lo relacione con el GIS como herramienta.

Desde tu punto de vista, ¿a qué ámbito todavía no ha llegado el GIS, pero está por llegar?

Bueno creo que el GIS está llegando a todos los ámbitos donde debe hacerlo. Quizás donde ha de enfocarse es a los nuevos gadgets o dispositivos como pulseras, gafas o relojes inteligentes, la realidad aumentada y sobre todo la realidad virtual y su integración en el día a día con las *Google cardboard* o *Oculus* entre otras gafas que pueden revolucionarlo todo.

Te declaras ESRIfan...

Cuando estaba en último año de carrera (1996) descubrí ArcInfo de la mano de un manual de Bosque Sendra, por la mañana hacía mapas en rotring en la carrera y por la tarde aprendía las bases del GIS. Luego vino ArcView con sus "mochilas" para evitar que se pirateara y su evolución. Aunque después he usado las herramientas de ESRI siempre como un medio más que como un fin, ya que no he trabajado como técnico GIS nunca, pero como geógrafo siempre los he usado para analizar el territorio.

En los últimos años me encuentro con que ESRI es una empresa que ha sabido adaptarse a los cambios vertiginosos y hacer cosas muy interesantes, desde ArcGIS Online al 3D o los Story*Maps*, que me parecen una forma muy interesante de llevar a la geografía a cualquier ámbito y hacerlo social a través del uso que le dan los propios usuarios.

Para mí la clave es que ESRI permite trabajar con herramientas gratuitas para cosas sencillas u otras de pago mucho más complejas y por tanto llega a todo el mundo, pero sobre todo está en continua evolución. Soy ESRIfan porque me gustan las cosas bien hechas y dinámicas, que se transforman y transforman su entorno para mejorar el mundo en el que vivimos.

¿Dónde ves los GIS dentro de diez años?

Lo veo de dos formas: por una parte, como un elemento integrado perfectamente en la sociedad y que se habrá convertido en un elemento más, dejando de ser una innovación en sí mismo porque ya se ha aceptado y popularizado como herramienta de análisis territorial.

Por otra parte, veo un aspecto innovador que es el uso de los GIS en la vanguardia de la tecnología, logrando esa integración entre el mundo offline y el online mediante diversas herramientas, pero siempre basándose en la localización del usuario y por tanto con un GIS por detrás que gestione la relación de las personas con su mundo hiperreal, conectado y aumentado. En cualquier caso, el futuro es apasionante y sucederá en el lugar en el que estemos en cada momento.

La perspectiva geoespacial del geógrafo[29]

Sabemos que la 4ta era digital trae consigo el objetivo de conformar ciudades inteligentes en un futuro cercano. Según su criterio ¿Cómo permite el GIS la gestión efectiva de las ciudades inteligentes?, ya que todavía hay una cantidad de personas que sienten que el BIM es el más adecuado para gestionar los datos relacionados con éstas.

Si hay una herramienta que, actualmente, permite la gestión de ciudades inteligentes es, sin ninguna duda, el GIS. El concepto de dividir la ciudad en capas interrelacionadas y con una cantidad ingente de información es la base de los GIS y de la gestión espacial, al menos desde los años noventa. Para mí un BIM es el GIS de los arquitectos, muy útil, con la misma filosofía, pero a otra escala. Es muy similar a lo que antes era trabajar con los *Arcgis* o *Autocad*.

Sumado a lo anterior, ¿Considera que la integración GIS-BIM es ideal? ¿Cuáles son los beneficios que provienen esta integración? ¿Los gemelos digitales están dentro de este beneficio?

Al final lo ideal es poder integrarlos, porque un edificio sin un contexto carece de sentido y un espacio sin edificios (al menos en la ciudad) también. Es como integrar *Google Street view* en las calles con *Google* 360 dentro de los edificios, no tiene que haber una ruptura, tiene que ser un continuo.

Lo ideal sería que un mapa nos llevara desde la Vía Láctea hasta el Wifi del salón y todo estuviera interconectado por capas inteligentes. En cuanto a los gemelos digitales pueden estar o no dentro de este beneficio, al final se trata de otra forma de trabajar y, como he comentado, esto es más una

29 https://www.geofumadas.com/twingeo-5th-edition-the-geospatial-perspective/

cuestión de escala.

mejor solución para cada problema.

Si pudiera elegir entre trabajar con una herramienta GIS libre, podría indicarnos ¿cuál según su experiencia ofrece mayores beneficios?

¿Cómo considera que ha sido la evolución del SIG libre en estos últimos años y las tecnologías geoespaciales en general?, considerando que actualmente la mayoría de las tecnologías están fusionadas con Machine Learning, Realidad Virtual, Aumentada e inteligencia Artificial.

Ahora mismo no trabajo con GIS libre, así que sería justo opinar sobre algo que desconozco. Pero sí que es verdad que, por compañeros y leyendo mucho, parece ser que se impone QGIS, aunque GVSIG se mantiene en Latinoamérica como los GIS por excelencia. Pero aparecen numerosas alternativas muy interesantes como GeoWE o eMapic en España.

Los programadores que no provienen tanto del mundo geo trabajan con Leaflet y, otros, directamente a través de código. Bajo mi punto de vista los beneficios dependen siempre de los objetivos, yo he realizado análisis, visualizaciones y presentaciones con GIS libre y, dependiendo del objetivo, usando unos u otros. Es cierto que tiene unas ventajas sobre el GIS propietario, pero también inconvenientes, ya que exige conocimiento y tiempo de programación y, al final, eso se convierte en dinero.

Al final son herramientas y lo importante es saber para qué se quiere usar y la curva de aprendizaje necesaria para hacerlo. No hay que ponerse de un lado ni de otro, sino permitir que ambos convivan y elegir la mejor herramienta para cada proyecto, que al fin y al cabo dará la

Enriquecedora y maravillosa. Efectivamente, la fusión con otras tecnologías es lo que las ha llevado a otros ámbitos, a salir de su "zona de confort" y aportar valor en otras disciplinas, se han enriquecido gracias a esta hibridación, la mejor evolución es siempre la que mezcla y no discrimina y esto también se aplica a las tecnologías geoespaciales.

En cuanto al SIG libre, la neogeografía que comenzó hace bastantes años ha llegado a su máximo exponente en el que cualquier persona es capaz de hacer un mapa o un análisis espacial en función de sus necesidades y capacidades y eso es algo magnífico, ya que permite disponer de un amplio espectro de mapas en función de las necesidades y capacidades de cada organización.

Los métodos y técnicas de adquisición y captura de datos ahora están siendo dirigidas a la obtención de información en tiempo real, implementando el uso de sensores remotos como los drones, Que cree que podría suceder con el uso de sensores como satélites ópticos y radar, teniendo en cuenta que la información no es inmediata.

Que se seguirán usando. Soy muy fan de los mapas a tiempo real, pero eso no significa que vayan a "matar" a la generación de información no inmediata, aunque es verdad que la sociedad consume vorazmente información, la hay que requiere esos tiempos y otra más pausa. Un mapa de un *hasthtag* de Twitter no es lo mismo que un mapa de acuíferos ni tiene que serlo, ambos tienen coordenadas e información geográfica, pero se mueven en coordenadas temporales muy distintas.

Geografía y coronavirus

La geografía durante el coronavirus y el desconfinamiento[30]

Hace unas semanas Gonzalo Prieto, de Geografía Infinita, me hizo llegar unas cuestiones relacionadas con la geografía profesional y el Covid-19 para unos artículos que iba a escribir. Parte de mis declaraciones aparecen en estos magníficos artículos junto a grandes geógrafos profesionales: el primero hablaba de "La geografía ante la crisis del coronavirus y el desconfinamiento" y el segundo ahondaba en la pregunta de ¿Una repoblación de la España vaciada tras el coronavirus?

Le pedí permiso a Gonzalo para publicar el material en bruto de mi entrevista por si fuera de interés y el resultado lo comparto a continuación, agradeciéndole de nuevo el contar conmigo para estas cuestiones y todo el material tremendamente interesante de Geografía Infinita:

¿Crees que la figura profesional del geógrafo está siendo útil y reconocida en esta crisis?

Bueno, no más que anteriormente, es decir, el geógrafo tiene que ser proactivo y "venderse" el mismo, no esperar un reconocimiento social, así que, en este caso, sí se reconoce en la medida en que cada profesional indica que es geógrafo y lo que aporta en esta crisis. Y, desde luego, está siendo muy útil, sin la componente espacial no se puede entender esta crisis, sólo hay que ver que prácticamente todo lo que sale del Covid-19 lleva explícita o implícitamente un mapa para analizarlo y explicarlo.

¿De qué manera están aportando los profesionales de la Geografía durante esta crisis?

Mucho, muchísimo. Sin duda alguna esta crisis es una lección de geografía impresionante: una emergencia global (riesgos) que afecta a todos los países pero de distinta forma, cómo se gestiona (gobernanza), la clave en la movilidad, cómo afecta al mercado de trabajo y la economía, a qué sectores de población afecta más o menos, si los

---

30 https://www.geografiainfinita.com/2020/06/la-geografia-durante-el-coronavirus-y-el-desconfinamiento/

colectivos desfavorecidos tienen un impacto mayor, la relación con el cambio climático, la nueva educación, el teletrabajo, la gestión de recursos humanos, el suministro de recursos sanitarios, el comercio internacional, la geopolítica, etc. Y todo ello poniendo como foco el problema de la escala geográfica (desde la expansión de la pandemia, hasta la gestión de la desescalada), de lo global a lo local y viceversa y visualizándolo en mapa de todo tipo alimentados por datos geográficos obtenidos, algunos, a través de aplicaciones móviles geolocalizadas (y la gestión de la seguridad y la privacidad que ello acarrea).

En fin, TODO ES GEOGRAFÍA, todo lo que he nombrado es la crisis y todo se estudia en la carrera de geografía, no sólo por separado, sino de forma holística. Los profesionales de la geografía somos los encargados de poner estos conocimientos al servicio de la sociedad para confrontar esta crisis.

¿Qué papel juegan los SIG durante la crisis y después de la misma?

Es una herramienta esencial, aunque lo que se ven son mapas (algunos fascinantes, otros horripilantes) lo que hay detrás son capas de información superpuestas e interrelacionadas, es decir un SIG. Incluso en los modelos de Inteligencia Artificial se incorporan variables espaciales que permitan predecir el dónde.

Otra cosa es que el GIS es de alguna forma un comodity, es decir, ya no

hace falta estar diciendo que es la herramienta que hay detrás, al igual que cuando hablamos de gráficos no hace falta contar que detrás hay estadística. Son una realidad y una herramienta imprescindible para entender un mundo complejo como el actual.

¿Esta situación puede ser una oportunidad para la geografía?

Si me permites ser algo altivo puede ser una oportunidad para la sociedad que la geografía aporte sus soluciones.

El problema de la geografía no es su función como ciencia, que está claramente demostrada y aceptada, sino su visualización en la sociedad y eso tiene un problema de tamaño (somos poca masa crítica) y otro de comunicación (no hay mentalidad de marketing).

Si que es verdad que en algunas redes sociales como Twitter o LinkedIn se ven cada vez más geógrafos que se dejan ver y es muy bueno, la geografía informal se está consolidando, también algunos organismos y universidades muestran sus capacidades en esta crisis, pero al final hay que llegar a los tomadores de decisiones para que sea visible nuestro trabajo.

¿Puede esta situación revertir algunas tendencias como la de la aglomeración urbana de la población?

Todos indica que sí, pero mi intuición y cierto pesimismo existencial me dice que no. Es decir, dicen que la gente volverá a entornos rurales, que seremos más sostenibles, usaremos más la bici y comeremos comida sana…pero me parece más bien una burbuja de marketing (es como lo de la España vaciada, que se va a seguir vaciando por muchos planes e inversiones que se hagan).

En primer lugar sólo lo sabremos con datos y con cierta distancia temporal, pero tenemos poco memoria colectiva e, igual que ahora la gente en Fase I parece que se le ha olvidado lo que hemos pasado, luego todo seguirá más o menos igual a nivel macro.

No creo que esto haga que la gente salga de las aglomeraciones urbanas, en todo caso buscarán un chalet con piscina, igual que se seguirá despilfarrando dinero público, simplemente cambiará de manos y llevará una nueva campaña de marketing detrás.

Las dinámicas espaciales son muy fuertes y requieren de tiempo y, en este caso, tengo un punto determinista: hay cosas que transcienden al ser humano y la naturaleza, si algo tiene, son ciclos.

En este caso estamos en un ciclo de aglomeración urbana y le sucederá otro contrario que lo equilibre, pero no sabemos cuándo ni dónde.

Mapas, geografía informal y divulgación en red[31]

¿Cómo has valorado/valoras la divulgación en red durante épocas como la que estamos pasando (cuarentena, COVID-19...)? ¿Qué proyectos de digitalización y archivos cartográficos utilizas y recomiendas?

Ahora mismo la divulgación es esencial, pero sobre todo hay que reivindicar a la ciencia, al conocimiento y al esfuerzo, como forma de combatir los bulos o *fake news* (o *fake maps*, que también los hay).

El problema es que, como sigue habiendo una cierta desconexión entre la Universidad y la sociedad, se produce una paradoja inquietante: los que hacen ciencia de forma objetiva no lo comunican de forma didáctica y llegan a la ciudadanía y los que opinan de forma subjetiva tienen capacidad de llegar a mucha gente.

Las personas no le preguntan el científico con más *papers* e indexaciones en revistas, sino a *Google* y al primer Youtuber que se posicione en su 1ª página.

No podría recomendar uno en concreto, hay tantos que uno se pierde, lo que sí que recomiendo son dos cosas: lo esencial es saber hacer las preguntas adecuadas y conocer a los especialistas de cada cosa, no es cuestión de saber más que nadie, sino de qué cuestión me planteo y quién

---

31 https://www.youtube.com/watch?v=bZ9BGPBjSPI

puede ayudarme a encontrar la información.

Geomarketing[32]

¿En qué consiste el geomarketing?

El geomarketing es una disciplina del marketing que pone el acento en la variable espacial, analizando dónde están los mercados, las empresas y los clientes e interpretándolo para tomar decisiones basadas en el impacto en el espacio.

Las empresas están sabiendo sacar partido a la geolocalización... ¿hacia dónde crees que evolucionará?

Todo indica que hacia el geo-commerce, al final una empresa lo que quiere es atraer gente a su negocio y vender y se intenta que esa venta se genere a tiempo real en función de dónde esté el cliente y su cercanía al negocio, aunque no acaba de funcionar por motivos de privacidad e intromisión en el medio del usuario. En cambio, la evolución que sí está funcionando es la capacidad de segmentar a la audiencia en función de múltiples variables pero basadas en la localización de usuario.

El geomarketing se utiliza sin saber que se está utilizando [33]

¿Cómo puede verse beneficiada una empresa al utilizar estrategias de geomarketing?

Bueno, se puede ver beneficiada porque el geomarketing al final trabaja en los datos espaciales. Entonces toda empresa que tenga un dato que tenga que ver con el territorio, que son prácticamente todas, al final lo que puede permitir es primero localizar la empresa o franquicias de esas empresas, para saber el lugar óptimo donde localizarla.

También cómo hacer desplazamientos que sean más eficientes, dónde están los clientes actuales, dónde pueden estar los clientes potenciales, y a partir de ahí identificar nichos de mercado donde se pueda actuar, donde se pueda hacer promociones, etc.

¿Crees que el geomarketing aún se encuentra en una fase inicial? ¿Se desconoce aún todo su potencial?

No, realmente está bastante evolucionado, lo que pasa es que sí que es verdad que a nivel de gran empresa o a nivel de otros países, en EEUU, en el norte de Europa. En España a nivel

---

[32] Sin la geografía non estás en ningún sitio https://www.geografiainfinita.com/2016/04/entrevista-a-gerson-beltran-sin-la-geografia-no-estas-en-ningun-sitio/

[33] https://www.sesametime.com/blog/el-geomarketing-se-utiliza-sin-saber-que-se-esta-utilizando/

de pymes, que son el 95% del tejido productivo, es más complicado y si que se desconoce. Se utiliza sin saber que se está utilizando. ¿Quién no piensa en "dónde voy a vender algo"? El "dónde" ese ya es geomarketing, lo que pasa es que no lo sistematiza y no saca todo el poder que podría sacarle.

Tecnología geoespacial

Geógrafo e influencer[34]

Vivimos un mundo donde la geolocalización es cada vez es más importante, con miles de aplicaciones que emplean información georreferenciada. ¿Por dónde crees que pasa el futuro de la industria y los servicios geoespaciales?

Pasa por lo mismo que el resto de profesiones, por la inteligencia artificial, el 5G, el Big Data, el *blockchain*, Internet de las cosas, los robots, los vehículos autónomos, drones, impresión 3D, los territorios inteligentes, la realidad mixta (aumentada y virtual), etc. Una cosa que me preocupa bastante últimamente es la privacidad vinculada con la geolocalización.

No sólo compartir nuestra posición en todo momento con el móvil (aunque no sea conscientemente), sino los comportamientos derivados de nuestra movilidad (que ya se analizó en la Teoría del Mosaico) y cómo ese es el "alimento" de los algoritmos para clasificarnos como consumidores o ciudadanos.

En un futuro cercano de ahí derivarán muchos aspectos que nos afectarán en nuestra vida diaria, por ejemplo, compartiendo nuestra actividad física estamos ofreciendo datos para que la industria de la salud aprenda (eso es muy bueno) o, para que las compañías de seguros nos impongan una prima mayor en función de nuestro historial (eso ya gusta menos).

Estamos en un momento en el que hay una delgada línea que separa la distopía y la utopía. También esa extraña relación que estamos conformando en la que los robots están cada vez más humanizados y los humanos estamos cada vez más robotizados, ¿qué paradoja verdad?

En definitiva, todo sucede en algún lugar y, por tanto, ahí puede y tiene que haber un geógrafo para entender ese lugar en su contexto espacial.

La perspectiva geoespacial del geógrafo[35]

De acuerdo con antes mencionado, ¿cómo considera usted que las profesiones o el ámbito geoespacial están siendo acogidas en el presente y que espera del futuro?

---

[34]   Geógrafo e influencer. https://www.tysmagazine.com/gerson-beltran-geografo-e-influencer/

[35]   https://www.geofumadas.com/twingeo-5th-edition-the-geospatial-perspective/

Creo que ya no son una promesa de futuro ni nada similar, son una realidad presente. La industria geoespacial agrupa a todas las disciplinas alrededor de las ciencias de la tierra.

Hoy en día todas las empresas usan la variable espacial, sólo que algunas no lo saben. Todas tienen un tesoro que son los datos geolocalizados, solo hay que saber extraerlo, tratarlo y sacarle el valor.

El futuro seguirá siendo cada vez más espacial porque todo sucede en algún lugar y es esencial introducir esta variable para tener una visión completa de cualquier ámbito.

¿Cuál es la importancia del trabajo interdisciplinario para cualquier proyecto geoespacial?

Yo diría que para cualquier proyecto en general, no se entiende la vida en compartimentos estancos como antiguamente, hay que analizarla como lo que es, un poliedro con múltiples caras, distintas visiones de distintos profesionales para lo que, aparentemente, es la misma cosa.

Simplificando mucho y para que se me entienda, una ciudad son edificios y viales para arquitectos, arbolado para biólogos, personas para sociólogos, emociones para psicólogos, memoria para los historiadores, un espacio de aprendizaje para educadores, un circuito al aire libre para deportistas, un producto para comerciantes, un ecosistema para los geógrafos, etc.

Todas las visiones son correctas siempre que se pongan en común con el resto y seamos capaces de entender que todo suma y que no existe una sola realidad ni verdad absoluta y que, la mejor forma de hacer cosas, es mezclándonos entre profesionales y enriqueciéndonos, el territorio y el medio ambiente no entienden de fronteras artificiales, exigen soluciones globales interconectadas y eso sólo puede darse con la interdisciplinariedad.

Muchas veces se deja de lado a los habitantes de los espacios, lo que quieren o necesitan en su entorno. ¿Qué opina sobre la inclusión de la sociedad para el aporte de datos espaciales, relacionado con el arraigo e identidad territorial?

Lógicamente es esencial y no se tiene en cuenta tanto como se debería. Los mapas siguen siendo instrumentos de poder y el espacio se utiliza y manipula al antojo de los "tomadores de decisiones", sean públicos o privados.

La información más veraz que hay ahora mismo es la local, porque es la que uno conoce de primera mano y dispone de fuentes creíbles, es más difícil de manipular (aunque se hace) porque es real y, al mismo, tiempo es inimitable.

Todos sabemos lo que pasa en las grandes capitales, pero en la esquina de mi barrio lo sabe mi gente, con la que me relaciono todos los días. Lo local es la única forma de compensar (incluso combatir) lo global.

El día de hoy contamos con dispositivos móviles que proporcionan información muy específica del usuario, empezando el almacenamiento de datos de Geolocalización, ¿usted considera que estos datos que todos generamos a través del uso de un móvil se puede considerar un arma de doble filo? ¿Qué beneficios según su criterio aporta esta información?

Naturalmente que son un arma de doble filo, como todas las armas. Los datos son muy interesantes y estoy convencido de que nos ayudan, pero siempre bajo dos preceptos: la ética y la legislación. Si se cumplen ambos los beneficios son muy importantes, ya que el tratamiento adecuado de los datos, anonimizados y agregados, nos ayudan a conocer lo que sucede y dónde sucede, generar modelos, identificar tendencias y, con ello, realizar simulaciones y predicciones de cómo puede evolucionar.

¿Considera que las profesiones relacionadas con la Geomática y la gestión de Big Data serán revaloradas en el futuro cercano?, por qué?

Estoy convencido de que si, pero no tanto que haya una valoración explícita, que quizás es lo que todos los profesionales esperan, sino de forma implícita, el hecho de tener que usar las herramientas y funcionalidades de la Geomática y el Big Data ya implica una revalorización de las mismas. Como contrapartida, hay que tener en cuenta que también existe una cierta burbuja, por ejemplo, en torno al Big Data, como si fuera la solución para todo y no es así, grandes volúmenes de datos de por si no

tienen ningún valor y pocas empresas están convirtiendo esos datos en conocimiento e inteligencia que les ayude a la toma de decisiones y a la mejora de la eficiencia de los negocios.

En países como Venezuela por ejemplo, donde los recursos tecnológicos para la generación de información espacial son extremadamente limitados o quizás inexistentes, que estrategia utilizaría para evitar dejar de lado la obtención de datos geoespaciales.

Es un tema complejo, pero no quiero dejarlo todo en manos de la tecnología. Venezuela tiene a grandes profesionales de la información geográfica, lo importante es la formación, que la gente disponga de formación y posibilidades de mejorarla y la información, que tenga acceso a fuentes de información que, en estos momentos, podríamos centralizar en Internet (aunque existan otras). Si se dispone de ambas cosas hay infinitas herramientas, tutoriales, bases de datos y contactos en Internet como para obtener datos espaciales y poder trabajar con ellos y esto es extensible a todos los países.

Epílogo

¿El futuro de la geografía o la geografía del futuro?

GIL y JDB
marzo 2021

La geografía como ciencia se enfrenta a un proceso de transformación similar al resto de disciplinas: la formación, la investigación y la profesión tienen por delante un desafío que será vital para el futuro de la geografía. Precisamente, esta visión dependerá de cómo se conforme la geografía del futuro si es capaz de seguir aportando su visión espacial a la sociedad, la disciplina sobrevivirá, en caso contrario, no desaparecerá como tal, pero quedará aislada en una dinámica endogámica y autocomplaciente, alejándose de la capacidad de análisis espacial y transformación social que le ha caracterizado desde hace más de 200 años.

Enrique Dans ya avisaba en el año 2010 de que «Todo va a cambiar», reflexionando sobre la relación entre tecnología y evolución con la máxima darwinista de "adaptarse o desaparecer". Poco después Genis Roca avisó en el TEDx Galicia del año 2012 de que estábamos en la prehistoria de esta era post-Internet y que el futuro no volverá a ser igual que lo que conocemos hasta ahora. Otros autores como Andy Stalman, en el año 2017, hablan de que no se trata de una era de cambio, sino de un cambio de era. La 4ª revolución industrial, con la robotización y la inteligencia artificial lo van a transformar todo, pero, en un mundo hipertecnificado y datificado, como dice Marc Vida el año 2018, harán falta más filósofos y poetas, más humanismo con su ética y su creatividad.

Los geógrafos siempre nos hemos quejado de que somos mucho más importantes de lo que la sociedad nos percibe. La disciplina desaparece de muchos planes de estudio, en algunas universidades españolas no hay motivos para mantenerla, en otras ha habido que ponerle "apellidos" como ordenación del territorio o medio ambiente, como una herramienta de marketing para hacerla más explícita y/o atractiva. Los geógrafos buscan empleo compitiendo con otras disciplinas, porque identifican que la suya no es lo suficientemente demandada en el mercado laboral. ¿Alguna vez has conocido a un geógrafo rico?, me dijeron una vez. La verdad es que no.

Estos libros pretenden servir de reflexión a los geógrafos actuales y de estímulo, ayuda e inspiración a los futuros geógrafos desorientados (paradójicamente) y desmotivados. Si somos capaces de reflexionar sobre los cambios que vienen, visualizar no sólo como van a afectar a la geografía, sino cómo ésta va a impactar en la sociedad, seremos capaces de imaginar la geografía del futuro y, por tanto, definir cuál queremos que sea el futuro de la geografía

Desde el comienzo de la historia de la humanidad, la tecnología ha sido el factor que ha producido los cambios sociales y espaciales, tanto en la revolución neolítica, como en la industrial o en la de la información. Por ello, a lo largo de este libro hay una revisión de las nuevas tecnologías que están produciendo y van a producir un impacto sobre la humanidad y cómo la geografía tiene mucho que decir y que aportar al respecto: inteligencia artificial, coches autónomos, *blockchain, big data, smart cities, chatbots*, internet de las cosas, no son solo tecnologías que determinan nuestras capacidades también son instrumentos que construimos y a los que dotamos de sentido, utilidad y territorialidad.

Si unimos la palabra espacial a la tecnología obtendremos el término tecnología geoespacial o geotecnología, entendiéndola siempre como una herramienta de transformación social y nunca como un fin y relacionándola en todo momento con dos aspectos estratégicos e indispensables hoy en día: los datos y la privacidad.

Para superar la percepción de la geografía como una ciencia antigua, que habla un poco de todo y mucho de nada, se utiliza la palabra espacial como sinónimo, la importancia del dónde, de la variable espacial, del lugar, del sitio, del contexto espacial, del territorio y, en definitiva, del planeta Tierra.

Al igual que la programación informática o la estadística irrumpieron en nuestra cultura, estamos asistiendo al comienzo de un reconocimiento a la Geografía como ciencia transversal cuyo saber enriquece la práctica cotidiana de numerosas profesiones. Una cultura geográfica a la que se demanda respuestas ante las nuevas realidades y retos a las que tiene que hacer frente nuestras sociedades.

La geografía del futuro deberá estar orientada a las personas, a cómo ayudar (medicina) o aportar (vitamina) su desarrollo en el territorio. El futuro de la geografía no tiene fronteras, porque la geografía del futuro deberá estar presente en todos los ámbitos de la sociedad y eso sólo depende de nosotros, de los geógrafos.

EL MERCADO TERMINOLÓGICO

Entre *hastaghs* y *keywords*, algo más que etiquetas y palabras clave

En Internet buscar información es un arte que requiere de un cierto aprendizaje. La búsqueda por palabras clave continúa siendo la estrella, mientras se acaban de desarrollar e implementar otros sistemas de búsqueda de tipo semántico que procesen preguntas naturales.

Las palabras clave reciben múltiples nombres *Hastaghs*, *keyword*. Estos anglicismos hacen referencia a alguno de las formas que la tecnosfera utiliza para nombrar las etiquetas en las que se basa la búsqueda de información en Internet. Estos nombres no son sinónimos estrictos, describen la peculiaridad de uso de las palabras clave en las etiquetas en Internet en función del canal y/o red social en la que se emplean.

Estas palabras clave en ocasiones forman listas cerradas ya configuradas y en otras son listas abiertas a la edición de los usuarios, navegamos entre dos distintos sistemas: Taxonomías el primero y folksonomías el segundo, más toda una gama de soluciones intermedias. Conocer los faros que son las palabras clave en varios idiomas es una necesidad si queremos que nuestra navegación en busca de información sea exitosa.

Para conocer estas palabras clave podemos observas las acciones de comunicación en las áreas temáticas de nuestro interés, podemos acudir múltiples sitios que las recopilan, plataformas que utilizan listas cerradas en combos desplegables, buscadores predictivos. Las fuentes de etiquetas son múltiples, recuerda que cada plataforma social dispone de las suyas, y no siempre coinciden. Al final del trabajo de recopilación dispondrás de una colección o bagaje tanto más valiosa cuanto más se aleja de las búsquedas más populares.

Recuerda que las palabras clave no son eternas, mutan en el tiempo, varían, tienen su ciclo de vida, de nacimiento y muerte, y durante su período de vigencia tienen distinto grado de popularidad. Hay una matemática detrás de las palabras clave (Del Río, 2009) que describe y desvela su frecuencia y secuencia de utilización, una estadística cuyas técnicas son similares las que se utilizan para describir eventos meteorológicos como los aguaceros.

Pero más allá de esta visión cuantitativa, si investigamos al público que se reúne alrededor de las palabras clave en foros, y redes, observaremos narrativas e historias muchas de ellas por narrar. Mercados terminológicos de palabras clave, un auténtico mercado lingüístico de Bourdieu (Alonso 2002), donde ser reúne como si fuera un culebrón coral distintos personajes: autores, voceros, seguidores, *trolls, hater*, un auténtico juego de tronos que desvelan comunidades que se sientan de manera informal alrededor de ellos.

Los sinónimos estrictos en las palabras claves no existen. Etiquetas y hashtags están connotados y se relacionan mediante pugnas con intereses, finalidades y públicos objetivos distintos. Esa es otra área de estudio interesante. Por último, también está la cuestión del idioma, un ejemplo ilustra esta cuestión, la palabra online, y su connotación de "siempre conectado" hace que sus traducciones por "digital", "en red", "disponible, o "en línea", nos suene a sinónimos parciales válidas solo en algunas ocasiones.

Alrededor de cada red social es posible localizar herramientas en línea que miden la popularidad de una palabra clave. Estas aplicaciones web lanzan una lista de palabras relacionadas que se utilizan en ese contexto. Cuando uno explora las ideas relativas a la geografía en red como *geografíayredes, geocomunicacion, datosespacailes, geofans, SIG, Copernicus o IDE* descubre términos relacionados que le asoman a conversaciones, documentos, autores, experiencias o eventos. Esta exploración es mas rica si uno aborda otros idiomas como el inglés, con términos como *geocomunication, spatialdriven, datagovernance, smartcity, smartgrid, GIS, Gistribe, SDI, mapping, cartography, spatialdata*.

Hemos estado tentados de recopilar una lista exhaustiva de términos, pero dentro de unas semanas estarán obsoletos, la conversación habrá mudado, y habrán sido sustituidos o matizados por otros. Etiquetas y hashtags en la geografía en red son dinámicos, son conversaciones siempre vivas que están alejadas de los sistemas de clasificación taxonómicos de la documentación analógica, quizás por este motivo, la búsqueda en internet no sea una tarea sencilla a pesar de la labor de indexación de los buscadores.

GLOSARIO

Y

DICCIONARIO

Algunos conceptos de la geografía en red

El siguiente glosario ha sido recopilado y elaborado por los autores para los tres libros de esta colección, por lo que es posible que en este libro no aparezcan todos los términos recogidos en este pequeño diccionario.

Los términos han sido seleccionados para apoyar la lectura de los textos. Siéntase libre de comunicarnos si le gustaría ver desarrollado algún término cuya definición no hayamos abordado. Queremos transmitirles que de ningún modo este glosario se plantea o puede ser considerado como completo, ni como definiciones cerradas, oficiales ni doctrinales; es muy difícil llegar a ese estado de madurez, enfrascados en pleno desarrollo y aplicación tecnológica. Los conceptos aquí planteados todavía deben madurar o en terminología de la teoría del actor-red de Latour todavía deben estabilizarse y clausurar el debate en torno a ellos. En la terminología del web 2.0 los glosarios habitan en una beta perpetua.

El glosario es por lo tanto una herramienta que tiene la utilidad de guiar al lector y facilitarle la comprensión del texto y la navegación en el mar terminológico creado alrededor de los datos geográficos. Buzai afirma que *Los Sistemas de Información Geográfica (SIG) han producido una revolución tecnológica, pero principalmente están produciendo una notable revolución intelectual*. Por este motivo las definiciones planteadas navegan a medio caballo entre la definición y el esbozo de una entrada más amplia.

Es una recopilación de múltiple autores y fuentes, algunas de las definiciones son textos totalmente personales. En cuanto a las fuentes aquellas que aparecen con un * están extraídas del *E-diccionario*[36] publicado por la agencia *Aquí no llueve sobre mojado 3.0*.

Si la definición tiene otro autor, se cita su origen o procedencia siempre que ha sido posible determinarlo. Si detecta alguna errata no dude en disculparnos y ponerse en contacto con los autores. Intentaremos

---

[36] Fuente: https://www2.slideshare.net/Gersónbeltran/conceptos-de-geografia-online

recopilar y corregir las erratas e incluir las sugerencias en esperamos que sean futuras ediciones de estos libros.

La geoweb vibra a una gran velocidad, uno de los termómetros de su entropía es la creación de nuevas palabras. Algunas se crean para redefinir viejas ideas y otras se acuñan para anclar nuevos términos que nos ayuden a entender los cambios que las geo-tecnologías y la disponibilidad de datos provocan en nuestro entorno cotidiano y a intentar comprender este geo-vivero léxico en el vivimos inmersos.

Invitamos a los lectores a explorar otros significados y definiciones de los términos expuestos. Y les proponemos una actividad para el futuro, observar la evolución en el tiempo de estas palabras, cuáles pervivirán, evolucionarán, morirán o nacerán nuevos términos para describir la tecnología, su construcción y efectos.

Listado de términos

Alfabetización en el uso de las infraestructuras de datos

API

Beta perpetua

B2B

B2C

BIM

Brecha SIG

Big data [ing]

Cibercartografía

Cibergeografía

Ciberinfraestructura

Ciberinfraestructura espacial

Ciencias de la Información

Geográfica

Commodity

Conjunto de datos espaciales

COTS

Dato enlazado

Dato espacial

Datos de juegos

Datos FAIR

Educación informal

Efecto de reina roja

Fábricas de datos

Falacia ecológica

Gemelo digital

Gemelo virtual

Geoalfabetización

Geocodificación

Geocomputación

Geodiseño

Geoenriquecimiento

Geogamificación

Geografía automatizada

Geo-Comunicación

Geografía Global

Geografía informal

Geoidentificador

Geoinformación

Geoinformática

Geolocalización digital

Geolocalización online

Geolocalización social

Geolocalización emocional

Geomática

Geomarketing*

Geoportales*

Geoposicionamiento emocional*

Geonames

Geotecnoesfera

Geotecnología

Gobernanza electrónica

Interoperabilidad

Inteligencia empresarial (BI)

Infraestructura de Datos Espaciales (IDE)

KPI

Mapas invisibles

Mapa Lira

Mapas persuasivos

Mapas r y mapas k

Marketing industrial

Mercado terminológico

Microdatos

Micropaisaje

Modelos digitales

Neogeografía

Neo-territorios singulares

Neo-territorios invisibles

Neo-territorios noveles

Neutralidad tecnológica

Organización de uso intensivo de datos

Organizaciones exponenciales

Paradoja mapas invisibles

Problema de unidad de área modificable (MAUP)

Publificación cartográfica

Retorno de la inversión (ROI)

SEO

Servicios de datos espaciales

Sistema de planificación de recursos empresariales ERP

Sistema de Información Geográfica (SIG)

Sistema nervioso digital inteligente

Sistema global de navegación por satélite

Sistemas de ayuda para la decisión espacial (SADE)

Sistemas de ayuda a la toma de decisiones en planificación urbana y ordenación del territorio

SoLoMo

Story *maps*

Tasa de crecimiento anual compuesto (CAGR)

Tecnología de las 3-S

Unidad de obra

V del big data

Web 2.0.

Web 3.0.

web semántica

Alfabetización en el uso de las infraestructuras de datos

Capacidad de utilizar, de forma creativa en las infraestructuras sociotécnicas implicadas en la creación, extracción análisis y comunicación de datos espaciales, de tal manera que cualquier persona sea capaz de buscar información para responder a preguntas que le permitan formarse una opinión e intervenir en el debate y práctica social, institucional o utilizando datos.

API

Application Programming Interface [ing]

Interfaz de programación de aplicaciones formada por un conjunto de subrutinas que incluyen funciones. La API es el estándar de facto para construir y conectar aplicaciones

Beta perpetua

Concepto relacionado con la web 2.0 y con el desarrollo de software siguiendo los principios ágiles. Las aplicaciones que se pueden considerar parte de la web 2.0 se han caracterizado por su rápida respuesta a los cambios y por una retroalimentación continuo de la comunidad de usuarios.

Jummp's Blog https://jummp.wordpress.com/2011/06/24/desarrollo-de-software-beta-perpetua/

B2B

Business-to-business [ing]

Sigla que se refiere la expresión inglesa «Negocio a negocio». B2B hace referencia a las transacciones comerciales entre empresas, es decir, a aquellas que típicamente se establecen entre un fabricante y el distribuidor de un producto, o entre un distribuidor y un comercio minorista.

Wikipedia

B2C

business-to-consumer [ing]

Las relaciones entre un comerciante y su cliente final se denominan negocio a consumidor o B2C. Ambos términos se emplean especialmente en el ámbito del comercio electrónico.

Wikipedia

BIM

Building Information Modeling, [ing]

Modelado de información de construcción también llamado modelado de información para la edificación, hace referencia al proceso de generación y gestión de datos de un edificio durante su ciclo de vida utilizando software dinámico de modelado de edificios en tres dimensiones y en tiempo real, para disminuir la pérdida de tiempo y recursos en el diseño y la construcción. Este proceso produce el modelo de información del edificio o la infraestructura civil, también abreviado con las siglas BIM, que abarca la geometría de la obra de construcción, las relaciones espaciales, la información geográfica, así como las cantidades y las propiedades de sus componentes.

Wikipedia

Brecha SIG

GIS gap, [ing]

Fracaso en el despliegue y puesta en funcionamiento y adopción de nuevas tecnologías, como los Sistemas de Información Geográfica (SIG), en una organización depende en gran medida, no solo de la amabilidad del sistema tecnológico, sino de la forma en la que la organización tenga interiorizado como principio inspirador de su actividad la innovación. El discurso de la brecha digital recibe críticas desde la sociología de la ciencia y la tecnología por estar enmarcado en la corriente determinista tecnológica e imperativa de la innovación y de la adopción tecnológica.

Big data [ing]

Macrodatos, datos masivos, inteligencia de datos, datos a gran escala

(1) conjuntos de datos tan grandes y complejos que precisan de aplicaciones informáticas no tradicionales de procesamiento de datos para tratarlos

adecuadamente.

Wikipedia

(2) formas de analizar, extraer información sistemáticamente o tratar con conjuntos de datos que son demasiado grandes o complejos para ser tratados por software de aplicación de procesamiento de datos tradicional

Wikipedia

(3) uso de análisis predictivos, análisis del comportamiento del usuario o ciertos otros métodos avanzados de análisis de datos que extraen valor de *big data*, y rara vez a un tamaño particular de conjunto de datos.

Wikipedia

Cibercartografía

Término acuñado por primera vez en la reunión del ICA de 1997. que fue evolucionando con varias acepciones distintas

(1) Disciplina preocupada por la denominada entonces como cartografía multimedia

(2) Infografía cartográfica en internet,

(3) Herramienta para desarrollar y difundir narrativas geográficas para contar historias sobre gentes lugares espacios y sociedades, esta última acepción es compartida por los *storymaps*.

Cibergeografía

(1) Rama de la geografía propuesta por Toudert, y Buzai en el año 2004, con la que se refieren al estudio de las amplias relaciones entre lo real (espacio geográfico) y lo virtual (representación digital).

(2) Tomando como antecedente el ciberespacio descrito por el escritor de ciencia ficción William Gibson, la cibergeografía es una matriz electrónica de interconexión entre bancos de datos digitales a través de los sistemas computacionales conectados a la red mundial.

(3) Un nuevo espacio que se superpone y complementa cada vez con mayor fuerza a la geografía real de los paisajes empíricos.

Ciberinfraestructura

Integración de tecnologías avanzadas de computación, información y comunicación para potenciar la práctica científica. Está basada en la computación y es impulsada por datos. Estas herramientas mejoran la síntesis y la capacidad de análisis de datos científicos de manera colaborativa y compartida. Presenta una evolución en el funcionamiento de la investigación científica que ha facilitado el acceso fácil a las utilidades computacionales y la colaboración simplificada a distancia entre disciplinas, lo que permite alcanzar avances científicos de manera más rápida y eficiente.

(Atkins, 2003)

Ciberinfraestructura espacial

Ciberinfraestructura que busca resolver problemas complejos de gestión que integran cuestiones relacionada scon la geografía fisca, humana mediante los análisis conjuntos de datos espaciales masivos y heterogéneos, y compartidos.

(Dawn J. Wright & Shaowen Wang 2011)

Ciencias de la Información Geográfica

GIScience [ing]

Concepto introducido por GoodChild en el año 1992. La ciencia de la información geográfica (en inglés e) es el campo de investigación básico que busca redefinir los conceptos geográficos, cartográficos y de geodesia y su uso en el contexto de los sistemas de información geográfica (SIG).

Entre sus áreas de trabajo examina los impactos de los SIG en los individuos y la sociedad, y las influencias de la sociedad en los SIG, al tiempo que incorpora desarrollos más recientes en las ciencias cognitivas y de la información.

También se superpone y se basa en campos de investigación más especializados, como la informática, la estadística, las matemáticas y la psicología, y contribuye al progreso en esos campos. Apoya la investigación en ciencias políticas y antropología, y se basa en esos campos en estudios de información geográfica y sociedad (Mark, 2000). Sin embargo, la comunidad no ha adoptado completamente tal definición de la ciencia de la Información geográfica.

Commodity

Voz inglesa que se usa ocasionalmente en español, en el ámbito de la economía, con el sentido de 'producto objeto de comercialización'. Se emplea más frecuentemente el plural commodities, normalmente en referencia a las materias primas o a los productos básicos.

Este anglicismo innecesario, que debe sustituirse por equivalentes españoles como mercancía(s), artículo(s) o bienes de consumo, productos básicos, materias primas, según los casos.

RAE

Conjunto de datos espaciales

Spatial dataset [ing]

Recopilación identificable de datos espaciales

COTS

Commercial Off-The-Shel [ing]

En el ámbito de las tecnologías de la información podría traducirse como Producto de Caja o de estantería, o producto informático estandarizado, es un elemento no desarrollado a medida (NDI). Habitualmente este suministro, se puede adquirir en grandes cantidades en el mercado comercial, y que puede ser adquirido o utilizado bajo contrato de la misma forma exacta a como está disponible al público en general. Los productos COTS son alternativas a desarrollos personalizados.

Wikipedia

Existen otras siglas para describir el tipo de software según su grado admisible de personalización, como son: MOTS, GOTS y NOTS. El extremo opuesto es BTO que hace referencia al desarrollo de soluciones tecnológicas a medida.

Dato enlazado

linked data [ing]

Datos enlazados o vinculados (a menudo referidos en inglés) describe un método de publicación de datos estructurados para que puedan ser interconectados y más útiles. Se basa en tecnologías Web estándar, tales como HTTP, RDF, RDFa y los URI, pero en vez de utilizarlos para servir páginas web para los lectores humanos, las extiende para compartir información de una manera que puede ser leída automáticamente por ordenadores. Esto permite que sean conectados y consultados datos de diferentes fuentes.

Tim Berners-Lee, director del Consorcio de la *World Wide Web*, acuñó el término en una nota de diseño que trataba de cuestiones relativas al proyecto de Web Semántica. El término «datos enlazados» hace referencia al método con el que se pueden mostrar, intercambiar y conectar datos a través de URI desreferenciables en la Web.

Wikipedia

Dato espacial

Legal. Concepto jurídico definido en la normativa europea y recogido en las legislaciones nacionales de los países miembros de la Unión europea. De forma estricta la normativa legal lo define. cualquier dato que, de forma directa o indirecta, hagan referencia a una localización o zona geográfica específica. Un «conjunto de datos espaciales» es una recopilación identificable de datos espaciales.

Geomática. Adjetivo que se utiliza para describir cualquier dato o información que está asociado a una localización geográfica mediante un geoidentificador.

Datos de juegos

Game Data [ing.]

Obtención de datos a través del juego, es decir, la técnica que permite obtener información de los usuarios de los juegos y su uso de forma inteligente y siempre sin que afecte a su privacidad.

Datos FAIR

El 15 de marzo de 2016 fue publicado en la revista *Scientific Data* de *Nature* el artículo: Principios FAIR para el manejo y administración de datos científicos. Los Principios FAIR ofrecen un conjunto de cualidades precisas y medibles que una publicación de datos debería seguir para que los datos sean Encontrables, Accesibles, Interoperables y Reutilizables (del inglés FAIR – *Findable, Accessible, Interoperable, and Reusable*), como detallamos a continuación:

Findable (Encontrables): Los datos y metadatos pueden ser encontrados por la comunidad después de su publicación, mediante herramientas de búsqueda.

- F1. Asignarles un identificador único y persistente a los datos y los metadatos

- F2. Describir los datos con metadatos de manera prolija

- F3. Registrar/Indexar los datos y los metadatos en un recurso de búsqueda

- F4. En los metadatos se debe especificar el identificador de los datos que se describen.

Accessible (Accesibles): Los datos y metadatos están accesibles y por ello pueden ser descargados por otros investigadores utilizando sus identificadores.

- A1 Los datos y los metadatos pueden ser recuperados por sus identificadores mediante protocolos estandarizados de comunicación

- A1.1 Los protocolos tienen que ser abiertos, gratuitos e implementados universalmente

- A1.2 El protocolo debe de permitir procedimientos para la autentificación y la autorización (por si fuera necesario).

- A2 Los metadatos deben de estar accesibles, incluso cuando los datos ya no estuvieran disponibles.

Interoperable (Interoperables): Tanto los datos como los metadatos deben de estar descritos siguiendo las reglas de la comunidad, utilizando estándares abiertos, para permitir su intercambio y su reutilización.

- I1. Los datos y los metadatos deben de usar un lenguaje formal, accesible, compartible y ampliamente aplicable para representar el conocimiento

- 12. Los datos y los metadatos usan vocabularios que sigan los principios FAIR

- 13. Los datos y los metadatos incluyen referencias cualificadas a otros datos o metadatos

Reusable (Reutilizables): Los datos y los metadatos pueden ser reutilizados por otros investigadores, al quedar clara su procedencia y las condiciones de reutilización.

- R1. Los datos y los metadatos contienen una multitud de atributos precisos y relevantes

- R1.1. Los datos y los metadatos se publican con una licencia clara y accesible sobre su uso y reutilización

- R1.2. Los datos y los metadatos se asocian con información sobre su procedencia

- R1.3. Los datos y los metadatos siguen los estándares relevantes que usa la comunidad del dominio concreto

datos.gob.es

Educación informal

proceso permanente en el que todo individuo adquiere y acumula conocimientos, habilidades, actitudes y modos de discernimiento mediante las experiencias diarias y su relación con el medio ambiente

(Coombs, 1990).

A pesar de la denominación, informal se refiere a información, de igual manera que formal hace referencia a fórmula. De esta manera ésta es una educación que se adquiere no a través de fórmulas como la Educación Formal, sino de información que ofrece el medio y el entorno. El aprendizaje se obtiene a través de las experiencias diarias, de la interacción dinámica con el medio y de la exposición al entorno, al contexto y al ambiente natural, social y cultural. A pesar de ser un tipo de educación espontánea, no planificada, ausente por tanto de intencionalidad y de sistematización, al final se logran efectos educativos por medio de la exposición e interacción con el medio.

(Jerez, 2012)

Efecto de reina roja

El efecto de la Reina Roja fue utilizado por Van Valen para explicar las teorías de biología evolutiva. Pero existen bastantes similitudes con cualquier entorno competitivo y en permanente evolución.

La hipótesis de la Reina Roja (también conocida como el efecto Reina Roja, la carrera de la Reina Roja, o la dinámica de la Reina Roja) es una hipótesis evolutiva que propone que los organismos (entendidos como poblaciones o especies) deben adaptarse, evolucionar y proliferar constantemente para sobrevivir mientras compiten con otros organismos en continua evolución, en un entorno además en constante cambio, y conseguir así una ventaja reproductiva frente a sus rivales. En otras palabras, dicha hipótesis describe la necesaria adaptación continua de las especies solo para mantener el statu quo (estado del momento actual) con su entorno.

«Para quedarte donde estás tienes que correr lo más rápido que puedas. Si quieres ir a otro sitio, deberás correr, por lo menos, dos veces más rápido».

La Reina Roja en A través del espejo y lo que Alicia encontró allí

(Lewis Carroll, 1871).

ETL

Proceso que permite a las organizaciones mover datos desde múltiples fuentes, reformatearlos y limpiarlos, y cargarlos en otra base de datos, *data smart*, o *data warehouse* con el fin de analizar, o apoyar un proceso de negocio.

Los procesos ETL también se pueden utilizar para la integración con sistemas heredados. Se convirtieron en un concepto popular en los años 1970. Los procesos ETL constan de tres fases extracción, transformación y carga.

La extracción consiste en extraer los datos desde los sistemas de origen. La mayoría de los proyectos de almacenamiento de datos funcionan con datos provenientes de diferentes sistemas de origen. Cada sistema separado puede usar una organización diferente de los datos o formatos distintos.

La transformación consiste en plica una serie de reglas de negocio o funciones sobre los datos extraídos para convertirlos en datos que serán cargados. Algunas fuentes de datos requerirán alguna pequeña manipulación de los datos. No obstante, en otros casos pueden ser necesarias.

La fase de carga es el momento en el cual los datos de la fase anterior (transformación) son cargados en el sistema de destino.

Fábricas de datos

(1) Proceso de transformación de los datos en conocimiento se realiza mediante una cadena o línea de montaje que va incorporando valor a la materia prima, el dato por su conversión sucesiva en información y luego en conocimiento.

(2) Datos recopilados que proporcionan información valiosa para tomar decisiones estratégicas informadas que alineen a las personas (habilidades técnicas y sociales, niveles de desempeño, toma de decisiones, etc.), procesos comerciales, proyectos e infraestructura (equipos, instalaciones, sistemas de TI, tecnología, etc.). etc.) con la estrategia de la empresa. Al observar todas las variables simultáneamente, el liderazgo puede asignar recursos de manera efectiva y eficiente para optimizar los resultados.

Mark Rome @markrome

Falacia ecológica

Ecological fallacy [ing]

Falacia de las poblaciones, falacia de ambigüedad por división

Error en la argumentación basado en la mala interpretación de datos estadísticos, en el que se infiere la naturaleza de los individuos a partir de las estadísticas agregadas del grupo al que dichos individuos pertenecen. Esta falacia se da a partir del supuesto de que todos los miembros de un grupo muestran las mismas características del grupo. Los estereotipos son un tipo de falacia ecológica muy extendida: por el hecho de pertenecer a un grupo, se aplican falazmente a un individuo alguna de las características típicas del grupo en general.

Gemelo digital

Obra civil y arquitectura Creación de un prototipo digital de una obra o infraestructura con el fin de simular el comportamiento, tanto su funcionamiento como su efecto sobre el terreno y de facilitar las operaciones de diseño o comunicación entre otras.

Industria. Generación o colección de datos digitales que representan un objeto físico. El concepto de doble digital tiene sus raíces en la ingeniería (*Wikipedia*).

Los datos asociados a los gemelos digitales son interoperables y se comparten para agregar y expandir la información enriqueciendo la simulación total de procesos de producción real, que incluya las operaciones de fabricación, planificación mantenimiento, reparación y puesta a punto.

Geomarketing. Son los clientes, usuarios, ciudadanos nuevos existentes en el territorio con similares características y perfiles que los clientes usuarios, o ciudadanos existentes o prefijados

Hidráulica e Hidrología. Prototipo digital de un modelo a escala. Se crea cuando no es posible utilizar modelos numéricos debido al elevado grado de incertidumbre. El prototipo es la construcción de un modelo digital a escala que reproduzca, de la forma más fiel posible, el comportamiento real del prototipo. denominamos modelo digital a la reproducción a escala del prototipo, que es el modelo a escala real. El grado de similitud o semejanza requiere de la utilización de índices obtenidos mediante el análisis dimensional del problema.

Gemelo virtual

Entidad. Gemelo digital sensorizado mediante IoT, y por lo tanto conectados en tiempo real. La experiencia del gemelo virtual es un modelo virtual ejecutable de un sistema físico que aporta aprendizaje y experiencias adquiridas de los procesos reales para actualizar el modelo de gemelo digital. Lograr esta capacidad de bucle cerrado supone una materialización total de los beneficios que se pueden obtener de la convergencia de los mundos virtual y real.

Geoalfabetización

(1) Habilidad de usar el conocimiento geográfico y el razonamiento geográfico para tomar decisiones.
(2) Combinación de habilidades y la comprensión necesaria para tomar decisiones de gran alcance basadas en datos geográficos. Una decisión de gran alcance es la que tiene un impacto mucho más allá del tiempo y el

lugar donde se realiza la toma de decisión.

(3) Campaña de divulgación realizada por *National Geograhic*

Geocodificación

Proceso. Atribuir coordenadas geográficas a las direcciones de los callejeros.

Geocomputación

Geoinformática

(1) Campo de estudio intersección de informática y geografía.

Wikipedia

(2) Paradigma emergente de investigación multidisciplinaria e interdisciplinaria que permite la exploración de los problemas geográficos mediante modelos dinámicos, mecánica del espacio-tiempo, el análisis de datos espaciales, y la visualización, y tiene un enfoque inductivo de análisis geográfico, que pone el acento más en el proceso que la forma, más en la dinámica que estática, y más en la interacción de respuesta pasiva

Wikipedia

Geodiseño

Método de planificación que permite simular el efecto del diseño de entornos construidos en el contexto geográfico. El geodiseño no solo facilita la creación de diseño, simulación y evaluación de alternativas, también permite la conceptualización del proyecto, análisis, especificación de diseño, participación y colaboración de agentes.

Jack Dangermond, presidente de ESRI presentó en TED2010 una breve charla sobre el GeoDiseño, definiéndolo como un concepto que permite que los arquitectos y urbanistas puedan sacar provecho de los SIG para poder lograr mejores diseños teniendo en mente la naturaleza y la geografía.

Geoenriquecimiento

Geomarketing. Enriquecimiento de una localización o de cualquier tipo de dato espaciales con información sociodemográfica y de mercado.

Geogamificación

Unión de los conceptos de geolocalización y gamificación en aplicaciones para su utilización en diversas áreas como videojuegos, educación, marketing, o turismo.

Geografía automatizada

Realidad reducida a un modelo digital de análisis. Este enfoque revaloriza la Geografía cuantitativa en el ambiente computacional.

(Buzai)

Geo-Comunicación

Comunicación geoespacial es el enfoque geográfico del programa de difusión y transferencia de red, característico del modelo de consumidor y productor. La geografía global y la geografía informal están vinculadas a los argumentos prosumidor (Toffler 1980) y productor (Bruns 2008) que incorporan individuos, organizaciones (industria 4.0), máquinas (Internet de las cosas) e incluso datos geográficos (ciudades inteligentes), que tiene una Rol simultáneo como productor y consumidor de datos, información y conocimiento. Ambas geografías han encontrado su nicho en el ecosistema del ciberespacio, independientemente de las críticas a las motivaciones que dieron origen al argumento del consumidor (Leszczynski 2014).

Geografía Global

Campo teórico y metodológico de aplicación generalizada de la geografía descrita por Buzai. Esta globalización guarda alta correspondencia con las condiciones actuales de la posmodernidad y la post industrialización. La geografía global se ha difundido a través de los sistemas computacionales conectados a la red mundial. Esta geografía global permite definir una explosión disciplinaria e elementos para el entrenamiento de la «inteligencia espacial» y el impacto del espacio geográfico es tan grande en todo tipo de investigación que consideramos que comienza a ocupar un lugar destacado.

Geografía informal

(1) Uso no académico de la geografía realizada por la ciudadanía e instituciones.

(2) Adquisición de un conjunto de conocimientos no especializados de las diversas ramas del saber científico y tecnológico, que permiten a la sociedad usarlas, desarrollar un juicio crítico sobre las mismas y que idealmente poseería cualquier persona educada y cualquier organización.

Geoidentificador

Sistema localizador de la posición geográfica que consta de un puntero, un sistema de codificación y un marco de referencia entre el mundo real y el sistema codificado. Los geoidentificadores pueden ser de muchos tipos. Algunos de ellos son ampliamente utilizados en nuestro día a día: coordenadas planimétricas, geográficas, direcciones, códigos postales, divisiones administrativas, puntos kilométricos, topónimos, redes fluviales. Cada sistema tiene una extensión en la cual es aplicable y válido y una exactitud de la localización. La tecnología está haciendo grandes esfuerzos para poner en funcionamiento algoritmos que permitan la extracción automática de conjuntos de datos espaciales de todo tipo de documentos, sean textos, audios, o videos.

OGC. Estructura geométrica de localización. Establece una función que relaciona la posición real de un objeto sobre el territorio geográfico (referencia espacial) con un sistema de referencia arbitrario.

Geoinformación

(1) **Datos.** Datos espaciales georreferenciados requeridos como partes de operaciones científicas, administrativas o legales. Dichos geodatos poseen una posición implícita o explícita. (*Wikipedia*). Información geográfica computerizada

Dicionario de Oxford

(2) **Web-GIS.** Información geográfica publicada en portales web mediante servicios interoperables que incorporan funcionalidades de simbología, etiquetas, visualización o consulta entre otras.

ESRI

(3) **Tecnología.** Tecnología que integra conocimientos y tecnología de las 3S para ser aplicado en una amplia gama de trabajos:

Geoinformática

(1) **Tecnociencia.** Ciencia y tecnología que se ocupan de la estructura y el carácter de la información espacial, abarcando las operaciones de captura, clasificación, calificación, almacenamiento, procesamiento, representación y difusión, incluida la infraestructura necesaria para asegurar un uso óptimo de esta información.

(2) **Geoinformación.** Arte, ciencia o la tecnología que se ocupan de la adquisición, el almacenamiento, producción, la presentación y la difusión de geoinformación.

Geolocalización digital

Online geolocation [ing]

Conjunto de aplicaciones que permiten ubicar una entidad en el espacio físico (localizar) con unos atributos (información) obtenidos a través de Internet

Geolocalización online

Conjunto de aplicaciones que permiten ubicar una entidad en el espacio físico (localizar) con unos atributos (información) obtenidos a través de Internet y que se visualizan sobre un mapa.

Gersón Beltrán

Técnica que permite a aplicaciones (web o móviles) conocer la posición de sus usuarios mediante una API estándar que dan acceso a la localización aproximada asociada a una IP o una celda de telefonía móvil, o incluso a la posición precisa del usuario mediante el uso de su GNSS.

Jorge Sanz*

Geolocalización social

Localización de las personas y negocios en el espacio que comparten en sus redes sociales para generar comunicación. Este concepto hace referencia a las nuevas formas de relación social que surgen gracias a la geolocalización de los individuos con sus móviles y que pueden desarrollarse mediante diversas herramientas. Estas herramientas desencadenan nuevas formas de relación social que surgen gracias a la geolocalización de los individuos con sus dispositivos y que comparten en las redes sociales a través de diversas herramientas.

Nuevas formas de relación social que surgen gracias a la geolocalización de los individuos con sus dispositivos y que comparten en las redes sociales a través de diversas herramientas.

Uso de determinadas herramientas sociales (social media) de la geolocalización como elemento clave para generar y compartir información. Por tanto, la geolocalización se convierte aquí en una herramienta de comunicación entre lo local, lo físico con lo global, lo online, a través de Internet y la nube (*cloud*).

Gersón Beltrán*

Técnica que permite el descubrimiento de la posición aproximada de un usuario de redes sociales únicamente atendiendo a su actividad en las mismas. Esto puede conseguirse de forma explícita (algunas redes sociales permiten compartir la ubicación) o de forma implícita haciendo análisis de su contenido.

Jorge Sanz*

Geolocalización emocional

(1) **Geomarketing.** Ubicación de opiniones mediante la recopilación y análisis de la actividad en redes sociales

(2) **Negocio.** Concepto propuesto por Gersón Beltrán en el que usa de la geolocalización teniendo en cuenta elementos emocionales y que puedan ser útiles para los negocios. Cuando hablamos de geoposicionamiento emocional, estamos diciendo que las personas son, en primer lugar, emocionales y eso lo transmiten en sus comunicaciones. Cada vez que alguien dice dónde está o hace un *check-in*, está generando una información emocional, positiva o negativa, y en menos ocasiones neutra. También es verdad que de momento no podemos identificar esas emociones de forma automática, de hecho, uno de los grandes problemas es la ironía del ser humano, que es difícilmente identificable por máquinas, ya que es un uso inteligente del lenguaje que además varía en

cada lugar y en cada contexto, aunque se avanza hacia ahí. Por tanto, defiendo que el uso de este concepto, de momento, debe ser personalizado y a mano, pero aun así puede darnos muchos beneficios, si entendemos las posibilidades prácticas que nos ofrece este concepto aparentemente teórico.

Geomática

Tecnociencia relativa a la información topográfica y geodésica computerizada.

Geomarketing*

Técnica de marketing que pone el enfoque en la variable espacial para ayudar a la toma de decisiones estratégicas de cara a su promoción y comercialización (dónde se encuentran las personas, dónde están los clientes actuales y potenciales, cómo llegar a ellos, etc).

Gersón Beltrán*

Poner todas las herramientas analíticas y mucho sentido común para responder: ¿Aquí están mis clientes? ¿Aquí pueden estar mis clientes? ¿Hasta aquí pueden llegar mis clientes? ¿Desde aquí puedo llegar a mis clientes? Hacer esto nunca fue tan fácil: *Google Maps* o con software libre.

Raúl Hernández

Disciplina que busca explicar fenómenos y establecer relaciones entre los hechos que se dan en la interacción de los negocios o servicios con el espacio geográfico

David Piles

Geoportales*

Página web basada en un mapa online como herramienta de comunicación entre el usar

Gersón Beltrán*

Portal o sitio web que permite a los usuarios visualizar, consultar y analizar datos a través de una serie de recursos y servicios web basados en información geográfica. Permite buscar información y servicios a través del contenido de sus metadatos. Íio y la información de la web que aparece georreferenciada.

Paulino Vallejo *

Geoposicionamiento emocional*

Capacidad de un usuario para mostrar sus emociones (positivas, negativas o neutras) en Internet en función del sitio donde se encuentre a través de su dispositivo móvil y que afecta directamente a la reputación en Internet de dicho lugar

Gersón Beltrán*

Se entiende en dos sentidos: técnica de cartografiado a partir de la percepción subjetiva de un grupo de individuos (¿cómo dibujarías de memoria tu ciudad?) y técnica de cartografía temática acerca de las emociones de un grupo de individuos en un conjunto de localizaciones (¿cómo te sentías en X, Y y Z?).

Jorge Sanz*

Geonames

Base de datos geográfica gratuita y accesible a través de Internet bajo una licencia *Creative Commons* Reconocimiento 3.0. contiene más de 10 millones de nombres geográficos que corresponden a más de 9 millones de lugares existentes. Estos nombres están organizados en 9 categorías y 645 subcategorías. Datos como la latitud, la longitud, la altitud, la población, la subdivisión administrativa y el código postal están disponibles en varios idiomas para cada ubicación. Las coordenadas geográficas se basan en el sistema de coordenadas WGS 84

Wikipedia

Geotecnoesfera

Fenómeno definido por Buzai y Ruiz en el año 2012 considerada todavía en vía de desarrollo, según el cual la aparición de la web 3.0, fluidamente conectada a diversos objetos que enviarán automáticamente datos de utilidad geográfica y tendrá alcance planetario, permitirá, al menos de de forma utópica, construir un modelo terrestre digital, integral y almacenado en la red mediante el cual será posible el acceso al conocimiento geográfico detallado y preciso de todo nuestro planeta.

Geotecnología

Conjunto de herramientas, métodos, técnicas y procedimientos orientados a la gestión de la Información Geográfica Digital.

Wikipedia

Gobernanza electrónica

Uso de dispositivos tecnológicos de comunicación, como computadoras e Internet para proporcionar servicios públicos a ciudadanos y otras personas en un país o región. El gobierno electrónico ofrece nuevas oportunidades para un acceso ciudadano más directo y conveniente al gobierno, y para la provisión de servicios gubernamentales directamente a los ciudadanos.

El término consiste en las interacciones digitales entre un ciudadano y su gobierno (C2G), entre gobiernos y otras agencias gubernamentales (G2G), entre gobierno y ciudadanos (G2C), entre gobierno y empleados (G2E), entre gobierno y empresas (G2B).

Esta interacción consiste en que los ciudadanos se comuniquen con todos los niveles de gobierno (ciudad, estado/ provincia, nacional e internacional), facilitando la participación ciudadana en la gobernanza utilizando tecnologías de la información y comunicación (TIC) y reingeniería de procesos comerciales (BPR). Los ideales de interacción del ciudadano que incorporan estas tecnologías, incluyen valores progresivos, participación ubicua, geolocalización y educación del público.

Wikipedia

Interoperabilidad

Capacidad de combinar los conjuntos de datos espaciales y de conseguir la interacción de servicios de datos sin intervención manual, de forma que el resultado sea coherente e incremente el valor de los conjuntos de datos y de sus servicios.

Wikipedia

Inteligencia empresarial (BI)

business intelligence

Inteligencia de negocios, inteligencia comercial

Conjunto de estrategias, aplicaciones, datos, productos, tecnologías y arquitectura técnicas, los cuales están enfocados a la administración y creación de conocimiento sobre el medio, a través del análisis de los datos existentes en una organización

Wikipedia

Infraestructura de Datos Espaciales (IDE)

Sistema de información integrado por un conjunto de recursos (catálogos, servidores, programas, datos, aplicaciones, páginas Web,...) dedicados a gestionar Información Geográfica (mapas, ortofotos, imágenes de satélite, topónimos,...), disponibles en Internet, que cumplen una serie de condiciones de interoperabilidad (normas, especificaciones, protocolos, interfaces,...), y que permiten que un usuario, utilizando un simple navegador, pueda utilizarlos y combinarlos según sus necesidades.

La IDE tiene 4 componentes fundamentales:

- Datos
- Metadatos. Son los descriptores de los datos
- Servicios. Son las funcionalidades accesibles mediante un navegador que una IDE ofrece al usuario para aplicar sobre los datos geográficos.
- Aspectos organizativos. Estándares y normas que hacen que los sistemas puedan interoperar, leyes, reglas y acuerdos entre los productores de datos geográficos, así como el personal humano y la estructura organizativa. Los organismos de estandarización más importantes son el OGC (*Open Geospatial Consortium*) y la ISO (Organización Internacional de Estandarización)

KPI

key performance indicator [ing.]

indicador clave o medidor de desempeño o indicador clave de rendimiento, es una medida del nivel del rendimiento de un proceso. El valor

295

del indicador está directamente relacionado con un objetivo fijado previamente y normalmente se expresa en valores porcentuales Un KPI se diseña para mostrar cómo es el progreso en un proceso o producto en concreto. Cuando se definen KPI se suele aplicar el acrónimo SMART, ya que los KPIs tienen que ser: Específicos (Specific), medibles (Measurable), alcanzables (Achievable), relevantes (Relevant), oporunos (Timely),

Wikipedia

Mapas invisibles

Mapas apenas conocidos. Los cartógrafos pretenden que sus obras sean vistos o conocidos en Internet, al menos por un segmento de la población y algunos por qué no, pasar a formar parte del salón de la fama cartográfica y que como consecuencia de los avances tecnológicos tiene que hacer frente a un anonimato prácticamente garantizado y no buscado, debido a la abundancia de contenidos en la Red.

Mapa Lira

Cartografía. Nombre que reciben determinados estilos de mapas que han sido imitados hasta la saciedad, por su diseño o por su temática, convirtiéndose en auténticos mapas lira. Los mapas lira hacen valer la célebre cita de «No hay nada que tenga más éxito que el éxito» y su corolario «nada es tan contagioso como el fracaso».

Mapas persuasivos

Los mapas persuasivos son mapas diseñados para promover un punto de vista o fomentar una perspectiva frente a otra

(Tyner, 1982)

Mapas r y mapas k

Ambos mapas son una clasificación – que proponemos desde este blog- aplicable a los mapas, según su contenido. Estas denominaciones r y K se basan en la analogía ecológica de la distinción de las estrategias de supervivencia de las especies sobre el modelo r-K.

Los mapas-r basan su supremacía en la rapidez de su producción, para lograr su superveniencia producen muchos mapas en poco tiempo, tiene poco o ningún análisis, sin embargo, son los primeros en colonizar nichos vacíos, que ocupan con celeridad. Son mapas propios de la era los *datos son intel inside*. Estos mapas no pueden tener éxito en situaciones de competencia frente a mapas de estrategia k. Pero en el actual entorno de socialización en la producción cartográfica han cobrado gran popularidad, sobre todo en nichos de espacios cartográficos vacíos.

Los mapas-K son más longevos, pero tardan más tiempo en producirse. Basan su supremacía en confeccionar análisis de calidad sobre información ya disponible. Ocupan nichos ya cartografiados donde la calidad de sus análisis supone una ventaja competitiva frente a mapas de estrategia r. Son propios de la nueva era de análisis espacial en las organizaciones.

Marketing industrial

Aplicación de los fundamentos del marketing al tipo de relaciones comerciales características de los mercados B2B. Algunas de las técnicas de marketing digital más utilizadas en el sector B2B incluyen el *inbound marketing*, *email marketing, e-commerce,* publicidad en buscadores y redes sociales, *display* publicitario, entre otras. También se utilizan las publicaciones de nicho (revistas especializadas, guías de proveedores, periódicos, etc.), la mercadotecnia experiencial, los eventos y las ferias de negocios.

Wikipedia

Mercado terminológico

Fenómeno que comparte muchas similitudes con el mercado lingüístico descrito por Pierre Bourdieu. El autor francés afirma que las palabras no se producen en el vacío, sino que se inscriben en discursos que se intercambian en un campo donde su valor se define en competencia con otras palabras, según una lógica propia de la economía.

En el mercado terminológico de la geotecnosfera se superponen y van sucediendo términos para nombrar los fenómenos y tecnologías que proporciona el mercado. Esta sucesión de palabras o tren terminológico tiene por finalidad lograr un mayor enrolamiento, ventas o adeptos, buscan claridad en su mensaje y ser inclusivas de distintos sectores y ámbitos con el fin de eliminar la brecha de adopción tecnológica.

Microdatos

small data [ing]

Pequeños conjuntos de datos

Conjuntos de datos de tamaño suficientemente reducido para la comprensión humana. Tanto su volumen como su formato los hacen accesibles, informativos y procesables para que los seres humanos puedan utilizarlos en la toma de decisiones. Los microdatos conectan personas con ideas oportunas, significativas y derivadas de macrodatos y/o fuentes de datos locales.

(Bonde, 2013)

Micropaisaje

Paisaje que tenemos delante de nosotros y del que formamos parte junto con nuestros vecinos. Es el espacio en el que nos relacionamos y realizamos nuestra vida cotidiana. Es el territorio donde se superpone el paisaje percibido, el vivido y el concebido de Lefebvre, Soja y Piaget.

Modelos digitales

Digital model [ing.]

Representación gráfica en 3d de una escritura de datos que almacena para cada par de localización un atributo, si el valor es la elevación se denomina modelo digital de elevaciones MDE, si es cualquier otra variable recibe el nombre de modelo digital del terreno MDT

Neogeografía

Herramientas y técnicas geográficas empleadas para actividades personales o realizadas por grupos de usuarios no expertos para uso informal de los datos de naturaleza no analítica.

Turner, 2006

Neo-territorios singulares

Espacios azonales, dinámicos, concentradores de la actividad sobre el territorio de fenómenos y procesos naturales y antrópicos de escalas de local a mundial, que están definidos por un atributo o variable concreta que identifica zonas o islas de geometría poligonal de extensión variable.

Neo-territorios invisibles

Entidades geográficas cuya identificación no puede obtenerse directamente de la observación del territorio, de ahí su nombre de invisibles, ya que no son evidentes sin el concurso del mapa.

Neo-territorios noveles

Espacios que hasta ahora no se habían cartografiados, al estar alejados de una vinculación directa con el territorio. El espacio cartografiado ya no es el territorio. Son espacios vinculados indirectamente al territorio conocido, y que se observan en las escalas no habituales de trabajo de los mapas

Neutralidad tecnológica

libertad de los individuos y las organizaciones de elegir la tecnología más apropiada y adecuada a sus necesidades y requerimientos para el desarrollo, adquisición, utilización o comercialización, sin dependencias de conocimiento implicadas como la información o los dato

Wikipedia

Organización de uso intensivo de datos

Organizaciones capaces de integrar la información en su estrategia de negocio y conseguir de esta manera una ventaja competitiva. Galzer (1993) estableció que para conocer el grado de uso de la información en una organización era necesario implementar procedimientos de valoración económica de la información, un indicador que permite evaluar los datos como un activo empresarial más.

Organizaciones exponenciales

Concepto propuesto y comentado en el año 2016 por Salim Ismail, Michael Malone S., Yuri Geest Van en su libro organizaciones exponenciales. Los autores plantean que para competir es necesario diseñar y crear soluciones que permitan aumentar exponencialmente la capacidad de las organizaciones para crear valor a partir de los datos y acelerar su crecimiento gracias al uso de Big Data, Inteligencia Artificial y otras tecnologías, así como de recursos humanos. El reto al que se enfrenta estas organizaciones es ¿cómo podemos acelerar el crecimiento sin que el coste de infraestructura y la cantidad de científicos de datos crezca exponencialmente?

Paradoja mapas invisibles

Nunca en la historia de la humanidad hemos contado con una abundancia de contenidos cartográficos tan grande, ni con medios de difusión de este alcance, pero esa abundancia es la responsable de un nuevo periodo de mapas invisibles.

Problema de unidad de área modificable (MAUP)

modifiable areal unit problem [ing]

Sesgo estadístico que puede afectar significativamente los resultados de las pruebas de hipótesis estadísticas . MAUP afecta los resultados cuando las medidas puntuales de los fenómenos espaciales se agregan en distritos, por ejemplo, la densidad de población o las tasas de enfermedad . Los valores de resumen resultantes (por ejemplo, totales, tasas, proporciones, densidades) están influenciados tanto por la forma como por la escala de la unidad de agregación

Por ejemplo, los datos del censo se pueden agregar en distritos de condado, secciones censales, áreas de códigos postales, precintos policiales o cualquier otra partición espacial arbitraria. Por tanto, los resultados de la agregación de datos dependen de la elección del cartógrafo de qué unidad de área modificable utilizar en su análisis. Un mapa de coropletas del censo que calcula la densidad de población utilizando los límites estatales producirá resultados radicalmente diferentes a los de un mapa que calcula la densidad según los límites del condado. Además, los límites del distrito del censo también están sujetos a cambios con el tiempo. Lo que significa que el MAUP debe ser considerado al comparar datos pasados con datos actuales.

Wikipedia

Publificación cartográfica

(1) En el avance de la vigésima tercera edición del Diccionario de la Real Academia Española de la Lengua se define el verbo publificar, por vez primera, como «1. tr. Dar carácter público o social a algo individual o privado. 2. tr. Der. Trasladar la regulación de una determinada actividad desde el derecho privado al derecho público. 3. tr. Der. Dicho de una entidad pública: Asumir la propiedad de una empresa privada».

(2) Agregar al acto formal de la publicación, la producción de su resonancia social.

(3) La conversión de un problema en social significa su publificación, es decir, su consideración, a partir de ese momento, como un asunto público (que tendrá publicidad, interesará y concernirá al público o a la sociedad en general y re-clamará intervenciones de los poderes públicos y de los cuerpos profesionales)

(4) Publificación de lo público. Extensión de la esfera de lo público más allá del Estado (Cunill, 1997; 1999; Bresser-Pereira, 1997; 2000).

Retorno de la inversión (ROI)

Razón financiera que compra el beneficio con la inversión realizada, mide por lo tanto el retorno por cada unidad monetaria invertida (por ejemplo, por cada euro o por cada dólar). Es una medida del rendimiento de la inversión, independientemente de su tamaño.

Wikipedia

SEO

search engine optimization [ing]

Posicionamiento en buscadores, optimización en motores de búsqueda.

Conjunto de acciones orientadas a mejorar el posicionamiento de un sitio web en la lista de resultados de Google, Bing, u otros buscadores de internet.1 El SEO trabaja aspectos técnicos como la optimización de la estructura y los metadatos de una web, pero también se aplica a nivel de contenidos, con el objetivo de volverlos más útiles y relevantes para los usuarios.

Wikipedia

Servicios de datos espaciales

(1) Tecnología que utiliza un conjunto de protocolos estandarizados por OGC que sirven para intercambiar datos espaciales entre aplicaciones.

(2) Operaciones que pueden efectuarse a través de una aplicación informática o sobre los datos espaciales o los metadatos.

Sistema de planificación de recursos empresariales ERP

Enterprise resource planning [ing]

Sistemas de información gerenciales que integran y manejan muchos de los negocios asociados con las operaciones de producción y de los aspectos de distribución de una compañía en la producción de bienes o servicios.

La planificación de recursos empresariales es un término derivado de la planificación de recursos de manufactura (MRPII) y seguido de la planificación de requerimientos de material (MRP); sin embargo, los ERP han evolucionado hacia modelos de suscripción por el uso del servicio (SaaS, *cloud computing*).

Los sistemas ERP típicamente manejan la producción, logística, distribución, inventario, envíos, facturas y contabilidad de la compañía de forma modular.1 Sin embargo, la planificación de recursos empresariales o el software ERP puede intervenir en el control de muchas actividades de negocios como ventas, entregas, pagos, producción, administración de inventarios, calidad de administración y la administración de recursos humanos.

Los sistemas ERP son llamados ocasionalmente *back office* (trastienda) ya que indican que el cliente y el público general no tienen acceso a él; asimismo, es un sistema que trata directamente con los proveedores

Sistema de Información Geográfica (SIG)

GIS [ing]

Conjunto de programas equipamientos metodologías, datos y personas perfectamente integrados de forma que se hace posible la recolección almacenamiento, procesamiento y el análisis de datos georreferenciados, así como la producción de información derivada de su aplicación

(Txeira et al. 1995)

Programa de ordenador de escritorio o software en la web dedicado al tratamiento de datos espaciales, su captura, análisis y visualización

herramienta que trabaja con bases de datos espaciales organizadas por capas de información que, gestionadas, permiten realizar análisis multivariables complejos y previsiones que son visualizadas sobre un mapa.

Gersón Beltrán*

conjunto de herramientas que permiten a los usuarios gestionar, analizar, consultar y editar, de manera lógica y eficiente, cualquier tipo de información geográfica asociada a un territorio, permitiendo visualizar los datos obtenidos en un mapa.

Paulino Vallejo*

Sistema nervioso digital inteligente

Interacción entre sensores, conectividad, personas y procesos de toma de decisiones genera nuevos tipos de aplicaciones y servicios inteligentes. Esta visión ha sido adoptada y popularizada por la empresa ESRI en el ámbito de los datos espaciales para explicar cómo se integra la tecnología, de localización y análisis espacial con tecnologías de IOt, big data e inteligencia artificial.

ESRI

Sistema global de navegación por satélite

Global Navigation Satellite System, GNSS, [ing]

Tecnologia. Una de las tecnologías incluidas en el grupo de tecnología de las 3S. Es un sistema global de navegación por satélite es una constelación de satélites que transmite rangos de señales utilizados para el posicionamiento y localización en cualquier parte del globo terrestre, ya sea en tierra, mar o aire. Estos permiten determinar las coordenadas geográficas y la altitud de un punto dado como resultado de la recepción de señales provenientes de constelaciones de satélites artificiales de la Tierra para fines de navegación, transporte, geodésicos, hidrográficos, agrícolas, y otras actividades afines.

Sistema de navegación basado en satélites artificiales puede proporcionar a los usuarios información sobre la posición y la hora (cuatro dimensiones) con una gran exactitud, en cualquier parte del mundo, las 24 horas del día y en todas las condiciones climatológicas.

Actualmente, el Sistema de Posicionamiento Global (GNSS) de los Estados Unidos de América y el Sistema Orbital Mundial de Navegación por la red Galileo rollado por la Unión Europea. Exiten Otros sistemas de navegación por satélite como el Beidou, Compass o BNTS (BeiDou/Compass Navigation Test System) de la República Popular China, el QZSS (Quasi-Zenith Satellite System)de Japón y el IRNSS (Indian Regional Navigation Satellite System) de India.

Wikipedia

Sistemas de ayuda para la decisión espacial (SADE)

Spatial Decision Support System, (SDSS) [ing.]

Conjunto integrado de programas informáticos, que auxilia la determinación de la localización óptima de diferentes tipos de equipamientos: a) los que producen extemalidades positivas en su entorno y, por lo tanto, son atractivos para la población, tanto los de carácter público (escuelas, guarderías, hospitales, etc.), como los comerciales (supermercados, hipermercados, grandes almacenes, etc.); b) los centros de distribución comercial dedicados a proporcionar productos a comercios y otros establecimientos; c) las instalaciones que generan extemalidades negativas en su entorno, por lo que son rechazados por la población: vertedero residuos sólidos urbanos, centros de tratamiento de residuos tóxicos y peligrosos, cárceles, etc.

Boque Sendra et al., 2000

Sistemas de ayuda a la toma de decisiones en planificación urbana y ordenación del territorio

Planning support systems (PSS=) [ing.]

SoLoMo

La geolocalización en Internet es una herramienta de comunicación entre la oferta y la demanda en un mundo que llamamos SoLoMo (Social, Local y Móvil): diariamente se genera una cantidad ingente de información (que no calidad), compartida a través de las redes sociales, con un componente local y a través de los móviles desde cualquier sitio.

El acrónimo SoLoMo hace referencia al triángulo entre los conceptos de Social, Local y Móvil, tres aspectos en los que se basa gran parte de las estrategias de desarrollo de Internet hoy en día; y es atribuido a Matt Cutts, de *Google*.

En noviembre de 2011 se publica un manifiesto denominado «SOLOMO Manifesto» y bajo el subtítulo de «*Just About Everything Marketers Need to Know About de Convergence of Social, Local, and Mobile* (SoLoMo)», en el que se hace un exhaustivo repaso no sólo de las herramientas de geolocalización para el marketing en Internet sino el funcionamiento de las mismas (REED, 2011).

Story *maps*

(1) **Cibercartografía.** Infografía cartográfica en internet, hace referencia tanto a la herramienta necesaria para desarrollarla como al canal utilizado para difundir narrativas geográficas para contar historias sobre gentes lugares espacios y sociedades,

(2) **Geo comunicación**. herramienta desarrollada por la empresa ESRI para facilitar la realización de narrativas geográficas en internet.

Tasa de crecimiento anual compuesto (CAGR)

Tasa de rendimiento que se requiere para que una inversión crezca desde su saldo inicial hasta su saldo final, asumiendo que las ganancias se reinvierten al final de cada año de vida útil de la inversión. La comunicación del crecimiento de los tamaños de mercado en un determinado periodo se resume en párrafos estandarizados que utilizan el CAGR:

Investopedia.com

Tecnología de las 3-S

En tecnología. Grupo de tecnologías formada por la Teledetección (RS), el sistema de información geográfica (SIG) y el sistema global de navegación por satélite (GNSS). Estas tecnologías son responsables de la reducción de costes en la adquisición y tratamiento y análisis de los datos espaciales y de su popularización de su uso.

Unidad de obra

La unidad de obra de un proyecto SIG es la parte elemental en la que se divide un proyecto con el fin de poder medir, presupuestar, dirigir y controlar la ejecución del proyecto SIG

V del big data

las llamadas V's del Big Data definen cuáles son las características que delimitan a aquellos datos que pueden ser considerados macrodatos de otros. Estas 5 V serían: Volumen, Variedad, Velocidad, Veracidad y Valor

Web 2.0.

Web social

Sitios de internet que comparten información, interoperabilidad, y cuentan con un diseño centrado en el usuario y un entorno de creación de contenidos gratuito o de coste muy reducido en el que los poseedores de las web y plataformas han liberalizado los medios de producción de contenidos

La web 2.0. permite a los usuarios interactuar y colaborar entre sí, como creadores de contenido. La red social conocida como web 2.0 pasa de ser un simple contenedor o fuente de información; la web en este caso se convierte en una plataforma de trabajo colaborativo. Ejemplos de la Web 2.0 son las comunidades web, los servicios web, las aplicaciones Web, los servicios de red social, los servicios de alojamiento de videos, las wikis, blogs, mashups y folksonomías.

El término fue inventado por Darcy DiNucci en 1999 y luego popularizado por Tim O'Reilly y Dale Dougherty, en una conferencia sobre la Web 2.0 de O'Reilly Media en 2004.

Aunque el término sugiere una nueva versión de la *World Wide Web*, no se refiere a una actualización de las especificaciones técnicas de la web, sino más bien a cambios acumulativos en la forma en la que desarrolladores de software y usuarios finales utilizan la Web. El término surgió para referirse a nuevos sitios web que se diferenciaban de los sitios web más tradicionales englobados bajo la denominación Web 1.0. La característica diferencial es la participación colaborativa de los usuarios.

La Web 2.0, más que una tecnología es una actitud de los usuarios, tanto productores como consumidores, frente a la circulación, manejo y jerarquización de la información. Esta democratización de la producción y acceso a la información en diversos formatos e idiomas hace de la Web 2.0 un punto de encuentro para los ciudadanos del mundo.

La web 2.0 es denominada también, web social, porque brinda diversas tecnologías de participación a los usuarios.

Wikipedia

Web 3.0.

Web 3.0 o web semántica, es una expresión que se utiliza para describir la evolución del uso y la interacción de las personas en internet a través de diferentes formas entre las que se incluyen la transformación de la red en una base de datos, un movimiento social con el objetivo de crear contenidos accesibles por múltiples aplicaciones non-browser (sin navegador), el empuje de las tecnologías, de inteligencia artificial, la web semántica, la Web Geoespacial o la Web 3D.

La expresión es utilizada por los mercados para promocionar las mejoras respecto a la Web 2.0. Esta expresión Web 3.0 apareció por primera vez en

2006 en un artículo de Jeffrey Zeldman, crítico de la Web 2.0 y asociado a tecnologías como AJAX. Actualmente existe un debate considerable en torno a lo que significa Web 3.0, y cuál es la definición más adecuada.

Wikipedia

web semántica

semantic web [ing]

La web semántica es un conjunto de actividades desarrolladas en el seno de *World Wide Web Consortium* con tendencia a la creación de tecnologías para publicar datos legibles por aplicaciones informáticas (máquinas en la terminología de la Web semántica). Se basa en la idea de añadir metadatos semánticos y ontológicos a la *World Wide Web*. Esas informaciones adicionales —que describen el contenido, el significado y la relación de los datos— se deben proporcionar de manera formal, para que así sea posible evaluarlas automáticamente por máquinas de procesamiento.

El objetivo es mejorar Internet ampliando la interoperabilidad entre los sistemas informáticos usando agentes inteligentes. Agentes inteligentes son programas en las computadoras que buscan información sin operadores humanos.

Wikipedia

ILUSTRACIONES

BIBLIOGRAFÍA

Aikins, S.K. (2010). E-Planning: Information Security Risks and Management Implications. En: Carlos Nunes S (eds) Handbook of Research on E-Planning: ICTs for Urban Development and Monitoring. IGI Global, Hershey, PA, USA, pp 404-419. doi:10.4018/978-1-61520-929-3.ch021

Alonso, EL.E. (2002). Los mercados lingüísticos o el muy particular análisis sociológico de los discursos de Pierre Bourdieu. Estudios de Sociolingüística 3(1) 111-131.

Ariza, F (2015). Presentación del proyecto de norma UNE 148003 sobre control de la componente posicional de los datos espaciales. VI Jornadas ibéricas de Infraestructuras de datos especiales. "Interoperabilidad y armonización: compartiendo conocimiento y fomentando innovación". 4-6 de noviembre de 105. Sevilla. España.

Balaguer Mora, P. A. (2016). Neogeografía ¿muerte de la distancia o venganza de la geografía? : Hacia una renovación de la ciencia geográfica en la sociedad de la información. Universitat d'Alacant – Universidad de Alicante.

Barbachán, I. I. (2009). Visión Geográfica del ciberespacio. Ar@cne. Recuperado a partir de http://revistes.ub.edu/index.php/aracne/article/view/1154/1130

Beltrán. G. (2012). Geolocalización y redes sociales. Un mundo social, local y móvil (1a ed.). València: Bubok. Recuperado a partir de http://www.bubok.es/libros/217103/Geolocalizacion-y-Redes-Sociales

Beltrán, G. (2016). Geolocalización online: la importancia del dónde (1a edición). UOC, Barcelona.

Beltrán G & Del Río J (2018). Comunicación de la industria geoespacial en Internet: los blogs de información geográfica, Tecnologías de la Información Geográfica: perspectiva multidisciplinares en la Sociedad del Conocimiento, Universitat de València

Beltrán, G.; Del Río, J. (2019). «Territorios inteligentes y datos espaciales» 57-78 en(Canto, M.T. eds) "Los territorios rurales inteligentes: administración e integración social. 150 p Thomson Reuters Aranzadi, Pamplona.

Beltrán, G.; Del Río, J. (2019). «Contributions from Informal Geography to Close the Gap Geographic Information Communication in a Digital World » in De Miguel, Rafael, Donert, Karl, Koutsopoulos, Kostis (eds.) Geospatial Technologies Geography Education. Springer Nature. Cham. https://www.springer.com/gp/book/9783030177829

Beltran, G. (2020). SIG y geolocalización online en Temes Cordovez, R.R. (eds.) SIG Revolution. Sintesis, Madrid

Bernabe, M.A.; Lopez, C.M. (2012). Fundamentos de las infraestructuras de datos espaciales. UPM, Madrid.

Blog de INEE. 2014. Buscando a los futuros estudiantes de carreras científico-tecnológicas | [Blog.educalab.es] [28/08/2017] http://blog.educalab.es/inee/2014/09/25/buscando-a-los-futuros-estudiantes-de-carreras-cientifico-tecnologicas/

Bosque, J. (2015). Neogeografía, big data: problemas y nuevas posibilidades. Revista Polígonos, 27, 165-173.

Bosque, J.; Gomez, M.; Moreno, A.; Dal Pozzo, F. (2000). Hacia un sistema de ayuda a la decision espacial para la localización de equipamientos. Estudios geográficos (241):567-598.

Buhalis, D.; Foerste, M. (2015). SoCoMo marketing for travel and tourism: Empowering co-creation of value. Journal of Destination Marketing & Management, 4(3), 1-11. https://doi.org/10.1016/j.jdmm.2015.04.001

Buzai, G.; Ruiz, E. (2012). Geotecnósfera. Tecnologías de la información geográfica en el contexto global del sistema mundo. Anekumene 4:88-106.

Buzai, G. D. (2014a). Geografía Global + NeoGeografía: Actuales espacios de integración científica y social en entornos digitales. Estudios Socioterritoriales, 16. Recuperado a partir de

http://www.scielo.org.ar/scielo.php?script=sci_arttext&pid=S1853-43922014000300002&lng=es&nrm=iso&tlng=es

Buzai, G. D. (2014b). Neogeografía y sociedad de la información geográfica. Una nueva etapa en la historia de la Geografía. Boletín del Colegio de Geógrafos del Perú 1(1): 1-12.

Buzai, G. D. (2015a). Evolución del pensamiento geográfico hacia la Geografía Global y la Neogeografía, 4-16. En Geografía, geotecnología y análisis espacial: tendencias, métodos y aplicaciones.

Buzai, G. D. (2015b). Geografía global y neogeografía. la dimensión espacial en la ciencia y la sociedad. Revista Polígonos, 27: 49-60.

Capel Sáez, H. (1981). Filosofía y ciencia en la geografía contemporánea. (Barcanova, Ed.). Barcelona: Editorial Barcanova.

Capel Sáez, H. (2009). Geografía en red a comienzos del tercer milenio: para una ciencia solidaria y en colaboración. Scripta Nova, 14(313). Recuperado a partir de http://www.ub.edu/geocrit/sn/sn-313.htm

Carlos, J.; Palomares, G.; Mínguez, C.; Gutiérrez, J. (2014). Nuevas fuentes de información geográfica en turismo: las oportunidades de sightsmap.com, 967-976. XVI Congreso Nacional de Tecnologías de la Información Geográfica 25, 26 y 27 de Junio de 2014. Alicante,

Cerdá, D. (2015). Mapas digitales y sociedad: geosemántica social, el poder del sentido de lugar. Revista Polígonos, 27:61-96.

Coombs, P.H. (1990): El futuro de la educación no formal en un mundo cambiante, en Cooms: La educación no formal, una prioridad de futuro. Madrid, Fundación Santillana.

Cortizo, J. (2015). Neogeografía: algo más que cartografía accesible. Revista Polígonos, 27:7-22.

Dangermond, J. (2009) GeoDesign and GIS – Designing our Futures. ArcNews

Del Rio, J. (2009). Postesfera. Ed Bubook

Del Río, J. (2011). Mapas invisibles (1a edición). Bubok.

Del Río, J. (2015). La vía ecléctica de producción y consumo de datos espaciales. Revista Polígonos, 27: 119-163.

Díaz Díaz, E. (2010). Marco jurídico y administrativo de la geoinformación. I Jornadas Ibéricas de Infra-estruturas de Dados Espaciais.

Dondis, D. A. (1973). A primer of visual literacy (p. 194). The Massachusetts Institute of Technology

Edin, D. (2014). Los enfoques de la Geografía en su evolución como ciencia. Revista Geográfica Digital, 21. Recuperado a partir de http://hum.unne.edu.ar/revistas/geoweb/default.htm

Elwood, S., Goodchild, M. F., & Sui, D. Z. (2013). Researching Volunteered Geographic Information: Spatial Data , Geographic Research, and New Social Practice. Annals of the Association of American Geographers, 102(3), 571-590. https://doi.org/10.1080/00045608.2011.595657

FECYT 2015. Percepción social de la ciencia y la tecnología 2014. FECYT. 402 p

Flaxman, M. (2009) «Fundamentals of Geodesign» in Buhmann; Pietsch; Kretzler (eds.) Digital Landscape Architecture, p 28-41

Fombona, J. (2014). La interactividad de los dispositivos móviles geolocalizados, una nueva relación entre personas y cosas. Historia y Comunicación Social, 18:777-788. https://doi.org/10.5209/rev_HICS.2013.v18.44007

Geertman, S.; Toppen, F.; Stillwell J. (2013). Planning support systems for sustainable urban development. Springer London.

Geertman, S.; Stillwell, J. (2004). Planning support systems: an inventory of current practice. Computers, Environment and Urban Systems 28 (4):291-310. doi: https://doi.org/10.1016/S0198-9715(03)00024-3

Goodchild, M. (2009). NeoGeography and the nature of geographic expertise. Journal of Location Based Services, 3(2): 82-96. https://doi.org/10.1080/17489720902950374

Hochsztain, E.; Vázquez, C.L.; & Bernabé, M.A. (2012). Análisis de navegación de geoportales. X Congreso Latinoamericano de sociedades de estadística Córdoba, Argentina, July 2015.

Hudson-Smith, A. (2008). Digital Geography: Geographic Visualisation for Urban Environments. Centre for Advanced Spatial Analysis.University College London.

Hudson-Smith, A.; Crooks, A.; Gibin, M.; Milton, R.; Batty, M. (2009). NeoGeography and Web 2.0: concepts, tools and applications. Journal of Location Based Services, 3(2):118-145. https://doi.org/10.1080/17489720902950366

Iniesto, M.; Núñez, A.; González, JC.; Ariza, F.J.; Ureña, M.A.; Rodríguez, A.F.; Abad, P.; Rodríguez, J.R.; Álvarez, M.F.; Pérez, C.; Bastarrika, A.; Rodríguez, A.; Torre, L.; Manso, M.A.; Rivas, D.; Píriz, G.; Coll, E.; Martínez, J.C. (2014). Introducción a las Infraestructuras de Datos Espaciales. Iniesto M, Muñoz A. (eds). Ministerio de Fomento. IGN. Madrid. DOI: 10.7419/162.12.2014

Jerez, O. (2012). La enseñanza de la Geografía en el ámbito educativo formal, no formal e informal. Reflexiones epistemológicas. Serie Geográfica, 18:13-23.

Jiménez Chávez, D.; Jiménez, D. (2011). La Neo-geografía: cambios y permanencias en el ciber-espacio. RUTA: Revista Universitària de Treballs Acadèmics.

Junglas, I. A.; Watson, R.T. (2008). Location-based services. Communications of the ACM, 51(3): 65-69. https://doi.org/10.1145/1325555.1325568

Lefebvre, H. (1974). La producción del espacio. Papers: revista de sociología, 219-229.

Leszczynski, A. (2013). On the Neo in Neogeography. Annals of the Association of American Geographers, 104(1): 60-79. https://doi.org/10.1080/00045608.2013.846159

Moreno, A. (2015). Sociedad de la geoinformación y conducta espacial del ciudadano como nuevos desafíos para la Geografía. Revista Polígonos, 27:25-47.

Muehlenhaus, I. (2010). Lost in Visualization: Using Quantitative Content Analysis to Identify, Measure, and Categorize Political Cartographic Manipulations. Geography. University of Minnesota.

Muehlenhaus, I. (2011a). Another Goode Method: How to Use Quantitative Content Analysis to Study Change in Thematic Map Design. Cartographic Perspectives, 69:7–29.

Muehlenhaus, I. (2011b). Genealogy that Counts: Using Content Analysis to Explore the Evolution of Persuasive Cartography. Cartographica, 46(1): 28–40.

Muehlenhaus, I. (2012). If Looks Could Kill: The Impact of Rhetorical Styles in Persuasive Geocommunication. The Cartographic Journal, 49(4):361–375.

Muehlenhaus, I. (2013). The Design and Composition of Persuasive *Maps*. Cartography and Geograhpic Information Science, 40(forthcoming),

Windsor, M., & Muehlenhaus, I. (2013). See What We Mean? Measuring the Effectiveness of Different Map Rhetorical Styles for Persuasive Geocommunication. Association of American Geographers Annual Conference.

Paar, P.; Rfekittke, J. (2011). Wheeling a Trojan Horse to Teach MLA students Geoinformation methods Buhmann/Ervin/Palmer/Tomlin/Pietsch (eds.): Peer Reviewed Proceedings Digital Landscape Architecture 2011: Teaching & Learning with Digital Methods & Tools

Pietsch, M. (2012). GIS in Landscape Planning. (pp. 55-84) en Ozvayut (eds.)

Landscape Planning. Intech.

P&S Market Research (2017). Global Geographic Information System (GIS) Market Size, Share, Development, Growth and Demand Forecast to 2023. https://www.psmarketresearch.com/market-analysis/geographic-information-system-market

Rodríguez Benito, E. (2010). La Geolocalización, Coordenadas hacia el Éxito. En II Congreso Internacional Comunicación 3.0. (pp. 1-12). Salamanca: Universidad de Salamanca.

Ruiz i Almar, E. (2010). Consideraciones acerca de la explosión geográfica: Geografía colaborativa e información geográfica voluntaria acreditada. GeoFocus. Revista Internacional de Ciencia y Tecnología de la Información Geográfica. Recuperado a partir de http://www.geofocus.org/index.php/geofocus/article/view/201/54

Sanz de Castro, N. (2014). Geomarketing: mercado, movilidad y territorio. Barcelona.

Schwarz, V.R.; H.G.; Stokman, A. (2011). GeoDesign-Approximations of a catchphrase, en Buhmann/Ervin/Palmer/Tomlin/Pietsch (eds.): Peer Reviewed Proceedings Digital Landscape Architecture 2011: Teaching & Learning with Digital, Methods & Tools", Anhalt University of Applied Sciences. Germany

Silva, D.; Donert, K. (2015). Communicating Geography with the Cloud. GI_Forum, 1, 315-319. https://doi.org/10.1553/giscience2015s315

Soja, E. (1996). Thirdspace: Jorneys to Los Angeles and other real-andimagines *places*. Oxford: Blackwell

Toudert, D.; Buzai G. (2004). Cibergeografía Tecnologías de la información y las comunicaciones (TIC) en las nuevas visiones espaciales. Universidad Autónoma de Baja California

UNGGIM: Europe (2017). Demonstrating geospatial value is key to regaining public trust in experts says UN-GGIM en [Un-ggim-europe.org] [28/07/2017] http://un-ggim-europe.org/content/demonstrating-geospatial-value-key-regaining-public-trust-experts-says-un-ggim-europe?

Velibeyoglu, K. (2010). E-Planning Applications in Turkish Local Governments. In: Carlos Nunes S (ed) Handbook of Research on E-Planning: ICTs for Urban Development and Monitoring. IGI Global, Hershey, PA, USA, pp 420-434. doi:10.4018/978-1-61520-929-3.ch022

Vonk, G.; Geertman, S. (2008). Improving the Adoption and Use of Planning Support Systems in Practice. Applied Spatial Analysis and Policy 1 (3):153-173. doi:10.1007/s12061-008-9011-7

WEBGRAFÍA

En esta sección añadimos el listado de algunas webs relacionadas con la geografía en red y que, para nosotros, son relevantes como fuentes de información en estos libros. En ella se encontrarán desde páginas web y portales de datos, hasta buscadores científicos, así como directorios de empresas y compañías geoespaciales, especialistas GIS en redes sociales y portales de empleo para cartógrafos y geoprogramadores.

Somos conscientes de que seguramente falten algunas referencias que el lector pueda considerar imprescindible bajo su punto de vista y le pedimos disculpas por adelantado. Pero este listado no pretende ser una guía completa, más bien el germen de una wiki por hacer que favorezca las contribuciones de la comunidad para mantenerlo actualizado.

La geografía en red se fundamenta en dos elementos esenciales: el conocimiento compartido y la conectividad en red. En esta webgrafía atendemos a ambos, hemos realizado el esfuerzo de recopilar nuestras bases de datos, citando las fuentes originales, así como las compartimos para que puedan ser aprovechadas, reutilizadas y compartidas a su vez, lo que genere una red de conocimiento geoespacial, que al fin y al cabo es lo que más define a esta geografía en red.

Páginas web y portales

Nosolosig	http://www.nosolosig.com/
Mappinggis	https://mappinggisformacion.com/
Geoawesomenesss	https://www.geoawesomeness.com/
Revista Mapping:	https://revistamapping.com/
Gis&beers	http://www.gisandbeers.com/
Geodevelopers.	https://www.geodevelopers.org/
Geofumadas	https://www.geofumadas.com
Alpoma:	https://alpoma.net/
TYS Magazine:	https://www.tysmagazine.com/
SIG de letras	http://sigdeletras.com/
másquesig	https://masquesig.com/
Víctor Olaya	https://volaya.github.io/libro-sig/
Play&go experience:	https://playgoxp.com/

Grupo Linkedin tecnología geoespacial	https://www.linkedin.com/groups/2476769/
Microtarget	https://www.unica-analytics.com/microtarget/en/
Geopois	https://geopois.com/
Programapa	https://programapa.wordpress.com/
Atlas de complejidad económica	https://atlas.cid.harvard.edu/data-downloads
Help GIS	https://www.youtube.com/channel/UCiCEVBziLRf67X mSzQ8dhgg
Itelligent Net Geomarketing	https://itelligent.es
Vodafone Vodafone Analytics	https://www.vodafone.es/c/empresas/grandes-clientes/es/soluciones/cloud-colaboracion/big-data-analytics/
Correos Data	https://www.correos.es/ss/Satellite/site/producto-correos_data-marketing_directo_soluciones_empresariales/detalle_de_p roducto-sidioma=es_ES
Telefónica Luca Transit	https://luca-d3.com/
EPD	https://www.epdata.es/
INE	https://www.ine.es/experimental/experimental.htm
Orange Flux visión	https://www.orange-business.com/en/products/flux-vision
AEMET	http://www.aemet.es/es/datos_abiertos/AEMET_Open_Data
Google Google Cloud Platform	https://console.cloud.google.com/marketplace/browse?fil ter=solution-type:dataset&pli=1
Google BigQuery	https://cloud.google.com/bigquery/docs/gis-intro
Carto Carto Data Observatory 2.0.	https://carto.com/platform/location-data-streams/
Gfk	https://www.gfk.com/solutions/geomarketing/
Amazon Location Service	https://aws.amazon.com/es/location/
Portal Europeo de Datos	https://www.europeandataportal.eu/es/homepage
EPA	https://www.eea.europa.eu/data-and-maps
Euostat	https://ec.europa.eu/eurostat/web/gisco/geodata/refere nce-data/administrative-units-statistical-units/countries
Portal datos abiertos España	https://datos.gob.es/
Infraestructura de Datos Espaciales de España	https://www.idee.es/es

Open street map	https://www.openstreetmap.org/
Natural earth	https://www.naturalearthdata.com/tag/world-file/
Ling Atlas ESRI	https://livingatlas.arcgis.com/en/home/
Open transport data	https://www.europeandataportal.eu/en/highlights/open-transport-data-european-data-portal
Maptorian	https://www.maptorian.com/
Banco Mundial	https://datos.bancomundial.org/
Plataforma de Datos de Negocio	https://es.statista.com/
DATAESTUR	https://www.dataestur.es/
Portal Nacional de Datos de Biodiversidad	https://datos.gbif.es/
Organización Mundial de la Salud (OMS)	https://www.who.int/gho/en/
Organización Mundial del Comercio (OMC)	https://www.wto.org/spanish/res_s/statis_s/statis_s.htm
Banco Mundial de Datos sobre marcas	https://www.wipo.int/reference/es/branddb/
Portal de Datos mundiales sobre la migración	https://migrationdataportal.org/es/data?i=stock_abs_&t=2019
Google Public Data Explorer	https://www.google.com/publicdata/directory?hl=es
Google Dataset Search	https://toolbox.google.com/datasetsearch
Mendeley Data	https://data.mendeley.com
Google Académico	https://scholar.google.es/
UNWTO Tourism data dashboard	https://www.unwto.org/unwto-tourism-dashboard
The World Bank	http://opendatatoolkit.worldbank.org/es/
Recopilación de fuentes datos IUFOR	http://sostenible.palencia.uva.es/fuentes-dataset

Buscadores científicos

Researchgate	https://www.researchgate.net/
Academia.edu	https://www.academia.edu/
Dialnet	https://dialnet.unirioja.es/
Google Scholar	https://scholar.google.es/

Google Dataset Search	https://datasetsearch.research.google.com/
Mendeley	https://www.mendeley.com/
MIAR	http://miar.ub.edu/
SJR	https://www.scimagojr.com/
SCOPUS	https://www.scopus.com/home.uri
WoS	https://mjl.clarivate.com/
SciELO	https://scielo.org/es/
WorldWideScience	https://worldwidescience.org/
Scholarpedia	http://www.scholarpedia.org/article/Main_Page
Springer Link	https://link.springer.com/
Refseek	https://www.refseek.com/
Microsoft Academic	https://academic.microsoft.com/home
JURN	https://cse.google.com/cse?cx=017986067167581999535:rnewgrysmpe#gsc.tab=0
Ciencia.Science.org	https://ciencia.science.gov/
BASE	https://www.base-search.net/
ERIC	https://eric.ed.gov/
ScienceResearch.com	https://www.scienceresearch.com/scienceresearch/desktop/en/search.html

Directorios

Directorio de Empresas Geo

http://www.nosolosig.com/empresas

Especialistas GIS en redes sociales

https://www.dotgiscorp.com/es/blog/especialistas-gis-rrss/

Portales de empleo para cartógrafos y geoprogramadores

https://programapa.wordpress.com/2020/08/22/empleo/

Top 100 Geospatial Companies and Ecosystem Map – 2021

https://www.geoawesomeness.com/top-100-geospatial-companies-and-ecosystem-map-2021/

No.	Company Name	Website
1	3DR	https://www.3dr.com/
2	Agisoft	https://www.agisoft.com/
3	AI Clearing	https://www.aiclearing.com/
4	Airmap	https://www.airmap.com/
5	AngelSwing	https://www.angelswing.io/
6	AppGeo	https://www.appgeo.com/
7	ArGIS	https://www.argis.com/
8	Aspectum	https://aspectum.com/
9	Autodesk	https://www.autodesk.com/
10	Avuxi	https://www.avuxi.com/
11	Awesome Maps	https://awesome-maps.com/
12	Azavea	https://www.azavea.com/
13	AziMap	https://www.azimap.com/
14	Beeline	https://beeline.co/
15	Bentley	https://www.bentley.com/
16	Bird.i	https://www.hibirdi.com/
17	Carmenta	https://carmenta.com/en/
18	Carto	https://carto.com/
19	Cesium	https://cesium.com/
20	CityMapper	https://citymapper.com/
21	DataCapable	https://datacapable.com/
22	Descartes Labs	https://www.descarteslabs.com/
23	Development Seed	https://developmentseed.org/
24	DroneDeploy	https://www.dronedeploy.com/
25	Enview	https://www.crunchbase.com/organization/enview
26	EOS Data Analytics	https://eos.com/
27	ESRI	https://www.ESRI.com/en-us/home
28	Estimote	https://estimote.com/
29	Foursquare	https://foursquare.com/
30	Gather	https://gatherhub.org/

31	Geolytix	https://geolytix.co.uk/
32	GIS Cloud	https://www.giscloud.com/
33	Google	https://www.google.com/
34	Here	https://www.here.com/en
35	Hexagon	https://hexagon.com/
36	Hivemapper	https://hivemapper.com/
37	Inpixon	https://www.inpixon.com/
38	Kaarta	https://www.kaarta.com/
39	Kayrros	https://www.kayrros.com/
40	LocusLabs	https://locuslabs.com/
41	Mapbox	https://www.mapbox.com/
42	Mapcreator	https://mapcreator.io/
43	Mapidea	https://www.mapidea.com/
44	Mapillary	https://www.mapillary.com/
45	Mappedin	https://www.mappedin.com/
46	Mapsimise	https://mapsimise.com/
47	MapTiler	https://www.maptiler.com/
48	Maptionnaire	https://maptionnaire.com/
49	Maxar	https://www.maxar.com/
50	Microsoft	https://www.microsoft.com/en-us/maps
51	Mira	https://mira.co/
52	Nearmap	https://www.nearmap.com
53	NextNav	https://nextnav.com/
54	Niantic	https://nianticlabs.com/
55	OmniSci	https://www.omnisci.com/
56	OpenCage	https://opencagedata.com/
57	Optimali.io	https://www.optimali.io/
58	Orbital Insight	https://orbitalinsight.com/
59	PCI Geomatics	http://www.pcigeomatics.com/
60	Picterra	https://picterra.ch/
61	Pix4D	https://www.pix4d.com/about-us
62	PlaceIQ	https://www.placeiq.com/
63	Placer	https://www.placer.ai/

64	Planet	https://www.planet.com/
65	PlanetWatchers	https://www.planetwatchers.com/
66	Propeller Aero	https://www.propelleraero.com/
67	Pupil	https://pupil.co/
68	Radar	https://radar.io/
69	Riegl	http://www.riegl.com/
70	Safegraph	https://www.safegraph.com/
71	SalesForce	https://www.salesforce.com/
72	Satelligence	https://satelligence.com
73	SenseFly	https://www.sensefly.com/
74	SensorUp	https://sensorup.com/
75	SkyCatch	https://skycatch.com/
76	Skywatch	https://www.skywatch.com/
77	SmartMonkey	https://smartmonkey.io/
78	Soar	https://soar.earth/index.html
79	SocialCops	https://socialcops.com/
80	Spaceti	https://www.spaceti.com/
81	SparkGeo	https://sparkgeo.com/
82	Spatial AI	https://www.spatial.ai/
83	Specator	https://spectator.earth/
84	Swift Navigation	https://www.swiftnav.com/
85	Targomo	https://www.targomo.com/
86	Tectonix	tectonix.com
87	Telenav	https://www.telenav.com/
88	TomTom	https://www.tomtom.com
89	Topcon Positioning	https://www.topconpositioning.com/
90	TravelTime	https://traveltime.com/
91	Trimble	https://www.trimble.com/
92	Uber	https://www.uber.com/
93	Ubisense	https://ubisense.com/
94	UP42	https://up42.com/
95	Urban Data Analytics	https://urbandataanalytics.com/
96	Urban Sky	https://urbansky.space/

97	Urthecast	https://www.urthecast.com/
98	vGIS	https://www.vgis.io/
99	What3Words	https://what3words.com/
100	Wingtra	https://wingtra.com/

ACERCA DE LOS AUTORES

Gersón Beltrán es geógrafo y Doctor en Desarrollo Local y Territorio por la Universitat de València (España) y Postgrado en Sistemas de Información Geográfica por la Universitat de Girona. Es el responsable de marketing y datos de *Play&go experience*. Además, es profesor en la Universitat Oberta de Catalunya (UOC), y en diversos Másters; conferenciante (TEDx), investigador y divulgador en el ámbito de la tecnología geoespacial, siendo autor y coautor de diez libros y cientos de artículos.

Jorge del Río es Ingeniero de Montes y Doctor en Conservación y uso sostenible de sistemas forestales de la Universidad de Valladolid, trabaja como especialista en Sistemas de Información Geográfica (SIG) en la Junta de Castilla y León y colabora con el programa de la universidad de la experiencia en el ámbito de ecología, ciencia y tecnología, es también investigador y divulgador sobre temas relacionados con la aplicación práctica y gestión de datos geográficos y tecnología geoespacial.

www.ingramcontent.com/pod-product-compliance
Lightning Source LLC
Chambersburg PA
CBHW070525220526
45467CB00003B/853